大学入試

"突破力を鍛える"

最難関の数学

稲荷誠 編著

教学社

は じ め に

　一般に「わかる」と「できる」は違います。たとえば，東大・京大・医学部をはじめとする最難関大学の問題は，解答を読んで理解できても，自分で解けるとはかぎりません。

　これはなぜでしょうか？　解答を読んで理解できるということは，その問題を解くために必要な知識と技術を持っているということなのに，なぜ解けないのか…

　数学の問題は，「**条件**」と「**結論**」が与えられており，この「**条件**」と「**結論**」をつなぐことが，問題を解くということです。標準問題では「条件」と「結論」の距離が近く，知識や技術を身につければ「条件」と「結論」をつなぐことができます。この知識と技術を身につけるための標準問題での演習を私は，「演習の第一段階」と呼んでいます。

　しかし，最難関大学の問題では「条件」と「結論」の距離が遠いのです。遠い形態は主に2つあり，1つは「**条件**」**が複雑であったり抽象的であって捉えにくく**，もう1つは「**結論**」**がぼかされていてどこに向かって進めばよいのかわかりにくく**，というような場合です。いずれにしても，持っている知識と技術がすぐに使えるようにはなっていないので，問題文の内容を調べ整理することが必要になります。

　これが，問題の解答を読んで理解できても，自分ではなかなか解けるようにならないことの理由です。

　では，どうすればよいのでしょうか？　「第二段階」の演習が必要です。すべきことは2つあります。

　1つは，**これまで学んできたこと自体を深める**ということです。たとえば「ユークリッドの互除法」を知っていて，それを使って問題を解くことができても，「ユークリッドの互除法」を証明せよと要求されたときに詰まることはないでしょうか。1つ1つの技術を深く理解すれば応用範囲も広がります。やり方を知るだけではなく，なぜそうするのかを人に説明できるぐらいに深く理解するようにしましょう。

　もう1つは，**問題文の調べ方を知る**ことです。本書は主にこの点について書きましたが，すぐにできるようになるものから習得に時間がかかるものまでいろいろあります。じっくり取り組んで，最難関大学の数学で合格点が取れるようになってください。

稲荷　誠

CONTENTS

技術編

演習編

別冊問題編

本書の使い方

技術編

　東大・京大・医学部をはじめとする最難関大学の問題を，自力で解けるようになるための技術を学びます。冴えた模範解答例を示すのではなく，どうしたら自分で発想できるようになるかという筋道を明らかにします。

　1つは，問題を読み解く力をつけることです。すなわち，抽象的だったり，複雑だったりして，初見ではどう手をつければよいのかわからない問題を解きほぐし，覚えた知識が使えるところまで持っていく技術を身につけます。

　もう1つは，知識と技術を深めることです。1つ1つの知識を人に説明できるほどに深く理解していたならば，応用範囲も広くなります。また，「チェビシェフの多項式」「ペル方程式」「フェルマーの小定理」などは，高校の教科書では学びませんが，入試問題の材料としては頻繁に用いられますので，こういった内容を知っておくことも大事です。

演習編

　演習問題は「演習の第一段階（プラス α）」の問題20問と「演習の第二段階」の問題50問に分けて集めました。

　「演習の第一段階（プラス α）」の問題とは，「演習の第一段階」にいる人が苦戦する問題です。苦戦する理由は，問題自体に「演習の第二段階」の要素が入りこんできている場合もありますし，「演習の第一段階」で必要な知識と技術がまだ身についていない場合もあります。さまざまなチェックができると思いますので，ぜひ取り組んでみてください。

　「演習の第二段階」の問題は，「技術編」の内容を演習できるものが選ばれているので，分野ごとに問題数を揃えているわけではありません。ただ，「技術編」の Part 3「技術の精度を上げる」で取り上げた「チェビシェフの多項式」「ペル方程式」については十分な演習ができるように，4問ずつ入れています。さらに，入試において四面体関連の問題は非常に多いので，少し突っ込んだ内容も含めて整理しています。

　なお，本書で扱った問題は理系の問題が中心ですが，意欲的な文系の人にも読めるように，極力「数学Ⅲ」などの理系数学の範囲の問題は少なくしました。理系数学の範囲には問題の横に 理 のマークを付けています。理系数学範囲の問題については，e，π が無理数であることの証明など，興味深いテーマの問題を中心に選んでいます。

演習の効果を高めるために

　一般に，「同じ理系の科目でも，理科の成績は投入した時間に比例して伸びるけれども，数学の成績は段階的にしか伸びず，そういう意味で数学はストレスの多い科目である」と言われていますが，それは演習の仕方が下手なだけです。

　効果的な演習方法は，端的に言って**1問1問を大切にする**ことです。

　まず，演習をするうえで一番重要な問題は，**自力で解けなかった問題**で，これをどのように扱うかで演習の効果が変わってきます。具体的には，自力で解けなかった問題の解答を見て納得した場合，「納得」のレベルにもいろいろあることを知るべきで，納得した直後に**解答を見ないでそれを再現してみること**をお勧めします。多くの場合，「あれっ，どうだったっけ？」と詰まり，解答を読んでいるときはさも当然の論理展開だと思われた部分が，「どうしてそのように進めるのだろうか？」と疑問に感じられるなど，さまざまな障害にぶつかります。これを知るだけで，それ以降の解答の読み方が慎重になります。次回同様の問題に出くわしたときに本当に自力でできるのだろうか，と用心深く考えるようになります。

　そして，これらの障害を克服したならば，その問題をストックしておきます。ストックしておいた問題は，夏休みのようなまとまった時間が取れるときにもう一度解き直します。私の経験では，この2回目に解くときも自力で解ける問題は半分もありません。1回目のときに解答を再現するというような作業をしていても，次にはできるという保証はないということです。当然，ここでできなかった問題は，非常に重要な問題だということになるので，またストックしておいて，入試直前期などにもう一度解くようにします。

　このように，「わかる」ということと「できる」ということは違うことで，本当にできるようになるには地道な繰り返しが必要になるのです。

　この地道な繰り返しこそが「効果的な演習」です。つまり，演習の効果が現れるのには，かなりの時間がかかるということです。しかし，これを実践すれば，数学の実力は投入した時間に比例して伸びていきます。

技術編

1 ▶ 「条件」がわかりにくい場合

与えられた「条件」と「結論」をつなぐことが問題を解くということですが，難しい問題では両者の距離が遠くなっていて容易につなぐことができません。

この「条件」と「結論」の距離が遠い形態は大きく分けて 2 つあり，「条件」がわかりにくい場合と「結論」がわかりにくい場合です。

これらの典型例を順に見ていきますが，まず「条件」がわかりにくい場合，それがどういう意味なのかを調べてみなければなりません。

例題 1

正の実数 x の小数部分（x から x を超えない最大の整数を引いたもの）を $\{x\}$ で表すとき，次の(1)，(2)を証明せよ。

(1) m が正の整数のとき，$\left\{\dfrac{1}{m}\right\}$，$\left\{\dfrac{2}{m}\right\}$，$\cdots$，$\left\{\dfrac{n}{m}\right\}$，$\cdots$ の中には，相異なる数は有限個しかない。

(2) a が無理数のとき，$\{a\}$，$\{2a\}$，$\cdots$，$\{na\}$，$\cdots$ はすべて異なる。

これはかつて，「演習の第一段階」のクラスで出題し，誰も解けなかった問題です。

そのうちの 1 人の Y 君に「どうして解けないのかわかるか？」と尋ねたところ，彼は「すみません，勉強不足です」と答えたのです。そこで私は「じゃあ，m が 2 のとき，3 のとき，のように具体的な数字で考えてみるように」と伝えました。

そうすれば，$m=2$ のとき $\dfrac{1}{2}$，$\dfrac{2}{2}$，$\dfrac{3}{2}$，$\cdots$ の小数部分は 0.5 と 0 の 2 種類ですし，$m=3$ のとき $\dfrac{1}{3}$，$\dfrac{2}{3}$，$\dfrac{3}{3}$，$\dfrac{4}{3}$，$\cdots$ の小数部分は 0.333$\cdots$，0.666$\cdots$，0 の 3 種類ですから，一般に分母が m であれば，m 種類の数が出てくることが見えると思ったのです。

はたして，それから 2，3 分後に，Y 君が，にたっと笑いながら「これ，むちゃくちゃ簡単ですか?!」と叫びました。そして 10 分もしないうちにクラスの大半の生徒が解いてしまいました。

　そうです。アプローチの仕方さえわかれば，これは簡単な問題です。

解答

(1)　任意の正の整数 n は $n=mk+l$（k，l は整数で $0 \leqq l \leqq m-1$）と表せて

$$\left\{\frac{n}{m}\right\}=\left\{\frac{mk+l}{m}\right\}=\left\{k+\frac{l}{m}\right\}=\frac{l}{m}$$

よって，$\left\{\dfrac{1}{m}\right\}$，$\left\{\dfrac{2}{m}\right\}$，… の中の相異なる数は $\dfrac{0}{m}$，$\dfrac{1}{m}$，…，

$\dfrac{m-1}{m}$ の m 個，つまり有限個しかない。　　　　　　（証明終）

(2)　$\{a\}$，$\{2a\}$，… の中に同じものがあるとして，それを $\{ka\}$，$\{la\}$（k，l は自然数で $k<l$）とおくと，$la-ka=m$：整数　と表せる。

　このとき，$a=\dfrac{m}{l-k}$：有理数となるから，これは a が無理数であることに反する。

　よって，$\{a\}$，$\{2a\}$，…，$\{na\}$，… はすべて異なる。　　　（証明終）

　「m が正の整数のとき，$\left\{\dfrac{1}{m}\right\}$，$\left\{\dfrac{2}{m}\right\}$，…，$\left\{\dfrac{n}{m}\right\}$，… の中には，相異なる数は有限個しかない」と言われても，そんな話は誰も知りません。しかし，だからと言って「知りません」と答えてはいけないのです。むしろ「どういうことですか？」と問い返し，調べ始めるのです。

　効率よく調べるための技術が必要な場合もありますし，根気が要求される場合もあります。しかし，

「調べる」→「状況把握」→「一般化」

が解法のはじめであることを知れば，あとはトレーニング次第で東大・京大の問題が解けるようになります。

　この問題では，文字を用いた一般的な議論をする前に，具体的な数字を入れて調べてみることで状況を把握することができました。

　これを東大の問題で確認しておきましょう。

m を 2015 以下の正の整数とする。$_{2015}\mathrm{C}_m$ が偶数となる最小の m を求めよ。

（東京大）

「$_{2015}\mathrm{C}_m$ が偶数となる最小の m」と言われても，見当もつきません。そういう場合は，いきなり文字を用いた一般的な議論をするのではなく，具体的に調べる中で状況をつかむのが近道です。

具体的に調べてみる

$$_{2015}\mathrm{C}_1 = 2015$$

$$_{2015}\mathrm{C}_2 = \frac{2015 \cdot 2014}{2 \cdot 1} \quad (= 2015 \cdot 1007)$$

$$_{2015}\mathrm{C}_3 = \frac{2015 \cdot 2014 \cdot 2013}{3 \cdot 2 \cdot 1} \quad (= 2015 \cdot 1007 \cdot 671)$$

$$_{2015}\mathrm{C}_4 = \frac{2015 \cdot 2014 \cdot 2013 \cdot 2012}{4 \cdot 3 \cdot 2 \cdot 1} \quad (= 2015 \cdot 1007 \cdot 671 \cdot 503)$$

このように調べていくと，「分子が持つ素因数 2 の個数：A」が「分母が持つ素因数 2 の個数：B」を上回れば $_{2015}\mathrm{C}_m$ が偶数になることがわかります。

また，m が 1 増えるごとに分子の一番右と分母の一番左に新たな整数がかけられるので，その新たな整数が持つ素因数 2 の個数のみを調べればよいこともわかります。

たとえば，$_{2015}\mathrm{C}_3 = \dfrac{2015 \cdot 2014 \cdot 2013}{3 \cdot 2 \cdot 1} = \dfrac{2013}{3} \cdot {}_{2015}\mathrm{C}_2$ ですが，このように分母・分子に新たにかけられる整数 3 と 2013 が奇数のときは，分子に新たな素因数 2 が現れないので，可能性がありません。

ですから，m が偶数の場合のみを考えればよいのですが，次のように新たにかけられる偶数を並べてみると，2 個おきに 4 の倍数が現れ，4 個おきに 8 の倍数が現れます。この規則は，下の段のように大きい方から並べても同じです。

分母	2	4	6	8	10	12	14	16	18	20	22	24
分子	2014	2012	2010	2008	2006	2004	2002	2000	1998	1996	1994	1992

ということは，$m=4$ のときにダメであれば，$m=6$ のときは $_{2015}\mathrm{C}_5$ にかかる $\dfrac{2010}{6}$ の分母・分子はともに 2 の倍数だけれども 4 の倍数ではないので，A が B を上回ることになりません。同様に，m が 2 の倍数だけれども 4 の倍数でないものはダメです。つまり，m が 4 の倍数の場合のみを考えればよいことがわかります。

次に，$m=8$ でダメなら，$m=12$ のときは分母・分子ともに 4 の倍数だけれども 8 の倍数ではないので，ダメです。つまり，m が 8 の倍数の場合のみを考えればよいことがわかります。

結局，$m=2^k$ のときのみをチェックすればよいことになり，$m=2^4=16$ のときと $m=2^5=32$ のときを調べた段階で $m=32$ が最小だとわかります。

このように考えたことをかっこよくまとめるのは結構難しいので，解答は意味さえ通るようにしておけばダサくても構いません。

解答

$$_{2015}\mathrm{C}_1=2015$$
$$_{2015}\mathrm{C}_2=\frac{2015\cdot2014}{2\cdot1}\ (=2015\cdot1007)$$
$$_{2015}\mathrm{C}_3=\frac{2015\cdot2014\cdot2013}{3\cdot2\cdot1}\ (=2015\cdot1007\cdot671)$$

のように調べていくと，右辺の「分子が持つ素因数 2 の個数：A」が「分母が持つ素因数 2 の個数：B」を上回ったときに $_{2015}\mathrm{C}_m$ が偶数になることがわかる。

ところで，$_{2015}\mathrm{C}_m=\dfrac{2016-m}{m}\cdot{}_{2015}\mathrm{C}_{m-1}$ であるから，$_{2015}\mathrm{C}_{m-1}$ が奇数のとき $_{2015}\mathrm{C}_m$ が偶数になるかどうかは $\dfrac{2016-m}{m}$ が決定し，これの A と B を調べればよい。

まず，m が奇数のときは $2016-m$ も奇数になるので条件を満たさない。したがって，m が偶数のときのみを考えればよい。

$m=4$ のとき，$\dfrac{2016-4}{4}=\dfrac{2012}{4}$ は $A=B=2$ で条件を満たさず，次に $2016-m$ と m が 4 の倍数になるのは $m=8$ のときであり，$m=6$ のときは $\dfrac{2010}{6}$ が $A=B=1<2$ となるので，条件を満たさない。同様に，m が偶数であるが 4 の倍数でないときは条件を満たさない。

次に，$\dfrac{2008}{8}$ が $A=B=3$ で条件を満たさないので，m が 8 の倍数でないときも A が B を上回ることはない。

このように考えていくと，$m=2^k$ のときのみに条件を満たす可能性があることがわかり，$\dfrac{2000}{16}$ は $A=B=4$ で条件を満たさず，$\dfrac{1984}{32}$ は $A=6$，$B=5$ で条件を満たすから，求める m の最小値は **32** である。

もう少し上手く処理すると，次のようになります。

別 解

まず，${}_{2015}\mathrm{C}_1=2015$ は奇数である。

また，${}_{2015}\mathrm{C}_m=\dfrac{2016-m}{m}\cdot{}_{2015}\mathrm{C}_{m-1}$ であるから，${}_{2015}\mathrm{C}_{m-1}$ が奇数のとき ${}_{2015}\mathrm{C}_m$ が偶数になるかどうかは $\dfrac{2016-m}{m}$ が決定し，これの「分子が持つ素因数 2 の個数：A」が「分母が持つ素因数 2 の個数：B」を上回ればよい。

ところで，$2016=2^5\cdot63$ だから，$m=2^k(2l-1)$（$k<5$，l は自然数）とおくと

$$\frac{2016-m}{m}=\frac{2^5\cdot63-2^k(2l-1)}{2^k(2l-1)}=\frac{2^{5-k}\cdot63-(2l-1)}{2l-1}$$

となり，$A=B$ である。

$m=2^5(2l-1)$ のとき，$\dfrac{2016-m}{m}=\dfrac{64-2l}{2l-1}$ より $A>B$ となるから，求める m の最小値は **32** である。

2 ▶「結論」がぼかされている場合

「結論」がぼかされていることが原因で,「条件」と「結論」が遠くなっている場合も,やはり「調べる」ということが基本になります。

「結論」がぼかされているとき,「条件」からスタートして勘を頼りに「結論」にたどり着けないかともがくのは効率が悪すぎるので,まず「結論」を分析し,はっきりとした方針が得られるように読み解く努力をすべきです。

たとえば,友だちの家に遊びに行くのにそれが初めての場合,道順をいくら説明してもらってもわかりにくく,下手をすれば道に迷ってしまいます。

どうすればいいのでしょうか？　当たり前のことですが,最寄りの駅まで迎えに来てもらえばいいのです。「結論」がぼかされている問題ではこれと同じことをしましょう。

まず「結論」に働きかけて「どういうことですか？」と尋ねてみて,目標を明確にしてからそこに向かって進むのです。私はこの調べ方を「迎えに来てもらう」と呼んでいます。

例題 3

$f(x)=x^4+(a-2)x^3-(2a-b)x^2-2bx$ とする。
$x(x-2)>0$ が $f(x)<0$ の必要条件になるような a, b に関する条件を求めよ。

　　意味ありげな $f(x)$ の式の特徴を調べてみることも必要ですが,その前に「$x(x-2)>0$ が $f(x)<0$ の必要条件になる」とはどういうことなのか,その結論部分の意味を解釈しないと話が進まないことに気づくはずです。
　　そこで,

$x(x-2)>0$ が $f(x)<0$ の必要条件になる

$\iff f(x)<0$ ならば, $x(x-2)>0$

としてみると,かなり視野が開けますが,ここで止まってはいけません。

4次不等式の解が2次不等式の解に含まれるという条件は処理しにくいからです。もう一歩進んで,これの対偶をとれば,ある定義域の中で4次不等式を考えるということになり,これなら何とかなりそうです。

$f(x)<0$ ならば, $x(x-2)>0$ $\iff$ $x(x-2)\leqq0$ ならば, $f(x)\geqq0$

ここまで来て初めて $f(x)$ はどうなっているのだろうか,と条件の整理が始まります。方程式や不等式を考えるときは,左辺の $f(x)$ が因数分解

されている方が都合がよいので，まず x でくくります。次に因数分解は次数が低い方がやりやすいので，複数の文字が含まれるときは，より次数の低い文字に注目して整理します。

$$f(x) = x^4 + (a-2)x^3 - (2a-b)x^2 - 2bx$$
$$= x\{x^3 + (a-2)x^2 - (2a-b)x - 2b\}$$
$$= x\{a(x^2 - 2x) + b(x-2) + x^3 - 2x^2\}$$
$$= x\{ax(x-2) + b(x-2) + x^2(x-2)\}$$
$$= x(x-2)(x^2 + ax + b)$$

よって

$x(x-2) \leqq 0$ ならば，$f(x) \geqq 0$

$\Longleftrightarrow$ $0 \leqq x \leqq 2$ ならば，$x(x-2)(x^2 + ax + b) \geqq 0$

$\Longleftrightarrow$ $0 \leqq x \leqq 2$ ならば，$x^2 + ax + b \leqq 0$

結局，$g(x) = x^2 + ax + b$ とおくと，$0 \leqq x \leqq 2$ で $y = g(x)$ のグラフが x 軸の下方にあればよいことになり，$y = g(x)$ のグラフは下に凸ですから，求める条件は

$g(0) \leqq 0$, $g(2) \leqq 0$

$\therefore$ $b \leqq 0$, $2a + b + 4 \leqq 0$

となります。

解答

$x(x-2) > 0$ が $f(x) < 0$ の必要条件になる

$\Longleftrightarrow$ $f(x) < 0$ ならば，$x(x-2) > 0$

$\Longleftrightarrow$ $x(x-2) \leqq 0$ ならば，$f(x) \geqq 0$

$\Longleftrightarrow$ $0 \leqq x \leqq 2$ ならば，$x(x-2)(x^2 + ax + b) \geqq 0$

$\Longleftrightarrow$ $0 \leqq x \leqq 2$ ならば，$x^2 + ax + b \leqq 0$ （$\because$ $x(x-2) \leqq 0$）

であるが，$g(x) = x^2 + ax + b$ とおくと，$0 \leqq x \leqq 2$ で $y = g(x)$ のグラフが x 軸の下方にあればよいので，求める条件は

$g(0) \leqq 0$, $g(2) \leqq 0$ （$\because$ $y = g(x)$ のグラフは下に凸）

$\therefore$ $b \leqq 0$, $2a + b + 4 \leqq 0$

では，この「迎えに来てもらう」の例を京大の問題で見ておきましょう。

例題 4

　a, b は $a>b$ を満たす自然数とし, p, d は素数で $p>2$ とする。このとき, $a^p-b^p=d$ であるならば, d を $2p$ で割った余りが 1 であることを示せ。

（京都大）

　もちろん条件の整理は必要です。つまり d は素数だと書いてあるのに, $d=a^p-b^p=(a-b)(a^{p-1}+a^{p-2}b+\cdots+ab^{p-2}+b^{p-1})$ と因数分解されるので, $a-b$ か $a^{p-1}+a^{p-2}b+\cdots+ab^{p-2}+b^{p-1}$ のどちらかは 1 であり, $a^{p-1}+a^{p-2}b+\cdots+ab^{p-2}+b^{p-1}>1$ ですから, $a-b=1$ です。

　しかし, この問題が難しいのは, 結論部分の「d を $2p$ で割った余りが 1 である」がぼかされていて, 何をすればよいのかがわかりにくいところです。

　まず, 「d を $2p$ で割った余りが 1 である」を式にすると, $d=2pk+1$（k は整数）となりますが, これはどういう意味でしょうか。

　右辺の 1 を移項すれば $d-1$ が $2p$ の倍数ということですが, ちょうど 6 の倍数であるとは, 2 の倍数かつ 3 の倍数であることのように, $d-1$ が $2p$ の倍数であるとは, $d-1$ が 2 の倍数かつ p の倍数であることがわかります（∵ p は $p>2$ を満たす素数なので, 2 と p は互いに素）。

　ちなみに, 2 と p が互いに素であることが重要です。たとえば, 「2 の倍数かつ 4 の倍数」だからといって「8 の倍数」とはなりません。2 と 4 が互いに素ではないので, 「2 の倍数かつ 4 の倍数」の意味は「4 の倍数」であることにすぎません。

　しかし, ここでは 2 と p が互いに素なので, 結局, 「d を $2p$ で割った余りが 1 である」とは, 「d を 2 で割っても, p で割っても 1 余る」と言い換えることができ, これなら解けそうです。

解答

p は素数で $p>2$ であるから，p は奇数である。

よって，2 と p は互いに素であるから，d を 2 で割っても p で割っても余りが 1 であることを示せばよい。

まず

$$d=a^p-b^p=(a-b)(a^{p-1}+a^{p-2}b+\cdots+ab^{p-2}+b^{p-1})$$

で，d は素数だから

$$a-b=1 \quad または \quad a^{p-1}+a^{p-2}b+\cdots+ab^{p-2}+b^{p-1}=1$$

この後者は a，b が自然数であるから成立しない。

よって $\quad a-b=1 \quad \therefore\ a=b+1$

これを $a^p-b^p=d$ に代入して

$$d=(b+1)^p-b^p$$

ここで，b，$b+1$ は偶奇が一致しないから，d は奇数，つまり d を 2 で割った余りは 1 である。

また

$$d=\sum_{r=0}^{p}{}_pC_r b^r-b^p=\sum_{r=1}^{p-1}{}_pC_r b^r+1$$

において，${}_pC_r=\dfrac{p(p-1)!}{(p-r)!r!}$ $(1\leqq r\leqq p-1)$ は整数であるが，p は素数で $p>p-r$，$p>r$ だから，p と $(p-r)!r!$ は互いに素である。つまり，分子の p は約分されないから，${}_pC_r$ は p の倍数になり，d を p で割った余りも 1 になる。

以上により，題意は示された。 （証明終）

${}_pC_r$ $(1\leqq r\leqq p-1)$ が p の倍数であることを示すところでは

$r\,{}_pC_r=p\,{}_{p-1}C_{r-1}$ より，$r\,{}_pC_r$ は p の倍数。

ところが，r と p は互いに素であるから ${}_pC_r$ が p の倍数である。

とする方法もあります。

また，d を p で割った余りが 1 であることを示すところで

フェルマーの小定理より $\quad a^p\equiv a,\ b^p\equiv b \pmod{p}$

よって，$d=a^p-b^p\equiv a-b=1 \pmod{p}$ となり，d は p で割っても 1 余る。

のように，フェルマーの小定理を既知として解答を作るのは避けた方がよく，上の〔解答〕で示したようにしっかり記述してください。ただ，フェルマーの小定理に関連する問題は多いので，後に一節を設けて説明します。

Part 2

技術編

基本的考え方の応用例

「調べる」→「状況把握」→「一般化」が解法のはじめであることを確認しましたが，調べ方はケースバイケースです。ここでは調べ方の主なパターンを紹介し，その他，問題の読み方や目の付け所なども確認します。

3 ▶ 具体的に調べてみる

Part 1.1 の「条件」がわかりにくい場合のところで使った方法です。一般的な議論をする前に「具体的に調べてみる」ことは問題文の意味を把握し，方針を立てる上での基本的な手段です。

例題 5

> n が相異なる素数 p，q の積 $n=pq$ であるとき，$(n-1)$ 個の数 ${}_nC_k$ $(1 \leqq k \leqq n-1)$ の最大公約数は 1 であることを示せ。 　　　　　（京都大）

　　まず，p を素数とするとき，${}_pC_k$ $(k=1,\ 2,\ \cdots,\ p-1)$ が p の倍数であることは常識で，**例題 4** の解答の中にも出てきました。

　　しかし，本問のような設定は誰も知りません。ということは，具体的な例をいくつかあげて調べてみる一手です。

具体的に調べてみる

　　まず，$p=2$，$q=3$ のときを考えてみましょう。

　　${}_6C_1=6$ は 1，2，3，6 を約数に持ちますが，${}_6C_2=\dfrac{6 \cdot 5}{2 \cdot 1}$ は 2 を素因数に持ちませんから，現段階で最大公約数の可能性は 1 か 3 になりました。さらに ${}_6C_3=\dfrac{6 \cdot 5 \cdot 4}{3 \cdot 2 \cdot 1}$ は 3 を素因数に持ちませんから，ここで最大公約数は 1 になります。

　　次に，$p=2$，$q=5$ のときを考えてみましょう。

　　${}_{10}C_1=10$ は 1，2，5，10 を約数に持ちます。ところが，${}_{10}C_2=\dfrac{10 \cdot 9}{2 \cdot 1}$ は 2 を素因数に持ちませんから，最大公約数の可能性は 1 か 5 になりました。

つまり 5 を約数に持たないものを探せばよいわけです。

$$_{10}C_3 = \frac{10 \cdot 9 \cdot 8}{3 \cdot 2 \cdot 1}$$

$$_{10}C_4 = \frac{10 \cdot 9 \cdot 8 \cdot 7}{4 \cdot 3 \cdot 2 \cdot 1}$$

$$_{10}C_5 = \frac{10 \cdot 9 \cdot 8 \cdot 7 \cdot 6}{5 \cdot 4 \cdot 3 \cdot 2 \cdot 1}$$

と調べてみると，$_{10}C_5$ が素因数 5 を持たないことがわかり，最大公約数は 1 です。

このように考えていくと，「$_nC_1 = pq$ は 1，p，q，pq を約数に持ち，$_nC_p$ が p を素因数に持たないので最大公約数の可能性は 1 か q になり，$_nC_q$ が q を素因数に持たないので最大公約数が 1 になる」という構図が見えてきます。

解 答

$_nC_p$ は自然数であり，$_nC_p = \dfrac{pq(pq-1)(pq-2)\cdots(pq-p+1)}{p(p-1)(p-2)\cdots 2 \cdot 1}$ において，分子は連続する p 個の整数の積だから，これら p 個の整数の中に p の倍数は 1 個のみ含まれ，それは pq である。この p は分母・分子で約分され，$_nC_p$ は p の倍数になりえない（∵ p は素数）。

同様に，$_nC_q$ は q の倍数ではない。

また，$_nC_1 = pq$ の約数は 1，p，q，pq しかないから，$_nC_1$，$_nC_p$，$_nC_q$ の最大公約数は 1 となる。

したがって，$_nC_k$ $(1 \leq k \leq n-1)$ の最大公約数は 1 である。 （証明終）

4 ▶ 迎えに来てもらう

Part 1.2 の「結論」がぼかされている場合のところで使った方法です。何を求めようとしているのか，何を示そうとしているのかという目標に対する意識があいまいになると調べ方もあいまいになります。

調べる際に，目標に結びつく条件はないだろうかと強く意識していれば，気づくべきことに気づきやすくなります。この「結論」を強く意識し，「結論」に働きかける方法が

迎えに来てもらう

です。

例題 6

> a_1, a_2, $\cdots$, a_n は $0 < a_1 < a_2 < \cdots < a_n$ を満たす定数とする。
>
> また，$e_i = \pm 1$ $(i = 1, 2, \cdots, n)$ とする。e_i のとりうる符号の組合せは全部で 2^n 通りであるが，e_i がこれらの符号をとって変化するとき，$\sum_{i=1}^{n} e_i a_i$ は少なくとも $_{n+1}\mathrm{C}_2$ 個の異なる値をとることを示せ。

　　まず，問題の意味がわかりにくいので，具体例で調べておきます。たとえば，$a_1 = 1$, $a_2 = 2$, $a_3 = 3$ とすると

$$-1 - 2 - 3 = -6$$
$$+1 - 2 - 3 = -4$$
$$-1 + 2 - 3 = -2$$
$$-1 - 2 + 3 = 0$$
$$+1 + 2 - 3 = 0$$
$$+1 - 2 + 3 = 2$$
$$-1 + 2 + 3 = 4$$
$$+1 + 2 + 3 = 6$$

のように，e_i のとりうる符号の組合せは全部で 8 通りですが，$\sum_{i=1}^{3} e_i a_i$ の値は重なりが出てくるので 7 通りとなり，8 通りより少なくなっています。しかし，$\sum_{i=1}^{3} e_i a_i$ の値がいくら少なくなっても $_4\mathrm{C}_2 = 6$ 通り以上だと主張しているのです。

なぜ $_{n+1}C_2$ 通り以上なのかということについては気になるところですが、その意味を解釈することが要求されているわけではないので、数学的帰納法で示します。

そうすると、$\sum_{i=1}^{n} e_i a_i$ の値が $_{n+1}C_2$ 通り以上だと仮定して、$\sum_{i=1}^{n+1} e_i a_i$ の値が $_{n+2}C_2$ 通り以上であることを示さなければなりません。

それから、Part 2.8 で再度説明しますが、「**シグマの式は見にくい**」ので以下は展開した式で考えます。

$e_{n+1}=-1$ と固定して $e_1 a_1 + e_2 a_2 + \cdots + e_n a_n - a_{n+1}$ の値は仮定により $_{n+1}C_2$ 通り以上ですが、ここにいくつの新しい値を付け足せば $_{n+2}C_2$ 通り以上の値になるのでしょうか？

$e_1 a_1 + e_2 a_2 + \cdots + e_n a_n - a_{n+1}$ の値の中で一番大きいものが $a_1 + a_2 + \cdots + a_n - a_{n+1}$ で、$a_1 + a_2 + \cdots + a_{n-1} - a_n + a_{n+1}$ はそれより大きく、つまり、新たに付け足される値ですが、このような値をいくつ見つければよいのかという目標がはっきりしないと思考の方向も定まりません。

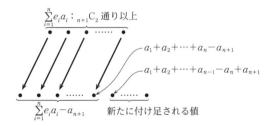

結局、「$_{n+2}C_2$ 通り以上である」という目標に働きかけるしかなく、$_{n+2}C_2 - {}_{n+1}C_2 = {}_{n+1}C_1 = n+1$ より、$n+1$ 個以上の新しい値を見つければよいのです。

具体的には

$$a_1 + a_2 + \cdots + a_n - a_{n+1} < a_1 + a_2 + \cdots + a_{n-1} - a_n + a_{n+1}$$
$$< a_1 + \cdots + a_{n-2} - a_{n-1} + a_n + a_{n+1}$$
$$< \cdots$$
$$< -a_1 + a_2 + \cdots + a_{n+1}$$
$$< a_1 + a_2 + \cdots + a_{n+1}$$

のように $n+1$ 個の新しい値を見つけることができ、解決します。

解答

$n=1$ のとき，$\pm a_1$ と 2 個の値をとり，$2>{}_2C_2$ であるから題意は成立する。

また，$\displaystyle\sum_{i=1}^{n} e_i a_i$ の値が ${}_{n+1}C_2$ 個以上の異なる値をとると仮定すると，$\displaystyle\sum_{i=1}^{n} e_i a_i - a_{n+1}$ の値も ${}_{n+1}C_2$ 個以上の異なる値をとる。このうちで最大のものが $\displaystyle\sum_{i=1}^{n} a_i - a_{n+1}$ となるが，これは e_i のうち e_{n+1} のみを -1 とし，他は $+1$ として得られるものである。

したがって，e_i のうち e_j $(j=1,\ 2,\ \cdots,\ n)$ のみを -1 としたもの，つまり $\displaystyle\sum_{i=1}^{n+1} a_i - 2a_j$ および e_i をすべて $+1$ にした $\displaystyle\sum_{i=1}^{n+1} a_i$ の $n+1$ 個の値は $\displaystyle\sum_{i=1}^{n} a_i - a_{n+1}$ よりすべて大きく，またそれぞれ異なる。

よって，$\displaystyle\sum_{i=1}^{n+1} e_i a_i$ のとりうる値は，${}_{n+1}C_2 + n + 1 = \dfrac{(n+1)n}{2} + n + 1$

$= \dfrac{(n+1)(n+2)}{2} = {}_{n+2}C_2$ 個以上であることがわかる。

よって，数学的帰納法により，$\displaystyle\sum_{i=1}^{n} e_i a_i$ は少なくとも ${}_{n+1}C_2$ 個の異なる値をとることが示された。 （証明終）

次のような別解もあります。

別解

e_i をすべて $+1$ にしたものが一番大きい。

これに対して，e_i のうちの 1 つだけを -1 にしたものはすべて異なり，n 個の新しい値をつくる。

次に，$e_1 = -1$ とし，e_2 から e_n のうちの 1 つを -1 にしたものが $n-1$ 個の新しい値をつくる。

$e_1 = e_2 = -1$ とし，e_3 から e_n のうちの 1 つを -1 にしたものが $n-2$ 個の新しい値をつくる。

以下同様に考えて，e_i をすべて -1 にしたものが 1 個の新しい値をつくるところまで考えると，$\displaystyle\sum_{i=1}^{n} e_i a_i$ は少なくとも

$n + (n-1) + \cdots + 2 + 1 = \dfrac{n(n+1)}{2} = {}_{n+1}C_2$ 個の異なる値をとることがわかる。 （証明終）

5 ▶ 複数の図を描いて状況を把握する

図を描くときは常に大きめの図を描きます。

大きめの図を描く

図を描いてから設定されている内容を把握しますが，代表的な 1 つの図を描くだけではなく，複数の図を描くことが大切です。

複数の図を描く

例題 **7**

> α は $0<\alpha\le\dfrac{\pi}{2}$ を満たす定数とし，四角形 ABCD に関する次の 2 つの条件を考える。
>
> （ⅰ）　四角形 ABCD は半径 1 の円に内接する。
>
> （ⅱ）　$\angle ABC=\angle DAB=\alpha$
>
> 条件(ⅰ)と(ⅱ)を満たす四角形のなかで，4 辺の長さの積
>
> $\qquad k=AB\cdot BC\cdot CD\cdot DA$
>
> が最大となるものについて，k の値を求めよ。　　　　　（京都大）

この問題の場合，台形の上底が短くて三角形に近い形になるときや，台形の高さが短くて平たい図になるときなどを描いてみることにより，状況を正確に把握することができ，何を変数として定めればよいのかということも見えてきます。

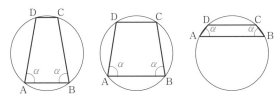

　　ただ，変数の選び方が複数あるときは，「定義域がシンプルになるように選ぶ」と覚えておいてください。

変数を選ぶときは定義域がシンプルになるようにする

　　変数の選び方の候補をいくつかあげることができるので，順に調べてみましょう。

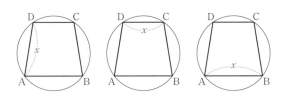

一番左の置き方の欠点は AB，CD の長さを表すのが面倒なところです。右 2 つの置き方の欠点は AD の長さを表すのが面倒なところです。

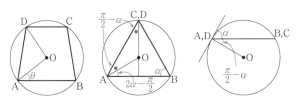

一番左のように θ をとると，右 2 つのような状況を考えて，

$\alpha-\dfrac{\pi}{2}<\theta<2\alpha-\dfrac{\pi}{2}$ となりますが，θ を測る向きに注意すると，定義域が負の範囲におよび，注意が必要です。

結局，〔解答〕のように θ を定めると辺の長さも表しやすく，定義域のチェックも容易です。注意事項としては，このように θ を定めたとき，$AD=2\cos\theta$ であり，余弦定理を用いて AD を表そうとするのは損です。

| 解答 | 円の中心を O として，$\angle OAD=\theta$ とおくと |

$$AD=BC=2\cos\theta$$
$$AB=2\cos(\alpha-\theta)=2\cos(\theta-\alpha)$$
$$CD=2\cos(\pi-\alpha-\theta)=-2\cos(\theta+\alpha)$$

よって

$$k=(2\cos\theta)^2\cdot 2\cos(\theta-\alpha)\{-2\cos(\theta+\alpha)\}$$
$$=-16\cos^2\theta\cos(\theta-\alpha)\cos(\theta+\alpha)$$
$$=-4(1+\cos 2\theta)(\cos 2\theta+\cos 2\alpha)$$

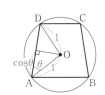

ここで，$\dfrac{\pi}{2}-\alpha<\theta<\dfrac{\pi}{2} \iff \pi-2\alpha<2\theta<\pi$

であるから　$-1<\cos 2\theta<-\cos 2\alpha$

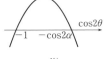

よって，$\cos 2\theta=\dfrac{-1-\cos 2\alpha}{2}$ のときに k は最大となり，このとき

$$k=-4\left(\dfrac{1-\cos 2\alpha}{2}\right)\left(\dfrac{-1+\cos 2\alpha}{2}\right)=4\sin^4\alpha$$

6 ▶ 見たいところを取り出す

空間図形の問題では「余分を取り除いて，見るべきところが見れているか」といったことが重要になることがあります。

見たいところを取り出す

1つ具体例を挙げてみましょう。

例題 8

> 正八面体 ABCDEF において，AB を $1:2$ に内分する点を P，CD を $1:2$ に内分する点を Q，DE の中点を R とし，P，Q，R を通る平面を α とする。
>
> α と AC，AE，DF の交点を X，Y，Z とするとき，AX：XC，AY：YE，DZ：ZF を求めよ。

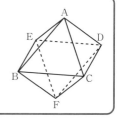

まず，正八面体は8つの面が正三角形になっており，四角形 BCDE，四角形 ACFE，四角形 ABFD は正方形になっています。

次に，正八面体を α で切った切り口について考えます。α と三角形 ABC の交わりは直線になり，直線は通過する2点により決まるので，X を求めるためには α と三角形 ABC を含む平面との交線上の点で P 以外のもう1点を探すことになります。

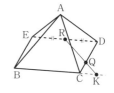

具体的には，QR と BC の交点を K とすると，K は PX 上の点です。

これを確認したら，正方形 BCDE を取り出し，相似関係を用いて CK：KB を求めます。

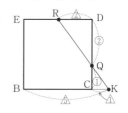

今度は三角形 ABC を取り出し，メネラウスの定理を用いて AX：XC を求めます。

AY：YE も同様の方法で求めることができます。

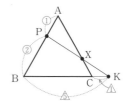

DZ：ZF については 2 つの方法が考えられます。1 つは PZ が正方形 ABFD 上の直線ですから BD と QR の交点 M を通ることを用いる方法です。

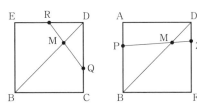

もう 1 つは A, B, C を含む平面と D, E, F を含む平面が平行ですから，PX∥RZ となることを用いる方法です。

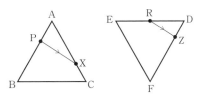

いずれの場合も，見たいところを取り出して考えることが大切です。

解答

RQ と BC の交点を K とすると，相似関係により

$$DR : CK = 2 : 1$$

$$\therefore \quad CK : KB = 1 : 5$$

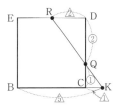

よって，メネラウスの定理により

$$\frac{BP}{PA} \cdot \frac{AX}{XC} \cdot \frac{CK}{KB} = 1$$

$$\frac{2}{1} \cdot \frac{AX}{XC} \cdot \frac{1}{5} = 1 \qquad \frac{AX}{XC} = \frac{5}{2}$$

$$\therefore \quad \mathbf{AX : XC = 5 : 2}$$

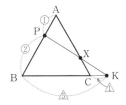

QR と BE の交点を L とすると，相似関係
により

DQ：EL＝1：1

∴ EL：LB＝2：5

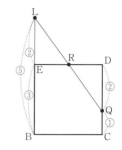

よって，メネラウスの定理により

$$\frac{BP}{PA}\cdot\frac{AY}{YE}\cdot\frac{EL}{LB}=1$$

$$\frac{2}{1}\cdot\frac{AY}{YE}\cdot\frac{2}{5}=1$$

$$\frac{AY}{YE}=\frac{5}{4}$$

∴ **AY：YE＝5：4**

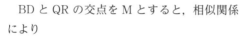

BD と QR の交点を M とすると，相似関係
により

BM：MD＝5：2

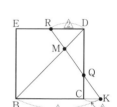

右図より

BP：DZ＝5：2

DZ：ZF＝4：11

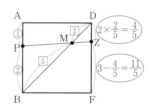

7 ▶ 見やすい方向から見る

立体の問題では，見やすい方向から見るということがとても重要です。見る角度を変えて，複数の図を描きながら「見やすい方向」を発見する努力をしましょう。

見やすい方向から見る

例題 9

xyz 座標空間において，z 軸上の点 $A(0, 0, 2)$ を通る平面 α が原点 O を中心とする半径 1 の球面に接しながら 1 周する。このとき，接点 P を中心とする平面 α 上の半径 1 の円盤が通過する部分を F とする。

(1) 平面 $z=t$ が F を切るための t の範囲を求めよ。

(2) (1)の範囲の t に対して，その切り口の図を描け。

(3) F の体積を求めよ。

 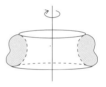

　　　　　回転軸を含む平面上にある図形の回転は，どこが外枠を形成しどこが内枠を形成するかがすぐにわかります。しかし，回転軸を含む平面上にはない図形の回転は容易ではありません。

　　まず，誘導に従い $z=t$ で円盤を切ります。すると切り口は線分になり，この線分上の点と z 軸との距離の最小値が F の内枠を形成し，最大値が外枠を形成します。

　　この線分の端点を Q，R とするとき，z 軸との距離の最小値は QR の中点が与え，最大値は Q（R）が与えます。

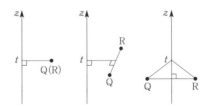

いくつかの方向から見た図を描きながらこれらの状況をつかみます。状況がつかめれば，見やすい方向から見て，必要な長さを求めていきます。

ところで，QR の中点とz軸の距離はtに伴い直線的に変化するので，内枠は円錐台になりますが，Q とz軸の距離は微妙な変化をするので，Fは右図のような立体になります。

Fの上端と下端では内枠と外枠が一致することをチェックしておくと，Fの体積を計算するときに見通しが明るくなります。

解答

(1) 右図により

$$2-\frac{\sqrt{3}\,(\sqrt{3}+1)}{2}<t<2-\frac{\sqrt{3}\,(\sqrt{3}-1)}{2}$$

$$\therefore\quad \frac{1-\sqrt{3}}{2}<t<\frac{1+\sqrt{3}}{2}$$

(2) 円盤を平面$z=t$で切った切り口は線分となり，この線分の端点を Q，R とする。

また，P とこの線分の距離は，下図より $\dfrac{|2t-1|}{\sqrt{3}}$ である。

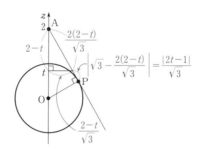

次に，OP の延長方向から円盤を見ると，下図のようになる。

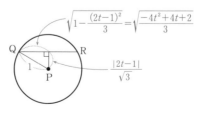

また，図の線分 QR をz軸の上方から見ると，次図のようになる。

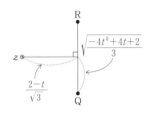

したがって，Q と z 軸の距離は

$$\sqrt{\frac{(2-t)^2}{3} + \frac{-4t^2+4t+2}{3}} = \sqrt{-t^2+2}$$

以上の議論により，切り口は下図のような同心円ではさまれた部分になる。

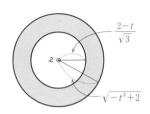

(3) (1)，(2)より，求める体積は

$$\int_{\frac{1-\sqrt{3}}{2}}^{\frac{1+\sqrt{3}}{2}} \left\{ \pi(\sqrt{-t^2+2})^2 - \pi\left(\frac{2-t}{\sqrt{3}}\right)^2 \right\} dt$$

$$= -\frac{4\pi}{3}\int_{\alpha}^{\beta}(t-\alpha)(t-\beta)dt \quad \left(\alpha = \frac{1-\sqrt{3}}{2}, \ \beta = \frac{1+\sqrt{3}}{2}\right)$$

$$= \frac{4\pi}{3}\cdot\frac{(\sqrt{3})^3}{6}$$

$$= \frac{2\sqrt{3}\,\pi}{3}$$

8 ▶ シグマの式は見にくい

まず例題を見てください。多くの人は式をにらみながら何とか処理しやすい形に変形できないかと四苦八苦します。ここで知っておくべきことは

シグマの式は見にくい

ということです。

例題 10 理

極限値 $\lim\limits_{n\to\infty} \sum\limits_{k=n}^{2n} \dfrac{1}{k}$ を求めよ。 （東京工業大）

$$\sum_{k=n}^{2n} \frac{1}{k} = \frac{1}{n} + \frac{1}{n+1} + \frac{1}{n+2} + \cdots + \frac{1}{2n}$$

こうすれば，誰でもこれが区分求積法の式だとわかりますし

$$\sum_{k=n}^{2n} \frac{1}{k} = \frac{1}{n} + \sum_{k=1}^{n} \frac{1}{n+k} = \frac{1}{n} + \frac{1}{n}\sum_{k=1}^{n} \frac{1}{1+\dfrac{k}{n}}$$

と変形すればよいことに気づくはずです。

解 答

$$\lim_{n\to\infty}\sum_{k=n}^{2n}\frac{1}{k} = \lim_{n\to\infty}\left(\frac{1}{n} + \frac{1}{n}\sum_{k=1}^{n}\frac{1}{1+\dfrac{k}{n}}\right)$$

$$= \int_{1}^{2}\frac{1}{x}dx = \Big[\log_e|x|\Big]_{1}^{2}$$

$$= \log_e 2$$

シグマの式は見にくく，それを展開してみることにより急に視界が開かれる場合があることがわかったと思います。「数学 II・B」の問題でもこれを確認しておきましょう。

例題 11

$a_n > 0$ なる数列 $\{a_n\}$ が，条件

(i) $a_n + \beta \sum_{k=1}^{n} a_k \leqq \beta + \sum_{k=1}^{n} a_k{}^2$

(ii) $a_{n+1} - a_n < 1 - \beta$

を満たすものとする。ただし，β は $0 < \beta < 1$ なる定数である。

このとき，$a_1 \leqq \beta$ ならば，すべての n に対して $a_n \leqq \beta$ が成り立つことを数学的帰納法により証明せよ。 (早稲田大)

まず，「シグマの式は見にくい」ので，(i)の条件を
$$a_n + \beta(a_1 + a_2 + \cdots + a_n) \leqq \beta + a_1{}^2 + a_2{}^2 + \cdots + a_n{}^2$$
と書き直してみましょう。

数学的帰納法を用いるとして，与えられた条件が「和」の形になっていますから「ある n までで成立すると仮定して，$n+1$ のときを考える」ことになります。

すると，$a_1 \leqq \beta$，$a_2 \leqq \beta$，$\cdots$，$a_n \leqq \beta$ のときに，
$a_{n+1} + \beta(a_1 + a_2 + \cdots + a_n + a_{n+1}) \leqq \beta + a_1{}^2 + a_2{}^2 + \cdots + a_n{}^2 + a_{n+1}{}^2$ を用いて
$a_{n+1} \leqq \beta$ を示すことになり，左辺を $\beta(a_1 + \cdots + a_n) \geqq a_1{}^2 + \cdots + a_n{}^2$ とするか，右辺を $a_1{}^2 + \cdots + a_n{}^2 \leqq \beta(a_1 + \cdots + a_n)$ とすればよいことに気づきます。

解答

ある n までで $a_n \leqq \beta$ が成立すると仮定して，$a_{n+1} \leqq \beta$ を示せばよい。
(i)より

$$a_{n+1} + \beta \sum_{k=1}^{n+1} a_k \leqq \beta + \sum_{k=1}^{n+1} a_k{}^2 = \beta + a_1{}^2 + \cdots + a_n{}^2 + a_{n+1}{}^2$$
$$\leqq \beta + \beta(a_1 + \cdots + a_n) + a_{n+1}{}^2$$
$$a_{n+1} + \beta a_{n+1} \leqq \beta + a_{n+1}{}^2$$
$$(a_{n+1} - 1)(a_{n+1} - \beta) \geqq 0$$
$$a_{n+1} \leqq \beta \quad \text{または} \quad 1 \leqq a_{n+1} \quad (\because \quad \beta < 1) \quad \cdots\cdots(*)$$

ここで，(ii)より，$0 \leqq \beta - a_n < 1 - a_{n+1}$ だから

$$1 - a_{n+1} > 0 \qquad \therefore \quad 1 > a_{n+1}$$

よって，$(*)$ の後者は成立せず，$a_{n+1} \leqq \beta$ である。

したがって，数学的帰納法により，$a_n \leqq \beta$ が成立する。 (証明終)

9 ▶ 状況が把握できるまで調べる

少し調べただけでは状況が把握できないこともあります。そういうとき，ほかによい方法はないだろうかと考えていると，時間だけが過ぎていってしまいます。調べるときは腰を据えて，調べ方が中途半端にならないようにしましょう。

状況が把握できるまで調べる

例題 12

次の条件で定まる数列 $\{a_n\}$ の一般項を求めよ。

$$a_1=1, \quad \frac{2^n}{n!}=\sum_{k=1}^{n+1} a_k a_{n+2-k} \quad (n=1,\ 2,\ 3,\ \cdots)$$

（北海道大）

まず

シグマの式は見にくい

です。

$$\frac{2^n}{n!}=a_1 a_{n+1}+a_2 a_n+a_3 a_{n-1}+\cdots+a_{n+1}a_1$$

と展開してみれば，解けない漸化式であることがわかります。

解けないのに，「和の形で数列が定義されているから，n を1つずらして引いてみたら何とかならないか？」などと，こねくり回す人が多いのですが，それは意味がありません。

ではどうすればよいのでしょうか？ 解けない漸化式だと悟ったなら $n=1$, 2, $\cdots$ などとして調べます。

具体的に調べてみる

しかし，$n=1$, 2, 3 としてみて $a_2=1$, $a_3=\dfrac{1}{2}$, $a_4=\dfrac{1}{6}$ であることがわかったとしても，これだけで a_n の形を予想するのは難しく，調べてみてわからなかったという理由で，再び漸化式をいじり始めるのです。

これは解けないパターンです。調べるしかないと判断したなら，しっかり見通しが立つまで調べましょう。

具体的には，もう1つ $n=4$ としてみて $a_5=\dfrac{1}{24}$ がわかったなら予測ができるはずです。次のように表にしてみるのも1つの手です。

n	1	2	3	4	5
a_n	1	1	$\dfrac{1}{2}$	$\dfrac{1}{6}$	$\dfrac{1}{24}$

そうすると，$a_1=\dfrac{1}{1}$ から始めて，分母に 1，2，3，4，… がかけられていることが見え，一般項の予想ができます。

解答

$n=1$ として

$$2=a_1a_2+a_2a_1 \qquad \therefore \quad 2=2a_2 \quad (\because \quad a_1=1)$$

よって　$a_2=1$

$n=2$ として

$$2=a_1a_3+a_2a_2+a_3a_1 \qquad \therefore \quad 1=2a_3 \quad (\because \quad a_1=a_2=1)$$

よって　$a_3=\dfrac{1}{2}$

$n=3$ として

$$\frac{4}{3}=a_1a_4+a_2a_3+a_3a_2+a_4a_1$$

$$\therefore \quad \frac{1}{3}=2a_4 \quad \left(\because \quad a_1=a_2=1,\ a_3=\frac{1}{2}\right)$$

よって　$a_4=\dfrac{1}{6}$

$n=4$ として

$$\frac{2}{3}=a_1a_5+a_2a_4+a_3a_3+a_4a_2+a_5a_1$$

$$\therefore \quad \frac{2}{3}=2a_5+\frac{1}{3}+\frac{1}{4} \quad \left(\because \quad a_1=a_2=1,\ a_3=\frac{1}{2},\ a_4=\frac{1}{6}\right)$$

よって　$a_5=\dfrac{1}{24}$

以上より，$a_n=\dfrac{1}{(n-1)!}$ と予想される。

これは $n=1$ で成立する。

また，ある n までで成立すると仮定すると

$$\frac{2^n}{n!}=a_1a_{n+1}+a_{n+1}a_1+\sum_{k=2}^{n}\frac{1}{(k-1)!}\cdot\frac{1}{(n+1-k)!}$$

$$\therefore \quad 2^n=2\cdot n!\cdot a_{n+1}+\sum_{k=2}^{n}\frac{n!}{(k-1)!(n+1-k)!}$$

つまり　$2\cdot n!\cdot a_{n+1}=2^n-\displaystyle\sum_{k=2}^{n}{}_n\mathrm{C}_{k-1}$

この右辺は

$$2^n-\sum_{k=2}^{n}{}_n\mathrm{C}_{k-1}=\sum_{k=0}^{n}{}_n\mathrm{C}_k-\sum_{k=1}^{n-1}{}_n\mathrm{C}_k={}_n\mathrm{C}_0+{}_n\mathrm{C}_n=2$$

と変形できるから

$$a_{n+1}=\frac{1}{n!}$$

よって，数学的帰納法により，$a_n=\dfrac{1}{(n-1)!}$ は成立する。

$$\therefore\quad a_n=\frac{1}{(n-1)!}$$

$$2^n=\sum_{k=0}^{n}{}_n\mathrm{C}_k=\sum_{k=0}^{n}\frac{n!}{k!(n-k)!}$$

の両辺を $n!$ で割って

$$\frac{2^n}{n!}=\sum_{k=0}^{n}\frac{1}{k!(n-k)!}=\sum_{k=1}^{n+1}\frac{1}{(k-1)!(n+1-k)!}$$

　この一番右の式のシグマの中身を $a_k a_{n+2-k}$ と表しているわけですが，与えられた条件式を見てこれに気づく人は相当のレベルです。

　しかし，そんな冴えが要求されているわけではなく，根気強く調べることができるかどうかが問われているのです。

例題 **13**

　A，B の 2 人がいる。投げたとき表裏の出る確率がそれぞれ $\dfrac{1}{2}$ のコインが 1 枚あり，最初は A がそのコインを持っている。次の操作を繰り返す。

(i)　A がコインを持っているときは，コインを投げ，表が出れば A に 1 点を与え，コインは A がそのまま持つ。裏が出れば，両者に点を与えず，A はコインを B に渡す。

(ii)　B がコインを持っているときは，コインを投げ，表が出れば B に 1 点を与え，コインは B がそのまま持つ。裏が出れば，両者に点を与えず，B はコインを A に渡す。

　そして A，B のいずれかが 2 点を獲得した時点で，2 点を獲得した方の勝利とする。たとえば，コインが表，裏，表，表と出た場合，この時点で A は 1 点，B は 2 点を獲得しているので B の勝利となる。

　A の勝つ確率を求めよ。

（東京大〈改〉）

状況を把握するためにまず樹形図を描きましょう（次頁）。コインを持っている方が左側で，添字は得点です。

　調べる際に重要なことは，調べ方が中途半端になってはいけないということです。たとえば，3回や4回の操作を調べた段階で状況が把握できなければ，6回，7回後まで追いかけなければなりません。

状況が把握できるまで調べる

　そのように調べてみると，繰り返し同じパターンが表れることがわかります。繰り返しのパターンの出発点に注目して分類してみましょう。

　まず，A_0B_0，A_1B_0，A_1B_1 の状態から始めたときに A が勝つ確率をそれぞれ p，q，r としてみると，p について次の関係が成り立ちます。

$$p = \frac{1}{2}q + \frac{1}{2}(1-p) \quad \cdots\cdots ①$$

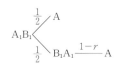

　A_0B_0 から始めたときに A が勝つ確率を p としたので，B_0A_0 から始めたときに B が勝つ確率も p で，したがって，B_0A_0 から始めたときに A が勝つ確率は $1-p$ です。

　q については次の関係が成り立ちます。

$$q = \frac{1}{2} + \frac{1}{4}q + \frac{1}{4}(1-r) \quad \cdots\cdots ②$$

　r については次の関係が成り立ちます。

$$r = \frac{1}{2} + \frac{1}{2}(1-r) \quad \cdots\cdots ③$$

　①，②，③より，p を求めることができます。

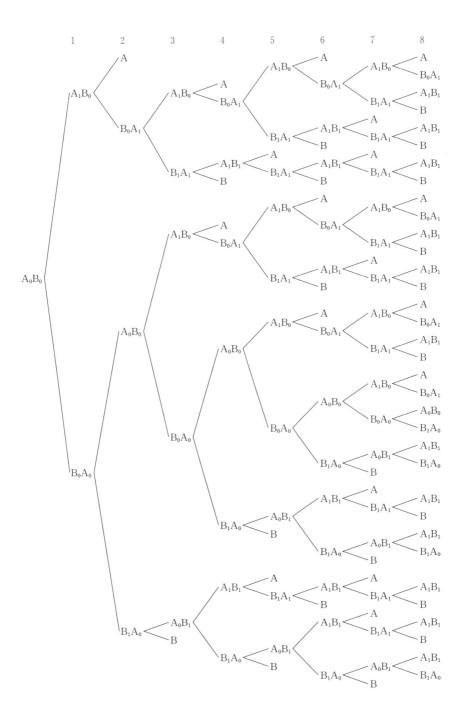

解答　コインを持っている方を左に書き，得点を添字で表す。すると最初の状態は A_0B_0 となる。

A_0B_0 の状態から始めて，A が勝つ確率を p とし，同様に A_1B_0，A_1B_1 の状態から始めて A が勝つ確率をそれぞれ q，r とすると

$$\begin{cases} p = \dfrac{1}{2}q + \dfrac{1}{2}(1-p) & \cdots\cdots① \\[2mm] q = \dfrac{1}{2} + \dfrac{1}{4}q + \dfrac{1}{4}(1-r) & \cdots\cdots② \\[2mm] r = \dfrac{1}{2} + \dfrac{1}{2}(1-r) & \cdots\cdots③ \end{cases}$$

③より　　$r = \dfrac{2}{3}$

②より　　$\dfrac{3}{4}q = \dfrac{1}{2} + \dfrac{1}{4}\cdot\dfrac{1}{3}$　　$\therefore$　$q = \dfrac{7}{9}$

①より　　$\dfrac{3}{2}p = \dfrac{1}{2}\cdot\dfrac{7}{9} + \dfrac{1}{2}$　　$\therefore$　$p = \dfrac{16}{27}$

よって，求める確率は $\dfrac{16}{27}$ である。

「条件」と「結論」が遠い場合，「調べる」ということが重要でした。しかし，「条件」と「結論」がそんなに遠くないのに，問題の読み方を間違ったために遠く感じてしまうということがあります。ということで，ここからの2項目は問題の読み方について確認します。

例題 14

三角形 ABC の垂心を H，外心を O として，$\overrightarrow{OH}=\overrightarrow{OA}+\overrightarrow{OB}+\overrightarrow{OC}$ と表されることを示せ。

この問題に対して

$A=\dfrac{\pi}{2}$ のとき，A=H，$\overrightarrow{OB}+\overrightarrow{OC}=\vec{0}$ となるから，$\overrightarrow{OH}=\overrightarrow{OA}+\overrightarrow{OB}+\overrightarrow{OC}$

と表され，$A \neq \dfrac{\pi}{2}$ のとき，B, C の中点を D として $\overrightarrow{AH} /\!/ \overrightarrow{OD}=\dfrac{\overrightarrow{OB}+\overrightarrow{OC}}{2}$

となるから，$\overrightarrow{OH}=\overrightarrow{OA}+k(\overrightarrow{OB}+\overrightarrow{OC})$ とおけて…のように議論するのはナンセンスです。

そうではなく，垂心 H は $\overrightarrow{OH}=\overrightarrow{OA}+\overrightarrow{OB}+\overrightarrow{OC}$ と表されるという結論が与えられているので，次のように解答すればよいのです。

解 答

$\overrightarrow{OH}=\overrightarrow{OA}+\overrightarrow{OB}+\overrightarrow{OC}$ で表される点 H について

$$\begin{aligned}
\overrightarrow{AH}\cdot\overrightarrow{BC} &=(\overrightarrow{OH}-\overrightarrow{OA})\cdot(\overrightarrow{OC}-\overrightarrow{OB})\\
&=(\overrightarrow{OB}+\overrightarrow{OC})\cdot(\overrightarrow{OC}-\overrightarrow{OB})\\
&=|\overrightarrow{OC}|^2-|\overrightarrow{OB}|^2=0
\end{aligned}$$

よって，H は A から BC に下ろした垂線上の点である。

同様に，H が B から CA に下ろした垂線上の点であることも，

C から AB に下ろした垂線上の点であることも示されるので，

$\overrightarrow{OH}=\overrightarrow{OA}+\overrightarrow{OB}+\overrightarrow{OC}$ で表される点 H は三角形 ABC の垂心である。

よって，示された。 (証明終)

つまり，結論が与えられているときは，結論を自ら作り出す必要はなく，「そうですね」と答えればよいのです。

結論が与えられているときは自ら作り出す必要はない

11 ▶ 小問の流れを読む

問題が小問に分かれているときは，基本的に「流れ」があります。

　　小問(1)で証明をしておいて，小問(2)でそれを使う。

　　小問(1)が誘導になっていて，小問(2)ではそれに乗っていく。

といった具合で，パターンはいろいろありますが，小問間の流れを読むことで解決に近づくことができます。

小問の流れを読む

例題 15

三角形 ABC において次の不等式が成立することを示せ。

(1) $a \geq b\cos B + c\cos C$

(2) $\sin A + \sin B + \sin C \geq \sin 2A + \sin 2B + \sin 2C$

　　このままでは(1)，(2)の関係がわかりませんが，(1)が(2)のヒントになっているのではないだろうかと思いながら解けば，気づくことがあるはずです。

解答

(1) 三角形 ABC の外接円の半径を R として，$a = 2R\sin A$ 等が成立するので

$$a \geq b\cos B + c\cos C$$
$$\Longleftrightarrow 2R\sin A \geq 2R\sin B\cos B + 2R\sin C\cos C$$
$$\Longleftrightarrow \sin A \geq \sin B\cos B + \sin C\cos C$$
$$\Longleftrightarrow \sin A \geq \frac{1}{2}(\sin 2B + \sin 2C) \quad \cdots\cdots(*)$$

よって，$(*)$ を示す。

$$\frac{1}{2}(\sin 2B + \sin 2C) = \sin(B+C)\cos(B-C)$$
$$= \sin(\pi - A)\cos(B-C)$$
$$= \sin A\cos(B-C) \leq \sin A$$

よって，示された。　　　　　　　　　　　　　　　　　（証明終）

(2) $(*)$ と同様にして

$$\sin B \geq \frac{1}{2}(\sin 2C + \sin 2A), \quad \sin C \geq \frac{1}{2}(\sin 2A + \sin 2B)$$

が成立する。辺々足して

$$\sin A + \sin B + \sin C \geqq \sin 2A + \sin 2B + \sin 2C$$

よって，示された。 （証明終）

例題 16

数列 a_1，a_2，… を

$$a_n = \frac{_{2n+1}C_n}{n!} \quad (n=1, 2, \cdots)$$

で定める。

(1) $n \geqq 2$ とする。$\dfrac{a_n}{a_{n-1}}$ を既約分数 $\dfrac{q_n}{p_n}$ として表したときの分母 $p_n \geqq 1$ と分子 q_n を求めよ。

(2) a_n が整数となる $n \geqq 1$ をすべて求めよ。

（東京大）

(1)については

$$\frac{a_n}{a_{n-1}} = \frac{(2n+1)!}{(n+1)!(n!)^2} \cdot \frac{n!\{(n-1)!\}^2}{(2n-1)!} = \frac{2(2n+1)}{n(n+1)}$$

と計算したとき，分母の $n(n+1)$ が 2 の倍数になるので，$p_n = \dfrac{n(n+1)}{2}$，$q_n = 2n+1$ ではないかと予想できます。

そこで，$n=2, 3, 4$ のときのこの $\dfrac{q_n}{p_n}$ を調べると，次のようになります。

n	2	3	4
$\dfrac{q_n}{p_n}$	$\dfrac{5}{3}$	$\dfrac{7}{6}$	$\dfrac{9}{10}$

これより，どうも上の予想が正しそうだと思ったら，その根拠を探します。

ユークリッドの互除法により，n と $2n+1$ および $n+1$ と $2n+1$ が互いに素であることが見えますから，そのように解答すればいいと思いますが，次のようにすることもできます。

$\dfrac{n(n+1)}{2}$，$2n+1$ が共通の素因数 d を持つとして，$\dfrac{n(n+1)}{2} = dk$，

$2n+1=dl$（k, l は自然数）とおくと，$2n+1=dl$ つまり $n=\dfrac{dl-1}{2}$ を第
1式に代入して

$$\frac{dl-1}{4}\cdot\left(\frac{dl-1}{2}+1\right)=dk$$

これを整理して

$$(dl-1)(dl+1)=8dk \qquad (dl)^2-1=8dk$$

$$\therefore \quad d(dl^2-8k)=1$$

これより，d は1の約数となり矛盾。

よって，$\dfrac{n(n+1)}{2}$，$2n+1$ は互いに素である。

(2)については，(1)，(2)の流れを読むことが大切です。

この問題では $\dfrac{q_n}{p_n}$ が $\dfrac{1 次式}{2 次式}$ になっており，n が進めば急激に値が減少
することが見えます。

ということは，$\dfrac{a_n}{a_{n-1}}=\dfrac{q_n}{p_n}$ つまり $a_n=a_{n-1}\cdot\dfrac{q_n}{p_n}$ としておいて，どこか
で $a_n<1$ となれば，その n 以降では a_n は整数になりません。これを調べ
ればよいということです。

解答

(1) $\qquad a_n={}_{2n+1}C_n \div n!=\dfrac{(2n+1)!}{(n+1)!(n!)^2}$

$$\therefore \quad \frac{a_n}{a_{n-1}}=\frac{(2n+1)!}{(n+1)!(n!)^2}\cdot\frac{n!\{(n-1)!\}^2}{(2n-1)!}$$

$$=\frac{(2n+1)\cdot 2n}{(n+1)\cdot n^2}$$

$$=\frac{2(2n+1)}{n(n+1)}$$

であるが，$n(n+1)$ は連続する整数の積なので2の倍数である。

よって，$p_n=\dfrac{n(n+1)}{2}$，$q_n=2n+1$ と考えられる。

実際，$2n+1$ は n のどの素因数で割っても1余るので，n と $2n+1$
は互いに素であり，同様に，$2(n+1)=2n+1+1$ より，$2(n+1)$ と $2n$
$+1$ も互いに素，つまり $n+1$ と $2n+1$ も互いに素である。

結局，$\dfrac{n(n+1)}{2}$ と $2n+1$ は互いに素となるので，$\boldsymbol{p_n=\dfrac{n(n+1)}{2}}$，

$\boldsymbol{q_n=2n+1}$ である。

$a_1 = \dfrac{{}_3C_1}{1!} = 3$

$a_2 = a_1 \cdot \dfrac{q_2}{p_2} = 3 \cdot \dfrac{5}{3} = 5$

$a_3 = a_2 \cdot \dfrac{q_3}{p_3} = 5 \cdot \dfrac{7}{6} = \dfrac{35}{6}$

$a_4 = a_3 \cdot \dfrac{q_4}{p_4} = \dfrac{35}{6} \cdot \dfrac{9}{10} = \dfrac{21}{4}$

$a_5 = a_4 \cdot \dfrac{q_5}{p_5} = \dfrac{21}{4} \cdot \dfrac{11}{15} = \dfrac{77}{20}$

$a_6 = a_5 \cdot \dfrac{q_6}{p_6} = \dfrac{77}{20} \cdot \dfrac{13}{21} = \dfrac{143}{60}$

$a_7 = a_6 \cdot \dfrac{q_7}{p_7} = \dfrac{143}{60} \cdot \dfrac{15}{28} = \dfrac{143}{112}$

$a_8 = a_7 \cdot \dfrac{q_8}{p_8} = \dfrac{143}{112} \cdot \dfrac{17}{36} < 2 \cdot \dfrac{1}{2} = 1$

であるが，$n \geqq 8$ で $\dfrac{q_n}{p_n} = \dfrac{2(2n+1)}{n(n+1)} \leqq \dfrac{2(2n+1)}{8(n+1)} = \dfrac{2n+1}{4n+4} < 1$ だから，

$n \geqq 8$ で $a_n < 1$ であると仮定すると

$$a_{n+1} = a_n \cdot \dfrac{q_{n+1}}{p_{n+1}} < 1 \cdot 1 = 1$$

よって，数学的帰納法により，$n \geqq 8$ で $a_n < 1$ となる。

$a_n > 0$ は明らかなので，これより $n \geqq 8$ では a_n は整数にならないことがわかった。

よって，a_n が整数になる n は　　$n = 1, \ 2$

(2)については

$a_1 = 3$，$a_2 = 5$ は整数であり，$a_3 = a_2 \cdot \dfrac{q_3}{p_3} = 5 \cdot \dfrac{7}{6}$ は分母の素因数 2 が約分されないので整数ではない。

以下，$a_4 = a_3 \cdot \dfrac{q_4}{p_4}$，$a_5 = a_4 \cdot \dfrac{q_5}{p_5}$，…を考えるときも，分子に新たにかけられる q_4，q_5，…はすべて奇数なので，やはり整数にはならない。

したがって，a_n が整数になる n は 1，2 に限られる。

とすれば，もっとスマートです。

12 ▸ 見える範囲を広げる

「条件」と「結論」の距離が遠い場合の対処法を書いてきましたが，多少「条件」と「結論」の距離が遠くてもそれをつなぐことができるように，

見える範囲を広げる

努力は継続しなければなりません。

つまり，ある種の冴えというか，ひらめきが要求される問題もあり，そういった問題が解けるようになるためには，学んできた知識と技術を深める必要があります。

1つ例を挙げましょう。

例題 17

　△ABC の外心を O，外接円の半径を R とするとき，各辺の中点を通る円のベクトル方程式を求めよ。

　各辺の中点は $\overrightarrow{OX} = \dfrac{\overrightarrow{OB} + \overrightarrow{OC}}{2}$，$\overrightarrow{OY} = \dfrac{\overrightarrow{OC} + \overrightarrow{OA}}{2}$，$\overrightarrow{OZ} = \dfrac{\overrightarrow{OA} + \overrightarrow{OB}}{2}$ と表されますが，ある点からこれら3点までの距離が等しいことがわかるでしょうか？

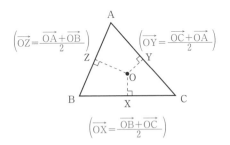

　そのある点は $\overrightarrow{OD} = \dfrac{\overrightarrow{OA} + \overrightarrow{OB} + \overrightarrow{OC}}{2}$ で表される点 D です。言われてみれば当たり前ですが，気づかない人の方が多いのです。

BC，CA，AB の中点をそれぞれ X，Y，Z とすると，

$$\overrightarrow{OX}=\frac{\overrightarrow{OB}+\overrightarrow{OC}}{2},\ \ \overrightarrow{OY}=\frac{\overrightarrow{OC}+\overrightarrow{OA}}{2},\ \ \overrightarrow{OZ}=\frac{\overrightarrow{OA}+\overrightarrow{OB}}{2}\ \text{と表されるから，}$$

$$\overrightarrow{OD}=\frac{\overrightarrow{OA}+\overrightarrow{OB}+\overrightarrow{OC}}{2}\ \text{で表される点 D を考えると}$$

$$|\overrightarrow{DX}|=\left|\frac{\overrightarrow{OB}+\overrightarrow{OC}}{2}-\frac{\overrightarrow{OA}+\overrightarrow{OB}+\overrightarrow{OC}}{2}\right|=\left|-\frac{\overrightarrow{OA}}{2}\right|=\frac{R}{2}$$

$$|\overrightarrow{DY}|=\left|\frac{\overrightarrow{OC}+\overrightarrow{OA}}{2}-\frac{\overrightarrow{OA}+\overrightarrow{OB}+\overrightarrow{OC}}{2}\right|=\left|-\frac{\overrightarrow{OB}}{2}\right|=\frac{R}{2}$$

$$|\overrightarrow{DZ}|=\left|\frac{\overrightarrow{OA}+\overrightarrow{OB}}{2}-\frac{\overrightarrow{OA}+\overrightarrow{OB}+\overrightarrow{OC}}{2}\right|=\left|-\frac{\overrightarrow{OC}}{2}\right|=\frac{R}{2}$$

となる。したがって，D から各辺の中点までの距離は $\frac{R}{2}$ で等しい。

よって，求めるベクトル方程式は

$$\left|\overrightarrow{OP}-\frac{\overrightarrow{OA}+\overrightarrow{OB}+\overrightarrow{OC}}{2}\right|=\frac{R}{2}\quad\cdots\cdots(*)$$

である。

ところで，垂心を H として，
$\overrightarrow{OH}=\overrightarrow{OA}+\overrightarrow{OB}+\overrightarrow{OC}$ ですから，
$\overrightarrow{OD}=\dfrac{\overrightarrow{OA}+\overrightarrow{OB}+\overrightarrow{OC}}{2}$ で表される点 D は外心
と垂心の中点です。

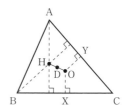

すると，AH の中点を K として，△HAO
で中点連結定理を用いると，
$|\overrightarrow{DK}|=\left|\dfrac{1}{2}\overrightarrow{OA}\right|=\dfrac{R}{2}$ ですから，垂心と各頂点
の中点も円($*$)上にあります。

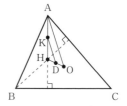

そして，$\overrightarrow{DK}=\dfrac{1}{2}\overrightarrow{OA}$，$\overrightarrow{DX}=-\dfrac{1}{2}\overrightarrow{OA}$ より，
$\overrightarrow{DK}=-\overrightarrow{DX}$ なので，XK はこの円の直径に
なっています。

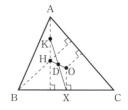

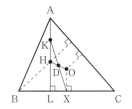

　ということは，A から BC に下ろした垂線の足を L として，∠XLK＝90°ですから，L もこの円上の点になっていることが確認できます。

　結局，△ABC の各辺の中点，垂心と各頂点の中点，各頂点から対辺に下ろした垂線の足の 9 点はこの円上にあることになり，円（＊）を九点円と呼びます。

$$\left|\overrightarrow{\mathrm{OP}}-\frac{\overrightarrow{\mathrm{OA}}+\overrightarrow{\mathrm{OB}}+\overrightarrow{\mathrm{OC}}}{2}\right|=\frac{R}{2}：九点円$$

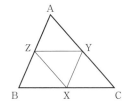

　ちなみに，△ABC∽△XYZ で，相似比は 2：1 ですから，△XYZ の外接円が半径 $\dfrac{R}{2}$ の円になるのは当然です。

入試で出題される話題を知り尽くすことは不可能です。ですから，知らないことを問われても，「どういうことですか？」と逆に問い返し，その内容を把握することが大事だったわけです。

しかし，「高校数学の範囲ではないけれども，入試では繰り返し出題される」という一部の分野：「チェビシェフの多項式」と「ペル方程式」があり，それについては基本事項を知っておく方が明らかに有利です。

また，「フェルマーの小定理」に関しては，そのものずばりが問われることはありませんが，その関連事項が問題の題材として使われることが多いです。

ここからは「チェビシェフの多項式」と「ペル方程式」に加えて「フェルマーの小定理」の基本事項を学んでおくことにしましょう。

まず，「$\cos 5\theta$ を $\cos\theta$ の多項式で表せ」と要求されたらどうするでしょうか。多くの人は次のように求めます。

$$\cos 5\theta = \cos(3\theta + 2\theta) = \cos 3\theta \cos 2\theta - \sin 3\theta \sin 2\theta$$
$$= (4\cos^3\theta - 3\cos\theta)(2\cos^2\theta - 1)$$
$$\qquad - (3\sin\theta - 4\sin^3\theta)\cdot 2\sin\theta\cos\theta$$
$$= 8\cos^5\theta - 10\cos^3\theta + 3\cos\theta - 2\sin^2\theta(3 - 4\sin^2\theta)\cos\theta$$
$$= 8\cos^5\theta - 10\cos^3\theta + 3\cos\theta$$
$$\qquad - 2(1 - \cos^2\theta)\{3 - 4(1 - \cos^2\theta)\}\cos\theta$$
$$= 8\cos^5\theta - 10\cos^3\theta + 3\cos\theta - 2(\cos\theta - \cos^3\theta)(4\cos^2\theta - 1)$$
$$= 16\cos^5\theta - 20\cos^3\theta + 5\cos\theta$$

もちろんこれでもいいですが，少し面倒です。基本事項を説明した後に，もっと楽な方法を紹介します。これは $\cos\theta = \cos\theta$，$\cos 2\theta = 2\cos^2\theta - 1$，$\cos 3\theta = 4\cos^3\theta - 3\cos\theta$，…のように，$\cos n\theta$ が $\cos\theta$ の整数係数の n 次多項式 $f_n(\cos\theta)$ で表されるということと関連した内容です。

> **チェビシェフの多項式**
> $\cos n\theta$ は $\cos\theta$ の整数係数の n 次多項式 $f_n(\cos\theta)$ で表される。
> $$f_1(x) = x, \quad f_2(x) = 2x^2 - 1, \quad f_3(x) = 4x^3 - 3x, \quad \cdots,$$
> $$f_{(n+2)}(x) = 2xf_{n+1}(x) - f_n(x)$$
> であり，$f_n(x)$ は n が奇数のときは奇関数，n が偶数のときは偶関数となる。
> また，x^n の係数は 2^{n-1} である。

これを示しておきましょう。

証明

$\cos\theta=\cos\theta$, $\cos 2\theta=2\cos^2\theta-1$ であり，また，ある n で $\cos n\theta$, $\cos(n+1)\theta$ がそれぞれ $\cos\theta$ の整数係数の n 次，$n+1$ 次多項式で表されるとすると，$\cos(n+2)\theta+\cos n\theta=2\cos(n+1)\theta\cos\theta$ より，$\cos(n+2)\theta$ は $\cos\theta$ の整数係数の $n+2$ 次多項式で表されることになるので，数学的帰納法により，$\cos n\theta$ は $\cos\theta$ の整数係数の n 次多項式 $f_n(\cos\theta)$ で表される。

この $f_n(x)$ は
$$f_1(x)=x, \quad f_2(x)=2x^2-1, \quad f_{n+2}(x)=2xf_{n+1}(x)-f_n(x)$$
で定められる。

さらに，n が奇数のときは奇関数，n が偶数のときは偶関数になることについては，次のように示します。

証明

$f_1(-x)=-f_1(x)$, $f_2(-x)=f_2(x)$ を満たし，また，ある n で $f_n(-x)=(-1)^n f_n(x)$, $f_{n+1}(-x)=(-1)^{n+1}f_{n+1}(x)$ を満たすと仮定すると
$$\begin{aligned}
f_{n+2}(-x)&=-2xf_{n+1}(-x)-f_n(-x)\\
&=-2x(-1)^{n+1}f_{n+1}(x)-(-1)^n f_n(x)\\
&=(-1)^{n+2}\{2xf_{n+1}(x)-f_n(x)\}\\
&=(-1)^{n+2}f_{n+2}(x)
\end{aligned}$$
よって，数学的帰納法により，$f_n(-x)=(-1)^n f_n(x)$ が成り立つ。

つまり，$f_n(x)$ は n が奇数のときは奇関数，n が偶数のときは偶関数である。

x^n の係数が 2^{n-1} になることについては，次のように示します。

証明

$f_n(x)$ の x^n の係数を a_n とおくと，$f_1(x)=x$, $f_2(x)=2x^2-1$, $f_{n+2}(x)=2xf_{n+1}(x)-f_n(x)$ より，$a_1=1$, $a_2=2$, $a_{n+2}=2a_{n+1}$ を満たすので，$a_n=2^{n-1}$ である。

この $f_1(x)=x$, $f_2(x)=2x^2-1$, $f_{n+2}(x)=2xf_{n+1}(x)-f_n(x)$ を用いて $\cos 5\theta$ を計算すると次のようになり，かなり楽になります。

$$f_3(x)=2x(2x^2-1)-x=4x^3-3x$$
$$f_4(x)=2x(4x^3-3x)-2x^2+1=8x^4-8x^2+1$$
$$f_5(x)=2x(8x^4-8x^2+1)-4x^3+3x=16x^5-20x^3+5x$$
$$\therefore\quad \cos5\theta=16\cos^5\theta-20\cos^3\theta+5\cos\theta$$

また，チェビシェフの多項式については次のように証明する方法もあります。

証明

整数係数の n 次多項式 $f_n(x)$ （x^n の係数は正），整数係数の $n-1$ 次多項式 $g_n(x)$ （x^{n-1} の係数は正）により，$\cos n\theta=f_n(\cos\theta)$，$\sin n\theta=\sin\theta g_n(\cos\theta)$ と表されることを示す。

これは $f_1(x)=x$，$g_1(x)=1$ として，$n=1$ で成り立つ。

また，ある n で成り立つと仮定すると

$$\cos(n+1)\theta=\cos n\theta\cos\theta-\sin n\theta\sin\theta$$
$$=f_n(\cos\theta)\cos\theta-\sin^2\theta g_n(\cos\theta)$$
$$=f_n(\cos\theta)\cos\theta-(1-\cos^2\theta)g_n(\cos\theta)$$
$$\sin(n+1)\theta=\sin n\theta\cos\theta+\cos n\theta\sin\theta$$
$$=\sin\theta\{g_n(\cos\theta)\cos\theta+f_n(\cos\theta)\}$$

と表され，$\cos(n+1)\theta$ は $\cos\theta$ の整数係数の $n+1$ 次多項式（$\cos^{n+1}\theta$ の係数は正），$\sin(n+1)\theta$ は $\sin\theta\times$（$\cos\theta$ の整数係数の n 次多項式（$\cos^n\theta$ の係数は正））となっているから，数学的帰納法により示された。

次に，$f_n(x)$ の x^n の係数を a_n とすると，$a_1=1$，$a_{n+1}=2a_n$ より，$a_n=2^{n-1}$ である。

1つ注意事項です。この方法は $\cos(n+1)\theta$ の $\cos^{n+1}\theta$ の項が2つに分かれるので，それぞれの係数が相殺し合って0になる可能性があり，それを否定しなければなりません。上の証明では，$f_n(x)$ の x^n の係数と $g_n(x)$ の x^{n-1} の係数が正なので，次数が落ちることはないと主張しています。

ところで，$y=f_n(x)$ のグラフの特徴は

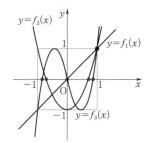

- $-1\leqq x\leqq1$ で $-1\leqq f(x)\leqq1$
- $-1<x<1$ で x 軸と n 個の交点を持つ。
- $(1,\ 1)$ を通る。

等となっています。

これと関連して，「$f_n(x)=0$ は $-1<x<1$ に n 個の実数解を持つ」とい

うことも重要事項です。

ちなみに，$g_n(x)$ の漸化式も $f_n(x)$ の漸化式と同じ形になり，両者は似た性質を持ちます。

例題 18

(1) $\cos 5\theta = f(\cos\theta)$ を満たす多項式 $f(x)$ を求めよ。

(2) $\cos\dfrac{\pi}{10}\cos\dfrac{3\pi}{10}\cos\dfrac{7\pi}{10}\cos\dfrac{9\pi}{10} = \dfrac{5}{16}$ を示せ。

(京都大)

解答

(1) $\cos(n+2)\theta + \cos n\theta = 2\cos(n+1)\theta\cos\theta$ より

$$\cos 4\theta = 2\cos\theta(4\cos^3\theta - 3\cos\theta) - (2\cos^2\theta - 1)$$
$$= 8\cos^4\theta - 8\cos^2\theta + 1$$
$$\cos 5\theta = 2\cos\theta(8\cos^4\theta - 8\cos^2\theta + 1) - (4\cos^3\theta - 3\cos\theta)$$
$$= 16\cos^5\theta - 20\cos^3\theta + 5\cos\theta$$

$\therefore \quad \boldsymbol{f(x) = 16x^5 - 20x^3 + 5x}$

(2) $f(x) = 0$ を解く。

$|x| \leqq 1$ のとき，$x = \cos\theta$ とおけて

$$f(\cos\theta) = 0 \quad \text{つまり} \quad \cos 5\theta = 0$$

よって $\quad 5\theta = \dfrac{\pi}{2} + \pi k \quad \therefore \quad \theta = \dfrac{\pi}{10} + \dfrac{\pi k}{5}$

したがって，$x = \cos\left(\dfrac{\pi}{10} + \dfrac{\pi k}{5}\right)$ $(k = 0,\ 1,\ 2,\ 3,\ 4)$ は，$f(x) = 0$ の5つの異なる解を表し，$f(x) = 0$ は5次方程式なので，異なる解の個数は高々5つであることより，上の5つがすべての解を表す。

ところで，$f(x) = 0$ は

$$x(16x^4 - 20x^2 + 5) = 0$$

$\therefore \quad x = 0 = \cos\dfrac{\pi}{2}, \ 16x^4 - 20x^2 + 5 = 0$

であるから，$\cos\dfrac{\pi}{10},\ \cos\dfrac{3\pi}{10},\ \cos\dfrac{7\pi}{10},\ \cos\dfrac{9\pi}{10}$ が $16x^4 - 20x^2 + 5 = 0$ の解である。

よって，解と係数の関係により，$\cos\dfrac{\pi}{10}\cos\dfrac{3\pi}{10}\cos\dfrac{7\pi}{10}\cos\dfrac{9\pi}{10} = \dfrac{5}{16}$ である。

(証明終)

(2)については，次のようにする方法もあります。

別解 (2)　　　$\cos\dfrac{\pi}{10}\cos\dfrac{3\pi}{10}\cos\dfrac{7\pi}{10}\cos\dfrac{9\pi}{10}$

$=\cos\dfrac{\pi}{10}\cos\dfrac{3\pi}{10}\cos\left(\pi-\dfrac{3\pi}{10}\right)\cos\left(\pi-\dfrac{\pi}{10}\right)$

$=\cos^2\dfrac{\pi}{10}\cos^2\dfrac{3\pi}{10}$

$=\dfrac{1}{2}\left(1+\cos\dfrac{\pi}{5}\right)\cdot\dfrac{1}{2}\left(1+\cos\dfrac{3\pi}{5}\right)$

$=\dfrac{1}{4}\left(1+\cos\dfrac{\pi}{5}\right)\left(1-\cos\dfrac{2\pi}{5}\right)$

$=\dfrac{1}{4}\left(1+\cos\dfrac{\pi}{5}\right)\left\{1-\left(2\cos^2\dfrac{\pi}{5}-1\right)\right\}$

$=\dfrac{1}{2}\left(1+\cos\dfrac{\pi}{5}\right)\left(1-\cos^2\dfrac{\pi}{5}\right)$　$\cdots\cdots(*)$

ここで，$\alpha=\dfrac{\pi}{5}$ とおくと　　$3\alpha=\pi-2\alpha$

よって

$\cos3\alpha=\cos(\pi-2\alpha)$

$4\cos^3\alpha-3\cos\alpha=-(2\cos^2\alpha-1)$

$\therefore$　$(\cos\alpha+1)(4\cos^2\alpha-2\cos\alpha-1)=0$

$\cos\alpha\neq-1$ だから

$4\cos^2\alpha-2\cos\alpha-1=0$

$\therefore$　$\cos\alpha=\dfrac{1+\sqrt{5}}{4}$　$(\because\ \ \cos\alpha>0)$

これを $(*)$ に代入して

$\dfrac{1}{2}\left(1+\dfrac{1+\sqrt{5}}{4}\right)\left\{1-\left(\dfrac{1+\sqrt{5}}{4}\right)^2\right\}=\dfrac{1}{2}\cdot\dfrac{5+\sqrt{5}}{4}\left(1-\dfrac{3+\sqrt{5}}{8}\right)$

$=\dfrac{1}{2}\cdot\dfrac{\sqrt{5}\,(1+\sqrt{5})}{4}\cdot\dfrac{\sqrt{5}\,(\sqrt{5}-1)}{8}=\dfrac{5}{16}$

$\therefore$　$\cos\dfrac{\pi}{10}\cos\dfrac{3\pi}{10}\cos\dfrac{7\pi}{10}\cos\dfrac{9\pi}{10}=\dfrac{5}{16}$　　　　　　　（証明終）

しかし，これはいかにも力任せの解き方で時間もかかります。ある程度の基本知識があれば，楽に処理できる問題が増えるということです。

もう1つやっておきましょう。

例題 19

3次関数 $h(x)=px^3+qx^2+rx+s$ は，次の条件(i)，(ii)を満たすものとする。

(i) $h(1)=1$，$h(-1)=-1$

(ii) 区間 $-1<x<1$ で極大値1，極小値 -1 をとる。

このとき，

(1) $h(x)$ を求めよ。

(2) 3次関数 $f(x)=ax^3+bx^2+cx+d$ が区間 $-1<x<1$ で $-1<f(x)<1$ を満たすとき，$|x|>1$ なる任意の実数 x に対して不等式

$$|f(x)|<|h(x)|$$

が成立することを証明せよ。

(東京大)

(1)の $h(x)$ は $f_3(x)$ です。$-1\leqq x\leqq 1$ のとき，$-1\leqq f_3(x)\leqq 1$ となっており，$y=f_3(x)$ のグラフがこの範囲で非常にコンパクトにまとまっています。x^3 の係数が4の3次関数の中では，これが $-1\leqq x\leqq 1$ における値域の絶対値の幅が最も狭くなっています。

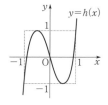

$f(x)$ は3次関数で，x^3 の係数 a の絶対値を小さくすれば，$-1\leqq x\leqq 1$ における値域の絶対値の幅を $h(x)$ よりも狭くすることができますが，そうすると，$y=f(x)$，$y=h(x)$ のグラフが $-1<x<1$ で3交点をもつことになり，$|x|>1$ では交点をもちません。すなわち，$|x|>1$ では $|f(x)|<|h(x)|$ となります。

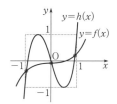

解答

(1) $h(x)$ が極大，極小となる x の値を，それぞれ α，β とすると，(i)，(ii)より，$h(x)-1=p(x-\alpha)^2(x-1)$，$h(x)+1=p(x-\beta)^2(x+1)$ とおける。

よって
$$p(x-\alpha)^2(x-1)+1=p(x-\beta)^2(x+1)-1$$

つまり，$p(x^2-2\alpha x+\alpha^2)(x-1)+2=p(x^2-2\beta x+\beta^2)(x+1)$ が x の恒等式であるから，x^2，x の係数と定数項を比較して
$$\begin{cases} p(-1-2\alpha)=p(1-2\beta) \\ p(2\alpha+\alpha^2)=p(-2\beta+\beta^2) \\ -p\alpha^2+2=p\beta^2 \end{cases}$$

第3式より，$p\neq0$ だから
$$\alpha-\beta+1=0,\ 2(\alpha+\beta)+(\alpha+\beta)(\alpha-\beta)=0,\ p(\alpha^2+\beta^2)=2$$
$$\therefore\ \alpha-\beta=-1,\ \alpha+\beta=0,\ p(\alpha^2+\beta^2)=2$$

これを解いて $(\alpha,\ \beta,\ p)=\left(-\dfrac{1}{2},\ \dfrac{1}{2},\ 4\right)$

$\therefore\ \boldsymbol{h(x)=4x^3-3x}$

(2) $P(x)=h(x)-f(x)$ とおくと，$P(x)$ は3次以下の整式である。

……(＊)

また，$-1<x<1$ で $-1<f(x)<1$ より，$-1\leqq x\leqq1$ で $-1\leqq f(x)\leqq1$ である。

よって
$$P(-1)=-1-f(-1)\leqq0$$
$$P\left(-\dfrac{1}{2}\right)=1-f\left(-\dfrac{1}{2}\right)>0$$
$$P\left(\dfrac{1}{2}\right)=-1-f\left(\dfrac{1}{2}\right)<0$$
$$P(1)=1-f(1)\geqq0$$

よって，$P(x)=0$ は，$-1\leqq x<-\dfrac{1}{2}$，$-\dfrac{1}{2}<x<\dfrac{1}{2}$，$\dfrac{1}{2}<x\leqq1$ にそれぞれ少なくとも1個の実数解を持つ。

これと(＊)より，$P(x)$ の次数は3次であり，$P(x)=0$ は上の各区間に1個ずつ実数解を持つ。

よって，$P(-1)\leqq0$，$P(1)\geqq0$ より
$$x<-1\ \text{で}\ P(x)<0\ \text{すなわち}\ h(x)<f(x)$$
$$x>1\ \text{で}\ P(x)>0\ \text{すなわち}\ h(x)>f(x)$$

また，$Q(x)=h(x)+f(x)$ とおき，同様の議論をすれば

$\quad x<-1$ で $Q(x)<0$ すなわち $f(x)<-h(x)$

$\quad x>1$ で $Q(x)>0$ すなわち $-h(x)<f(x)$

がわかる。

よって，$x<-1$ で $h(x)<f(x)<-h(x)$，

$x>1$ で $-h(x)<f(x)<h(x)$ となるから，

$|x|>1$ で $|f(x)|<|h(x)|$ である。 （証明終）

チェビシェフの多項式に関連する出題は，$\cos n\theta$ が $\cos\theta$ の整数係数の n 次多項式で表されることについてのものと，本問のように，方程式 $f_n(x)=0$ や $y=f_n(x)$ のグラフについてのものに分かれます。

例題 20

$f(x)=x^3+ax^2+bx+c$ とする。

「$|x|\leqq1$ を満たすすべての実数 x に対して，$|f(x)|<\dfrac{1}{4}$ となる」は，どのような実数 a，b，c に対しても成立しないことを示せ。

x^2 の係数が 1 の 2 次関数のうち，$-1\leqq x\leqq1$ における値域の絶対値の幅が最も狭いものが $y=x^2-\dfrac{1}{2}$ つまり $y=\dfrac{1}{2}f_2(x)$ です。

同様に，x^3 の係数が 1 の 3 次関数のうち，$-1\leqq x\leqq1$ における値域の絶対値の幅が最も狭いものが $y=\dfrac{1}{4}f_3(x)$ で，この範囲で

$-\dfrac{1}{4}\leqq f_3(x)\leqq\dfrac{1}{4}$ です。

ここでは，$-1\leqq x\leqq1$ における値域の絶対値の幅がそれよりも狭い 3 次関数（x^3 の係数は 1）があるかどうかが問われていますが，$f_3(x)$ を評価の基準として用いて，「そんなものはないよ」と答えればよいのです。

解答

ある実数 a, b, c に対して「$|x|\leqq1$ を満たすすべての実数 x に対して，$|f(x)|<\dfrac{1}{4}$ となる」が成立するとする。

$g(x)=x^3-\dfrac{3}{4}x$ とおくと，$g'(x)=3x^2-\dfrac{3}{4}$ より，$y=g(x)$ のグラフは右図のようになる。

よって，$h(x)=f(x)-g(x)$ とおくと

$$h(-1)=f(-1)-g(-1)=f(-1)+\dfrac{1}{4}>0$$

$$h\left(-\dfrac{1}{2}\right)=f\left(-\dfrac{1}{2}\right)-g\left(-\dfrac{1}{2}\right)=f\left(-\dfrac{1}{2}\right)-\dfrac{1}{4}<0$$

$$h\left(\dfrac{1}{2}\right)=f\left(\dfrac{1}{2}\right)-g\left(\dfrac{1}{2}\right)=f\left(\dfrac{1}{2}\right)+\dfrac{1}{4}>0$$

$$h(1)=f(1)-g(1)=f(1)-\dfrac{1}{4}<0$$

であるから，$h(x)=0$ は，$-1<x<-\dfrac{1}{2}$，$-\dfrac{1}{2}<x<\dfrac{1}{2}$，$\dfrac{1}{2}<x<1$ にそれぞれ少なくとも1つの実数解を持つ。

したがって，$h(x)=0$ は3個以上の実数解を持つことになるが

$$h(x)=x^3+ax^2+bx+c-\left(x^3-\dfrac{3}{4}x\right)=ax^2+\left(b+\dfrac{3}{4}\right)x+c$$

より，$h(x)$ の次数は2次以下で，かつ $h(-1)>0$ 等により，恒等的に0でもない。

これは矛盾であるから，「$|x|\leqq1$ を満たすすべての実数 x に対して，$|f(x)|<\dfrac{1}{4}$ となる」はどのような実数 a, b, c に対しても成立しない。

（証明終）

一般に次のことが言えます。

x^n の係数が1の n 次関数のうち，$-1\leqq x\leqq1$ における値域の絶対値の幅が最も狭いものが $y=\dfrac{1}{2^{n-1}}f_n(x)$ である。

54 技術編● Part 3 技術の精度を上げる

n は平方数ではない自然数として，整数 x, y について $x^2-ny^2=1$ と表される不定方程式を「ペル方程式」と言います。これに関連して入試で出題される内容は比較的に限られているので，慣れておくことにしましょう。

$\sqrt{3}$ の奇数乗は「整数×$\sqrt{3}$」となり，$\sqrt{3}$ の偶数乗は整数になるので，$(2+\sqrt{3})^n$ を展開すると

$$(2+\sqrt{3})^n=a_n+b_n\sqrt{3} \quad (a_n,\ b_n \text{ は自然数}) \quad \cdots\cdots①$$

と表されます。

　ということは，$(2+\sqrt{3})^n=\sum_{k=0}^{n} {}_n\mathrm{C}_k 2^{n-k}\sqrt{3}^k$ において，k が偶数の項を集めたものが a_n になり，k が奇数の項を集めたものが $b_n\sqrt{3}$ になります。

　同様に考えると

$$(2-\sqrt{3})^n=\sum_{k=0}^{n} {}_n\mathrm{C}_k 2^{n-k}(-\sqrt{3})^k=a_n-b_n\sqrt{3} \quad \cdots\cdots②$$

と表されることがわかります。①と②の辺々をかけて

$$(2+\sqrt{3})^n(2-\sqrt{3})^n=(a_n+b_n\sqrt{3})(a_n-b_n\sqrt{3})$$

$$\therefore \quad a_n^2-3b_n^2=1$$

結局，$(a_n,\ b_n)$ は双曲線 $x^2-3y^2=1$ 上の格子点です。

　また，$\lim_{n\to\infty}(a_n-b_n\sqrt{3})=\lim_{n\to\infty}(2-\sqrt{3})^n=0$ ですから，$\lim_{n\to\infty}\dfrac{a_n}{b_n}=\sqrt{3}$ です。

例題 21

　自然数 $n=1,\ 2,\ 3,\ \cdots$ に対して，$(2-\sqrt{3})^n$ という形の数を考える。これらの数はいずれも，それぞれ適当な自然数 m が存在して $\sqrt{m}-\sqrt{m-1}$ という表示を持つことを示せ。

(東京工業大)

　$(2-\sqrt{3})^n$ が与えられたとき，頭の中では $(2+\sqrt{3})^n$ も考えます。そして，$(2-\sqrt{3})^n=a_n-b_n\sqrt{3}$ とおけば，$(2+\sqrt{3})^n=a_n+b_n\sqrt{3}$ ですから，辺々かけて $a_n^2-3b_n^2=1$ というペル方程式を作ることができます。それから，「さて，問われている内容とどのような関係があるのだろう？」と考えます。

$(2-\sqrt{3})^n=a_n-b_n\sqrt{3}$ （a_n, b_n は自然数） とおくとき

$$\begin{aligned}
a_{n+1}-b_{n+1}\sqrt{3}&=(2-\sqrt{3})^{n+1}\\
&=(2-\sqrt{3})^n(2-\sqrt{3})\\
&=(a_n-b_n\sqrt{3})(2-\sqrt{3})\\
&=2a_n+3b_n-(a_n+2b_n)\sqrt{3}
\end{aligned}$$

$\therefore$　$a_{n+1}=2a_n+3b_n$, $b_{n+1}=a_n+2b_n$　（$\because$　a_n, b_n は自然数）

ここで，$2+\sqrt{3}=a_1+b_1\sqrt{3}$ であり，ある n で $(2+\sqrt{3})^n=a_n+b_n\sqrt{3}$ であると仮定すると

$$\begin{aligned}
(2+\sqrt{3})^{n+1}&=(2+\sqrt{3})^n(2+\sqrt{3})\\
&=(a_n+b_n\sqrt{3})(2+\sqrt{3})　（\because　仮定）\\
&=2a_n+3b_n+(a_n+2b_n)\sqrt{3}\\
&=a_{n+1}+b_{n+1}\sqrt{3}
\end{aligned}$$

よって，数学的帰納法により，$(2+\sqrt{3})^n=a_n+b_n\sqrt{3}$ である。

$(2-\sqrt{3})^n=a_n-b_n\sqrt{3}$ と $(2+\sqrt{3})^n=a_n+b_n\sqrt{3}$ の辺々をかけて

$$a_n{}^2-3b_n{}^2=1$$

これより，$a_n{}^2=m$ （m は自然数） とおくと，$3b_n{}^2=m-1$ となり，$a_n=\sqrt{m}$, $b_n\sqrt{3}=\sqrt{m-1}$ だから，

$(2-\sqrt{3})^n=a_n-b_n\sqrt{3}=\sqrt{m}-\sqrt{m-1}$ と表される。　　　（証明終）

もう1問やっておきましょう。

例題 22

整数の数列 $\{a_n\}$, $\{b_n\}$ を次の式によって定義する。

$$(1+\sqrt{2})^n=a_n+b_n\sqrt{2}　　（n=1,\ 2,\ 3,\ \cdots）$$

(1)　$a_n+b_n\sqrt{2}>1000$ となる最小の n を求めよ。

(2)　$b_n\sqrt{2}$ の小数部分が 0.001 以下となる最小の n とそのときの b_n の値を求めよ。

（静岡大〈改〉）

$(1+\sqrt{2}\,)^n$ が与えられたら $(1-\sqrt{2}\,)^n$ を考えるところは常識です。

解答

(1) $a_1=1$, $b_1=1$ であり

$$a_{n+1}+b_{n+1}\sqrt{2}=(1+\sqrt{2}\,)^{n+1}=(1+\sqrt{2}\,)^n(1+\sqrt{2}\,)$$
$$=(a_n+b_n\sqrt{2}\,)(1+\sqrt{2}\,)$$
$$=a_n+2b_n+(a_n+b_n)\sqrt{2}$$

$\therefore\quad a_{n+1}=a_n+2b_n,\ b_{n+1}=a_n+b_n\quad(\because\ a_n,\ b_n\ は整数)$

n	1	2	3	4	5	6	7	8
a_n	1	3	7	17	41	99	239	577
b_n	1	2	5	12	29	70	169	408

表より，$a_n+b_n\sqrt{2}=(1+\sqrt{2}\,)^n$ は n に伴い単調に増加するが

$$a_7+b_7\sqrt{2}=239+169\sqrt{2}<239+2\cdot169=577<1000$$

$$a_8+b_8\sqrt{2}=577+408\sqrt{2}>577+408\cdot\frac{5}{4}=1087>1000$$

よって，求める n は **8** である。

(2) $(1-\sqrt{2}\,)^n=a_n-b_n\sqrt{2}$ は $n=1$ で成立し，また，ある n で成立すると仮定すると

$$(1-\sqrt{2}\,)^{n+1}=(1-\sqrt{2}\,)^n(1-\sqrt{2}\,)$$
$$=(a_n-b_n\sqrt{2}\,)(1-\sqrt{2}\,)\quad(\because\quad 仮定)$$
$$=a_n+2b_n-(a_n+b_n)\sqrt{2}$$
$$=a_{n+1}-b_{n+1}\sqrt{2}$$

よって，数学的帰納法により，$(1-\sqrt{2}\,)^n=a_n-b_n\sqrt{2}$ である。

$b_n\sqrt{2}=a_n-(1-\sqrt{2}\,)^n$ であり，$-1<1-\sqrt{2}<0$ だから，$b_n\sqrt{2}$ の小数部分は，n が奇数のとき $-(1-\sqrt{2}\,)^n=(\sqrt{2}-1)^n$ であり，n が偶数のときは $1-(1-\sqrt{2}\,)^n$ となる。

ここで，$|(1-\sqrt{2}\,)^n|=(\sqrt{2}-1)^n$ は単調に減少し，$\sqrt{2}-1<0.5$ だから，$b_n\sqrt{2}$ の小数部分が 0.001 以下となるのは n が奇数のときに限られる。

このとき，$(\sqrt{2}-1)^n=\dfrac{1}{(1+\sqrt{2}\,)^n}=\dfrac{1}{a_n+b_n\sqrt{2}}$ であり，$n\geqq8$ で $a_n+b_n\sqrt{2}>1000$ だから，求める n は **9** で $b_9=$**985** である。

「フェルマーの小定理」や「素数と合成数の性質の違い」に関する出題も多いので，理解を深めておきましょう。

整数を素数で割ったときの余りについての演算表は次のようになります。

(mod 3)

n	0	1	2
n^2	0	**1**	**1**
n^3	0	1	2

(mod 5)

n	0	1	2	3	4
n^2	0	1	4	4	1
n^3	0	1	3	2	4
n^4	0	**1**	**1**	**1**	**1**
n^5	0	1	2	3	4

(mod 7)

n	0	1	2	3	4	5	6
n^2	0	1	4	2	2	4	1
n^3	0	1	1	6	1	6	6
n^4	0	1	2	4	4	2	1
n^5	0	1	4	5	2	3	6
n^6	0	**1**	**1**	**1**	**1**	**1**	**1**
n^7	0	1	2	3	4	5	6

これを見ると，

$n \not\equiv 0 \pmod 3$ のとき　$n^2 \equiv 1 \pmod 3$

$n \not\equiv 0 \pmod 5$ のとき　$n^4 \equiv 1 \pmod 5$

$n \not\equiv 0 \pmod 7$ のとき　$n^6 \equiv 1 \pmod 7$

となっています。そしてそれが原因で

$n^3 \equiv n \pmod 3$，$n^5 \equiv n \pmod 5$，$n^7 \equiv n \pmod 7$

となります。

フェルマーの小定理

p が素数で $n \not\equiv 0 \pmod p$ のとき　　$n^{p-1} \equiv 1 \pmod p$

ここでは，「素数」で割っているということが重要で，合成数で割るとこのようにはなりません。

(mod 4)

n	0	1	2	3
n^2	0	1	0	1
n^3	0	1	0	3
n^4	0	1	0	1

(mod 6)

n	0	1	2	3	4	5
n^2	0	1	4	3	4	1
n^3	0	1	2	3	4	5
n^4	0	1	4	3	4	1
n^5	0	1	2	3	4	5
n^6	0	1	4	3	4	1

まず，偶数，奇数は，整数を 2 で割った余りに注目して類別した 2 つの集合です。

同様に，n を自然数とするとき，n で割った余りに注目して整数を n 個の集合に類別することができます。これを n の剰余類と言います。

n の剰余類から代表元を 1 つずつ選び $S=\{0,\ 1,\ 2,\ \cdots,\ n-1\}$ という集合を作るとき，S を n の剰余系と呼びます。

今，n 個の連続整数 k，$k+1$，$k+2$，$\cdots$，$k+n-1$ を n で割った余りの集合が S になるのは明らかです。しかし，m を n と互いに素な整数として，mk，$m(k+1)$，$m(k+2)$，$\cdots$，$m(k+n-1)$ を n で割った余りの集合はどうなるでしょうか？

実は，これも S と一致します。たとえば，10，11，12，13，14，15，16 を 7 で割った余りの集合は $\{0,\ 1,\ 2,\ 3,\ 4,\ 5,\ 6\}$ になりますが，7 と互いに素な 4 をそれぞれにかけて，$4\cdot10$，$4\cdot11$，$4\cdot12$，$4\cdot13$，$4\cdot14$，$4\cdot15$，$4\cdot16$ を 7 で割った余りも順に 5，2，6，3，0，4，1 となり，集合としては $\{0,\ 1,\ 2,\ 3,\ 4,\ 5,\ 6\}$ と一致します。

この内容を証明しておきます。

証 明

$k\leqq i<j\leqq k+n-1$ として，mi，mj を n で割った余りが等しいとすると，$mj-mi=m(j-i)$ は n の倍数となる。

ところが，m，n は互いに素であるから，$j-i$ が n の倍数となる。

しかし，これは $0<j-i\leqq n-1$ であることにより，矛盾。

よって，mi，mj を n で割った余りは異なり，結局 mk，$m(k+1)$，$m(k+2)$，$\cdots$，$m(k+n-1)$ を n で割った余りはすべて異なることがわかった。

よって，これら n 個の整数を n で割った余りの集合は S と一致する。

ここでは，「すべて異なる」は「どの 2 つをとっても違う」と言い換えることができ，さらに，それを「同じものがあるとして矛盾を引き出す」という背理法を用いて証明しています。

それでは，これを用いて「フェルマーの小定理」を証明しておきます。

p が素数で $n \not\equiv 0 \pmod{p}$ とする。

$n,\ 2n,\ 3n,\ \cdots,\ (p-1)n$ の $p-1$ 個の整数はいずれも p の倍数ではないので，これらを p で割った余りの集合は $\{1,\ 2,\ 3,\ \cdots,\ p-1\}$ となる。

よって
$$n \cdot 2n \cdot 3n \cdot \cdots \cdot (p-1)n \equiv 1 \cdot 2 \cdot 3 \cdot \cdots \cdot (p-1) \pmod{p}$$

つまり $\quad n^{p-1}(p-1)! \equiv (p-1)! \pmod{p}$

ところが，p と $(p-1)!$ は互いに素だから $n^{p-1} \equiv 1 \pmod{p}$

基本事項を確認しておきます。

まず，「$A,\ B$ は n で割った余りが等しい」は，「$A-B$ は n の倍数」と言い換えることができます。これを用いて，

$n^{p-1}(p-1)! \equiv (p-1)! \pmod{p}$ のとき
$(n^{p-1}-1)(p-1)! = pk \quad$（$k$ は整数）

と表されます。

次に，$2^2 \cdot 9 = 3 \cdot 12$ より，$2^2 \cdot 9$ は 3 の倍数です。ところが，2 と 3 は互いに素なので，9 が 3 の倍数です。これと同様に，

$(n^{p-1}-1)(p-1)! = pk$ より，$(n^{p-1}-1)(p-1)!$ は p の倍数である。
ところが，p と $(p-1)!$ は互いに素なので，$n^{p-1}-1$ が p の倍数である。

このような議論は，具体例で考えると簡単ですが，文字での議論になると急に難しく感じるので，具体的な例と結び付けて理解しておいてください。

また，フェルマーの小定理は，

p は素数，n は整数のとき $\quad n^p \equiv n \pmod{p}$ $\cdots\cdots(*)$

と同値で，これを次のように証明することもできます。

• $p=2$ のとき

n^2 と n の偶奇は一致するので，$(*)$ は成立。

• $p \geqq 3$ のとき

$n=0$ のとき，$(*)$ は成立。

また，ある n で $(*)$ が成立すると仮定すると
$$(n+1)^p = n^p + 1 + \sum_{k=1}^{p-1} {}_p\mathrm{C}_k n^k$$

ここで，$_p\mathrm{C}_k = \dfrac{p(p-1)!}{(p-k)!k!}$ は自然数であるが，$1 \leqq k \leqq p-1$ のとき，p と $(p-k)!k!$ は互いに素だから，分子の p は約分されずに残る。結局，$_p\mathrm{C}_k \equiv 0 \pmod{p}$ である。

$$(n+1)^p = n^p + 1 + \sum_{k=1}^{p-1} {}_p\mathrm{C}_k\, n^k$$
$$\equiv n^p + 1 \pmod{p}$$
$$\equiv n + 1 \pmod{p} \quad (\because \text{ 仮定})$$

また

$$(n-1)^p = n^p - 1 + \sum_{k=1}^{p-1} {}_p\mathrm{C}_k\, n^k (-1)^{p-k} \quad (\because \quad p \text{ は奇数})$$
$$\equiv n^p - 1 \pmod{p}$$
$$\equiv n - 1 \pmod{p}$$

よって，数学的帰納法により，$n^p \equiv n \pmod{p}$ である。

自然数に関する命題を数学的帰納法で証明するときは，上に進めばよいだけですが，整数に関する命題を数学的帰納法で証明するときは，下にも進まないといけないので，ある n のときを仮定して $n+1$ のときと $n-1$ のときを示します。

また，この証明の中に出てきた

p が素数で $1 \leqq k \leqq p-1$ のとき　　$_p\mathrm{C}_k \equiv 0 \pmod{p}$

は重要事項です。証明とともに覚えておきましょう。

では，剰余集合に関連する問題をやっておきましょう。

例題 23

n を奇数とし，$f(x) = \left| \sin \dfrac{2\pi x}{n} \right|$ とする。

(1) 集合 $\{f(k) \mid k$ は整数$\}$ は何個の要素を持つか。

(2) m と n を互いに素な整数とすると，集合
$$\left\{ f(mk) \,\middle|\, k \text{ は } 0 \leqq k \leqq \frac{n-1}{2} \text{ なる整数} \right\}$$ は m によらず一定であることを示せ。

(京都大)

まず，(1)は n が 3 のとき，5 のとき，7 のとき，のように具体例で図を描いて考えます。

具体的に調べてみる

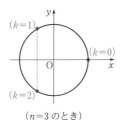

（$n=3$ のとき）

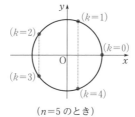

（$n=5$ のとき）

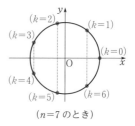

（$n=7$ のとき）

そうすると，まず $f(k)$ は周期関数になっているので，$0 \leqq k \leqq n-1$ で考えてよいことがわかります。

ちなみに，周期関数の定義は次のようになっています。

> $f(x+a)=f(x)$ $(a>0)$ が定義域内のすべての実数 x で成り立つとき，$f(x)$ は周期関数であると言い，このような a の最小値を周期と言う。

たとえば，$\tan(x+2\pi)=\tan x$ が成立するので，$\tan x$ は周期関数ですが，2π が周期だというわけではありません。2π より小さい π で $\tan(x+\pi)=\tan x$ が成立するからです。

また，$\tan(x+\pi)=\tan x$ はすべての実数 x で成立するわけではないことにも注意しておきましょう。$x=\dfrac{\pi}{2}+\pi k$（k は整数）では定義されていないからです。ですから，「$f(x+a)=f(x)$ $(a>0)$ が定義域内のすべての実数 x で成り立つとき，…」と書いています。

次に，たとえば $n=7$ のときであれば，$k=1$ のときと $k=6$ のとき，$k=2$ のときと $k=5$ のときのように，x 軸対称のところに点が現れ，それらの点では y 座標の絶対値が等しくなります。これを一般化して $f(k)=f(n-k)$ であることがわかります。

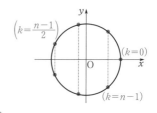

結局，$y \geqq 0$ の範囲，つまり $0 \leqq k \leqq \dfrac{n-1}{2}$ で考えてよいことがわかり，この範囲の k に対して $f(k)$ の値はすべて異なります。つまり y 軸対称のところには点は現れず，求める要素の個数は $\dfrac{n+1}{2}$ です。

この「$f(k)$ の値はすべて異なる」ことを示すところでは，前述の次の方法を使います。

「すべて異なる」→「どの2つをとっても違う」
　　　　　　　→「同じものがあるとして矛盾を引き出す」

(2)は剰余集合についての問題になっています。

解答

(1) $f(k+n)=\left|\sin\dfrac{2\pi(k+n)}{n}\right|=\left|\sin\dfrac{2\pi k}{n}\right|=f(k)$ より，$f(k)$ は周期関数なので，$0\leqq k\leqq n-1$ で考えてよい。

また，$f(n-k)=\left|\sin\dfrac{2\pi(n-k)}{n}\right|=\left|\sin\dfrac{-2\pi k}{n}\right|=\left|\sin\dfrac{2\pi k}{n}\right|=f(k)$

であるから，$0\leqq k\leqq\dfrac{n-1}{2}$ で考えてよい。

次に，$0\leqq i<j\leqq\dfrac{n-1}{2}$（$i$, j は整数）として，$f(i)=f(j)$ とすると

$$\left|\sin\dfrac{2\pi i}{n}\right|=\left|\sin\dfrac{2\pi j}{n}\right|\quad\text{すなわち}\quad\sin\dfrac{2\pi i}{n}=\sin\dfrac{2\pi j}{n}$$

$\therefore\quad\dfrac{2\pi i}{n}+\dfrac{2\pi j}{n}=\pi\quad$つまり$\quad 2(i+j)=n$

これは n が奇数であることに反するので　　$f(i)\neq f(j)$

よって，$0\leqq k\leqq\dfrac{n-1}{2}$ を満たす k に対して $f(k)$ の値がすべて異なる

ので，$\{f(k)|k\text{ は整数}\}$ の要素の個数は $\dfrac{n+1}{2}$ 個である。

(2) $0\leqq i<j\leqq\dfrac{n-1}{2}$ として，$f(mi)=f(mj)$ とすると

$$\left|\sin\dfrac{2\pi mi}{n}\right|=\left|\sin\dfrac{2\pi mj}{n}\right|\quad\text{すなわち}\quad\sin\dfrac{2\pi mi}{n}=\pm\sin\dfrac{2\pi mj}{n}$$

$\therefore\quad\dfrac{2\pi mi}{n}=\pm\dfrac{2\pi mj}{n}+2\pi l,\ \dfrac{2\pi mi}{n}=\pi-\left(\pm\dfrac{2\pi mj}{n}\right)+2\pi l$

つまり　　$m(i\pm j)=nl\quad$または$\quad 2m(i\pm j)=n(2l+1)$

前者について，右辺は n の倍数だから左辺も n の倍数であるが，m，n が互いに素であることより，$i\pm j$ が n の倍数である。

ところが，$0<i+j<n-1,\ 0>i-j\geqq-\dfrac{n-1}{2}>-n$ より，$i\pm j$ も n の倍数になることはないので，不成立。

後者は，左辺が偶数で右辺が奇数だから，不成立。

結局，この範囲にある i, j に対して　　$f(mi) \neq f(mj)$

つまり，$0 \leq k \leq \dfrac{n-1}{2}$ を満たす整数 k に対して $f(mk)$ はすべて異なる。

よって，$A = \left\{ f(mk) \,\middle|\, k \text{ は } 0 \leq k \leq \dfrac{n-1}{2} \text{ なる整数} \right\}$ の要素の個数は

$\dfrac{n+1}{2}$ 個で，A は $\{ f(k) \mid k \text{ は整数} \}$ の部分集合なので，両者は一致する。

よって，A は m によらず一定である。　　　　　　　　　　　（証明終）

剰余集合についての基本を理解していなかったとすれば，(2)はかなりの難問です。

演習編

演習の第一段階（プラス α）

演習 1-1

正の整数 k, l $(k \geqq l)$ に対して数列 $\{a_n\}$, $\{b_n\}$ を次のように定義する。

$$a_1 = k, \quad b_1 = l$$

$n \geqq 1$ について

$$a_{n+1} = \begin{cases} b_n & (b_n \neq 0 \text{ のとき}) \\ a_n & (b_n = 0 \text{ のとき}) \end{cases}$$

$$b_{n+1} = \begin{cases} a_n \text{ を } b_n \text{ で割った余り} & (b_n \neq 0 \text{ のとき}) \\ b_n & (b_n = 0 \text{ のとき}) \end{cases}$$

(1) $k = 1998$, $l = 185$ について，$\{a_n\}$, $\{b_n\}$ をそれぞれ第 5 項まで計算せよ。

(2) 任意の k, l, n について

$$b_n \geqq b_{n+1} \quad (\text{等号は } b_n = 0 \text{ のときに限る})$$

を示せ。

(3) 任意の k, l について $b_n = 0$ となる n が必ず存在することを示せ。

(4) $b_n = 0$ となる n について a_n が k と l の最大公約数になっていることを示せ。

（お茶の水女子大）

　自然数 k, l に対して，ユークリッドの互除法を用いて k, l の最大公約数を求める手順を問題にしています。よく知っている内容のはずですが，改めて「示せ」と問われると，何をどの程度まで示せばよいのか戸惑うのではないかと思います。

　注意点としては，(3)では「(2)より，b_n は n に伴い単調に減少するから自明」としてはいけません。たとえば，$y = \dfrac{1}{x}$ $(x > 0)$ のように，単調に減少するけれども $y = 0$ には到達しないという場合もあるからです。

　(4)については，ユークリッドの互除法を簡単に証明してから使います。「ユークリッドの互除法より…」という解答でも許されるかもしれませんが，証明してから使う方が安全ですし，何より証明できるようにしておくことが大事です。

(1) $1998 = 185 \times 10 + 148$

$185 = 148 \times 1 + 37$

$148 = 37 \times 4 + 0$

これより

n	1	2	3	4	5
a_n	1998	185	148	37	37
b_n	185	148	37	0	0

(2) $b_n \neq 0$ のとき，b_{n+1} は a_n を b_n で割った余りだから $b_{n+1} < b_n$

$b_n = 0$ のとき $b_{n+1} = b_n$

以上より，$b_n \geqq b_{n+1}$ であり，この等号は $b_n = 0$ のときに限り成立する。

(証明終)

(3) まず与えられた定義より，a_n，b_n は負でない整数である。

よって，$b_n = 0$ であれば $b_n = 0$ となる n が存在することになり，$b_n \neq 0$ であれば $b_n > b_{n+1} \geqq 0$ となるが，b_n，b_{n+1} は整数であるから b_{n+1} は b_n より 1 以上小さい。

この b_{n+1} が 0 であれば題意を満たし，$b_{n+1} \neq 0$ であれば b_{n+2} は b_{n+1} より 1 以上小さい。

このように調べていくと，b_{l+1} に至るまでに $b_n = 0$ となる n が現れることがわかる。

(証明終)

(4) 自然数 a，b の最大公約数を (a, b) と表すことにする。

$k = lp_1 + b_2$（以下，p_1，p_2，…は整数とする）において，(l, b_2)（$b_2 = 0$ のとき，$(l, b_2) = l$ とする）は k の約数になるから，(l, b_2) は k，l の公約数である。

$\therefore$ $(k, l) \geqq (l, b_2)$ ……①

また，$b_2 = k - lp_1$ より，(k, l) は b_2 の約数になるから，(k, l) は l，b_2 の公約数である。

$\therefore$ $(k, l) \leqq (l, b_2)$ ……②

①，②より $(k, l) = (l, b_2)$

$b_{n-1} \neq 0$ としてよく

$l = a_2 = b_2 p_2 + b_3$，$b_2 = a_3 = b_3 p_3 + b_4$，…，

$b_{n-2} = a_{n-1} = b_{n-1} p_{n-1} + b_n$，$b_{n-1} = a_n$

において，上の結論を適用して

$(k, l) = (l, b_2) = (b_2, b_3) = (b_3, b_4) = \cdots$

$= (b_{n-2}, b_{n-1}) = (b_{n-1}, b_n) = b_{n-1} = a_n$

よって，示された。

(証明終)

円周を図のように 5 等分する。現在 A にいるものとし，
さいころをふって出た目の数だけ

A → B → C → D → E → A → …

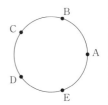

の順に進むことにする。たとえば，3 の目が出たら D に
進む。n 回さいころをふった後に A，B，C，D，E にい
る確率を，それぞれ $P_A(n)$，$P_B(n)$，$P_C(n)$，$P_D(n)$，
$P_E(n)$ とする。

(1) $P_A(1)$，$P_B(1)$，$P_C(1)$，$P_D(1)$，$P_E(1)$ を求めよ。

(2) $P_B(n+1) - P_A(n+1) = \dfrac{1}{6}(P_A(n) - P_E(n))$ を示せ。ただし，$n \geq 1$ とする。

(3) $P_B(5m+1) + 4P_A(5m+1) = 1$ を示せ。m は負でない整数とする。

(4) $P_A(5m+1)$ を求めよ。m は負でない整数とする。

(金沢大)

(1)，(2)は誘導に従えばよいので，(3)以降についてコメントします。

隣接 2 項間漸化式は $a_{n+1} = f(a_n)$ の形で表され，これを解く方法は知っていると思います。では，$a_{n+2} = f(a_n)$ で与えられた漸化式はどのように解けばよいのでしょうか。

a_n と a_{n+2} の関係が与えられているとき，n を偶奇で場合分けすると，隣り合う項の関係がわかります。つまり，$n = 2k$ のとき $a_{2(k+1)} = f(a_{2k})$ となり，$n = 2k-1$ のとき $a_{2(k+1)-1} = f(a_{2k-1})$ となるということです。

同様に，$a_{n+3} = f(a_n)$ であれば，n を 3 で割った余りで場合分けして議論すればよいことがわかります。

では，「$P_B(5m+1) + 4P_A(5m+1) = 1$ を示せ」と問われたら，どうすればよいのでしょうか。これは「n 番目と $n+5$ 番目の関係を調べよ」と要求されているのと同じだと気づけば解決です。

解答

(1) A にいるとき，さいころを 1 回ふって 1，6 が出れば B に進み，2，3，
4，5 が出ればそれぞれ C，D，E，A に進む。

$$\therefore \quad P_B(1) = \frac{1}{3}, \quad P_A(1) = P_C(1) = P_D(1) = P_E(1) = \frac{1}{6}$$

(2) (1)と同様に考えて

$$P_A(n+1) = \frac{1}{3} P_E(n) + \frac{1}{6}(P_A(n) + P_B(n) + P_C(n) + P_D(n))$$

$$P_B(n+1) = \frac{1}{3} P_A(n) + \frac{1}{6}(P_B(n) + P_C(n) + P_D(n) + P_E(n))$$

辺々引いて

$$P_B(n+1) - P_A(n+1) = \frac{1}{6}(P_A(n) - P_E(n))$$

よって，示された。 (証明終)

(3) (2)より

$$P_A(n+5) - P_E(n+5) = \frac{1}{6}(P_E(n+4) - P_D(n+4))$$

$$= \frac{1}{6^2}(P_D(n+3) - P_C(n+3))$$

$$= \frac{1}{6^3}(P_C(n+2) - P_B(n+2))$$

$$= \frac{1}{6^4}(P_B(n+1) - P_A(n+1))$$

$$= \frac{1}{6^5}(P_A(n) - P_E(n))$$

$$\therefore \quad P_A(5m+1) - P_E(5m+1) = \frac{1}{(6^5)^m}(P_A(1) - P_E(1)) = 0$$

よって，$P_A(5m+1) = P_E(5m+1)$ であり，同様に

$$P_A(5m+1) = P_E(5m+1) = P_D(5m+1) = P_C(5m+1)$$

したがって

$$P_B(5m+1) + P_A(5m+1) + P_E(5m+1)$$
$$+ P_D(5m+1) + P_C(5m+1) = 1$$

より

$$P_B(5m+1) + 4P_A(5m+1) = 1$$

よって，示された。 (証明終)

(4) $$P_B(5m+1) - P_A(5m+1) = \frac{1}{(6^5)^m}(P_B(1) - P_A(1))$$

$$= \frac{1}{(6^5)^m} \cdot \frac{1}{6} = \frac{1}{6^{5m+1}}$$

これと(3)より，$P_B(5m+1)$ を消去して

$$P_A(5m+1) = \frac{1}{5}\left(1 - \frac{1}{6^{5m+1}}\right)$$

n は 0 または正の整数とする。a_n を
$$a_0=1, \quad a_1=2, \quad a_{n+2}=a_{n+1}+a_n$$
によって定める。a_n を 3 で割った余りを b_n とし
$$c_n=b_0+\cdots+b_n$$
とおく。

(1) $b_0, \cdots, b_9$ を求めよ。

(2) $c_{n+8}=c_n+c_7$ であることを示せ。

(3) $n+1 \le c_n \le \dfrac{3}{2}(n+1)$ が成り立つことを示せ。

(京都大)

数学的帰納法の主な形は次の 3 つです。

- $n=1$ のときを示しておき，$n=k$ のときを仮定して $n=k+1$ のときを示す。
- $n=1$, 2 のときを示しておき，$n=k$, $k+1$ のときを仮定して $n=k+2$ のときを示す。
- $n=1$ のときを示しておき，$n=1$, 2, $\cdots$, k のときを仮定して $n=k+1$ のときを示す。

しかし，この応用例は無限にあり，問題に応じて数学的帰納法の形を柔軟に組めるようにしておくことが大切です。たとえば，次の問題ならば，どのようにすればよいでしょうか。

数列 $\{a_n\}$ を次式で与える。
$$a_1=1, \quad a_{2k}=3a_{2k-1}, \quad a_{2k+1}=a_{2k}+1$$
このとき，$a_n>2^{n-1}$ を満たす n の個数を求めよ。

この問題では，a_{2k-1} により a_{2k} が決まり，a_{2k} により a_{2k+1} が決まる形になっていますので，それに合わせて数学的帰納法を組みます。

解 答

n	1	2	3	4	5	6	7	8
a_n	1	3	4	12	13	39	40	120
2^{n-1}	1	2	4	8	16	32	64	128

表より，$a_8 < 2^7$ である。

また，ある k $(k \geqq 4)$ で $a_{2k} < 2^{2k-1}$ であると仮定すると

$$2^{2k} - a_{2k+1} = 2 \cdot 2^{2k-1} - (a_{2k} + 1)$$
$$= (2^{2k-1} - a_{2k}) + (2^{2k-1} - 1) > 0$$
$$2^{2k+1} - a_{2k+2} = 2^{2k+1} - 3a_{2k+1}$$
$$= 4 \cdot 2^{2k-1} - 3(a_{2k} + 1)$$
$$= 3(2^{2k-1} - a_{2k}) + 2^{2k-1} - 3 > 0$$

より，$a_{2k+1} < 2^{2k}$，$a_{2k+2} < 2^{2k+1}$ となるから，数学的帰納法により $n \geqq 8$ で $a_n < 2^{n-1}$ である。

よって，$a_n > 2^{n-1}$ を満たすものは $n \leqq 7$ の範囲に限られ，その個数は表より $n = 2,\ 4,\ 6$ の 3 個である。

- $n=1$ のときを示しておき，$n=2k-1$ のときを仮定して $n=2k$，$2k+1$ のときを示す。
- $n=1$，2 のときを示しておき，$n=k$ のときを仮定して $n=k+2$ のときを示す。

のように，数学的帰納法の形はいくらでもあることを確認しておきましょう。

解 答

(1)

n	0	1	2	3	4	5	6	7	8	9
a_n	1	2	3	5	8	13	21	34	55	89
b_n	1	2	0	2	2	1	0	1	1	2

(2) (1)と b_n の定義より

$$b_{n+8} = b_n \quad \cdots\cdots(*)$$
$$\therefore \quad c_{n+8} = c_n + (b_{n+1} + b_{n+2} + \cdots + b_{n+8})$$
$$= c_n + (b_0 + b_1 + \cdots + b_7) \quad (\because \ (*)\text{より，} b_n \text{は周期数列})$$
$$= c_n + c_7$$

よって，示された。 （証明終）

(3)

$n+1$	1	2	3	4	5	6	7	8
c_n	1	3	3	5	7	8	8	9
$\dfrac{3}{2}(n+1)$	1.5	3	4.5	6	7.5	9	10.5	12

表より, $0 \leqq n \leqq 7$ で $n+1 \leqq c_n \leqq \dfrac{3}{2}(n+1)$ ……($**$)は成立。

また, ある n で($**$)が成立すると仮定すると

$$\dfrac{3}{2}(n+9) - c_{n+8} = \dfrac{3}{2}(n+9) - (c_n + c_7) \quad (\because \ (2))$$

$$\geqq \dfrac{3}{2}(n+9) - \dfrac{3}{2}(n+1) - 9 \quad (\because \ 仮定, \ c_7 = 9)$$

$$= 3$$

$$\geqq 0$$

$$c_{n+8} - (n+9) = c_n + c_7 - (n+9) \quad (\because \ (2))$$

$$= c_n + 9 - (n+9)$$

$$\geqq n+1+9 - (n+9) \quad (\because \ 仮定)$$

$$= 1$$

$$\geqq 0$$

より, $n+9 \leqq c_{n+8} \leqq \dfrac{3}{2}(n+9)$ が成立する。

よって, 数学的帰納法により, ($**$)は示された。   (証明終)

> 2以上の整数 a_1, a_2, $\cdots$, a_n に対して，b_1, b_2, $\cdots$, b_n を，
> $b_1 = a_1$, $b_2 = a_2 - \dfrac{1}{b_1}$, $\cdots$, $b_n = a_n - \dfrac{1}{b_{n-1}}$ によって定める。
>
> (1) $b_k \geqq \dfrac{k+1}{k}$ $(k=1, 2, \cdots, n)$ を示せ。
> (2) 積 $b_1 \cdot b_2 \cdot \cdots \cdot b_k$ $(k=1, 2, \cdots, n)$ は整数であることを示せ。
> (3) $b_1 \cdot b_2 \cdot \cdots \cdot b_{n-1} = 25$, $b_1 \cdot b_2 \cdot \cdots \cdot b_n = 31$ となる n と a_1, a_2, $\cdots$, a_n を求めよ。
>
> （金沢大）

演習編

　最低限の漸化式を解けるようになれば，それ以上に難しい漸化式を解けるようになろうと努力する必要はありません。入試では「解く」ことではなく，「使う」ことや「作る」ことが要求されます。

　本問では，「使う」ことが要求されていますが，(2)では $n=k$ のときを仮定して，$n=k+1$ のときを示そうとしたとき，$b_1 \cdot b_2 \cdot \cdots \cdot b_{k+1}$ が $b_1 \cdot b_2 \cdot \cdots \cdot b_k$ と $b_1 \cdot b_2 \cdot \cdots \cdot b_{k-1}$ で表されることに気づけば，$n=k$, $k+1$ のときを仮定して $n=k+2$ のときを示す数学的帰納法に組み替えます。

　また，(3)では，漸化式をどのように使えばよいのかと戸惑う前に「まず調べてみよう」と考えることが重要です。

解答

(1) $b_1 = a_1 \geqq 2$ より，$k=1$ で成立している。

また，$b_k \geqq \dfrac{k+1}{k}$ と仮定すると

$$b_{k+1} = a_{k+1} - \frac{1}{b_k} \geqq 2 - \frac{k}{k+1} = \frac{k+2}{k+1}$$

よって，数学的帰納法により，$b_k \geqq \dfrac{k+1}{k}$ が成立する。　　（証明終）

(2) 　$b_1 = a_1$：整数，$b_1 \cdot b_2 = a_1 \cdot \left(a_2 - \dfrac{1}{a_1} \right) = a_1 \cdot a_2 - 1$：整数

であり

　　$b_1 \cdot b_2 \cdot \cdots \cdot b_k$：整数，$b_1 \cdot b_2 \cdot \cdots \cdot b_{k+1}$：整数

と仮定すると

$$b_1 \cdot b_2 \cdot \cdots \cdot b_{k+2} = b_1 \cdot b_2 \cdot \cdots \cdot b_{k+1} \cdot \left(a_{k+2} - \frac{1}{b_{k+1}} \right)$$

$$= b_1 \cdot b_2 \cdot \cdots \cdot b_{k+1} \cdot a_{k+2} - b_1 \cdot b_2 \cdot \cdots \cdot b_k : \text{整数}$$

よって，数学的帰納法により，$b_1 \cdot b_2 \cdot \cdots \cdot b_k$ は整数である。

（証明終）

(3) まず $b_1 = a_1$ は整数であるが，$k \geqq 2$ で $b_k = a_k - \dfrac{1}{b_{k-1}}$ は整数ではない。

$$\left(\because \quad b_{k-1} \geqq \frac{k}{k-1} > 1 \text{ より，} 0 < \frac{1}{b_{k-1}} < 1 \right)$$

与えられた条件より

$$25 b_n = 31 \qquad \therefore \quad b_n = \frac{31}{25} = 2 - \frac{19}{25}$$

したがって

$$a_n = 2, \quad b_{n-1} = \frac{25}{19} = 2 - \frac{13}{19}$$

$$a_{n-1} = 2, \quad b_{n-2} = \frac{19}{13} = 2 - \frac{7}{13}$$

$$a_{n-2} = 2, \quad b_{n-3} = \frac{13}{7} = 2 - \frac{1}{7}$$

$$a_{n-3} = 2, \quad b_{n-4} = 7$$

よって，$b_{n-4} = b_1$ つまり $\boldsymbol{n = 5}$ であり

$$\boldsymbol{a_1 = 7, \quad a_2 = a_3 = a_4 = a_5 = 2}$$

> 実数 x を超えない最大の整数を $[x]$ と表すとき，$\displaystyle\sum_{k=1}^{2n^2}[\sqrt{2k}\,]$ を計算せよ。

まず**ガウス記号**について確認しておきます。

$[x]$ は x を超えない最大の整数と定義されていますが，これを式で表すと

$x-1<[x]\leqq x$，$[x]$ は整数

となります。

$x>0$ のときは $[x]$ が x の整数部分を表し，$x-[x]$ が x の小数部分を表すことにも注意しておきましょう。

すなわち，ガウス記号は切り捨てと関係が深く，たとえば，円周率の小数第 3 位以下を切り捨てて小数第 2 位まで表すのであれば，$\dfrac{[100\pi]}{100}=3.14$ とします。

$a_n=[\sqrt{2n}\,]$ という数列がどのような数列なのかがすぐにイメージできませんから，まずそれを調べてみる必要があります。

a_n が群数列であることがわかれば，次はシグマ計算ですが，シグマの操作にこだわってはいけません。「シグマの式は見にくい」ですから。

解答

$[\sqrt{2k}\,]=l$（l は自然数）となる k の個数を考える。

$\sqrt{2k}-1<[\sqrt{2k}\,]\leqq\sqrt{2k}$ より $\sqrt{2k}-1<l\leqq\sqrt{2k}$

すなわち $l\leqq\sqrt{2k}<l+1$

$\therefore\ \dfrac{l^2}{2}\leqq k<\dfrac{(l+1)^2}{2}$

よって，l が奇数のとき $\dfrac{l^2+1}{2}\leqq k\leqq\dfrac{(l+1)^2}{2}-1$

これを満たす k の個数は $\dfrac{(l+1)^2}{2}-\dfrac{l^2+1}{2}=l$ 個

l が偶数のとき $\dfrac{l^2}{2}\leqq k\leqq\dfrac{(l+1)^2-1}{2}$

これを満たす k の個数は $\dfrac{(l+1)^2+1}{2}-\dfrac{l^2}{2}=l+1$ 個

よって，$[\sqrt{2k}\,]$ は第 l 群が l の群数列で，第 l 群には l が奇数のとき l 項，l が偶数のとき $l+1$ 項が存在する。

ところで，$[\sqrt{2\cdot2n^2}\,]=2n$ であるから，$\displaystyle\sum_{k=1}^{2n^2}[\sqrt{2k}\,]$ では第 $2n$ 群の最初

演習編

の項までの和を求めればよい。

$$\therefore \quad \sum_{k=1}^{2n^2} \left[\sqrt{2k} \right] = 1^2 + 2(2+1) + 3^2 + 4(4+1) + \cdots + (2n-3)^2$$
$$+ (2n-2)(2n-2+1) + (2n-1)^2 + 2n$$
$$= 1^2 + 2^2 + 3^2 + \cdots + (2n-1)^2 + 2 + 4 + 6 + \cdots + 2n$$
$$= \frac{(2n-1)2n(4n-1)}{6} + n(n+1)$$
$$= \frac{n(8n^2 - 3n + 4)}{3}$$

次の 3 条件(イ), (ロ), (ハ)を満たすような数列 $\{a_n\}$ を考える。

(イ) $\displaystyle\sum_{k=1}^{2n}(-1)^{k-1}a_k=\sum_{l=1}^{n}\frac{1}{n+l}$ $(n=1, 2, \cdots)$

(ロ) $a_{2n}=\dfrac{a_{2n-1}}{a_{2n-1}+1}$ $(n=1, 2, \cdots)$

(ハ) $a_n>0$ $(n=1, 2, \cdots)$

この数列の第 n 項 a_n を求めよ。 （大阪大）

まず，「シグマの式は見にくい」です。(イ)の条件を展開した形で書き直してみましょう。

$$a_1-a_2+a_3-a_4+\cdots+a_{2n-1}-a_{2n}=\frac{1}{n+1}+\frac{1}{n+2}+\cdots+\frac{1}{n+n}$$

和の形で数列が定義されているので，n をずらして辺々引けば，もう少しわかりやすい条件が得られます。n を 1 つ上にずらしてみましょう。

$$a_1-a_2+\cdots+a_{2n-1}-a_{2n}+a_{2n+1}-a_{2n+2}=\frac{1}{n+1+1}+\frac{1}{n+1+2}$$
$$+\cdots+\frac{1}{n+1+n}+\frac{1}{n+1+n+1}$$

辺々引くと

$$a_{2n+1}-a_{2n+2}=\frac{1}{n+1+n}+\frac{1}{n+1+n+1}-\frac{1}{n+1}$$

$\therefore$ $a_{2n+1}-a_{2n+2}=\dfrac{1}{2n+1}-\dfrac{1}{2n+2}$

辺々を引いたときに，消えずに残るところを間違えないようにしましょう。

この段階で，$a_{2n+1}=\dfrac{1}{2n+1}$，$a_{2n+2}=\dfrac{1}{2n+2}$，つまり $a_n=\dfrac{1}{n}$ なのではないかと予想され，それを示せばよいことがわかります。

なお，次の等式は有名なので，知っておいても損はないと思います。

$$\frac{1}{1}-\frac{1}{2}+\frac{1}{3}-\frac{1}{4}+\cdots+\frac{1}{2n-1}-\frac{1}{2n}=\frac{1}{n+1}+\frac{1}{n+2}+\cdots+\frac{1}{2n-1}+\frac{1}{2n}$$

それから注意事項としては，(ロ)の条件は漸化式ではないということです。奇数番目からは次の偶数番目に進むことができますが，偶数番目からは次の奇数番目に行けないからです。ただし，そのような条件で数列を定めることはかえって難しいことであり，$a_{n+1}=\dfrac{a_n}{a_n+1}$ が成立しているのだろうという予想が立ちます。そうすると，逆

数を考えて $\dfrac{1}{a_{n+1}} = \dfrac{1}{a_n} + 1$ であり，これより $\dfrac{1}{a_n}$ は等差数列だとわかるので

$$\frac{1}{a_n} = \frac{1}{a_1} + n - 1$$

となり，$a_1 = 1$ であれば，$\dfrac{1}{a_n} = n$ つまり $a_n = \dfrac{1}{n}$ です。

解　答

$n \geqq 2$ のとき，(イ)より

$$\sum_{k=1}^{2n} (-1)^{k-1} a_k - \sum_{k=1}^{2(n-1)} (-1)^{k-1} a_k = \sum_{l=1}^{n} \frac{1}{n+l} - \sum_{l=1}^{n-1} \frac{1}{n-1+l}$$

つまり

$$a_{2n-1} - a_{2n} = \frac{1}{2n-1} + \frac{1}{2n} - \frac{1}{n} = \frac{1}{2n-1} - \frac{1}{2n} = \frac{1}{(2n-1)2n}$$

$\therefore \quad a_{2n-1} - \dfrac{a_{2n-1}}{a_{2n-1}+1} = \dfrac{1}{(2n-1)2n} \quad (\because \quad (ロ))$

これを整理して

$$a_{2n-1}{}^2 = \frac{a_{2n-1}+1}{(2n-1)2n}$$

$$a_{2n-1}{}^2 - \frac{1}{(2n-1)2n} a_{2n-1} - \frac{1}{(2n-1)2n} = 0$$

$$\left(a_{2n-1} + \frac{1}{2n}\right)\left(a_{2n-1} - \frac{1}{2n-1}\right) = 0$$

$\therefore \quad a_{2n-1} = \dfrac{1}{2n-1} \quad (\because \quad (ハ))$

$a_{2n-1} - a_{2n} = \dfrac{1}{2n-1} - \dfrac{1}{2n}$ より $\quad a_{2n} = \dfrac{1}{2n}$

よって，$n \geqq 3$ で $\quad a_n = \dfrac{1}{n}$

また，(イ)，(ロ)で $n = 1$ とすると

$$a_1 - a_2 = \frac{1}{2}, \quad a_2 = \frac{a_1}{a_1 + 1}$$

これを解いて $\quad a_1 = 1, \; a_2 = \dfrac{1}{2} \quad (\because \quad (ハ))$

以上より $\quad a_n = \dfrac{\mathbf{1}}{\mathbf{n}}$

a を 1 でない正の実数とする。不等式 $\log_{\sqrt{a}}(3-x)-\dfrac{1}{\log_2 a}>\log_a(x+2)+1$ を満たす整数 x がただ 1 つ存在するための a の満たす条件を求めよ。

対数法則はいくつあるでしょうか。

$$\log_a b+\log_a c=\log_a bc \qquad\qquad \log_a b-\log_a c=\log_a \frac{b}{c}$$

$$\log_a b^c=c\log_a b \qquad\qquad\qquad \log_a b=\frac{\log_c b}{\log_c a}$$

の 4 つです。このほかに,対数法則から導かれるものとして

$$\log_a b=\frac{1}{\log_b a} \qquad\qquad\qquad \log_a b=\log_{a^c} b^c$$

等があります。特に,$\log_a b=\log_{a^c} b^c$ は,$\log_{\sqrt{2}} 3=\log_2 9$,$\log_{\frac{1}{2}} 3=-\log_2 3$,… のように,底を揃えるときによく使います。

ところで,対数法則は「法則」と言うぐらいですから,正しい規則であるかのような響きがありますが,実はいつでも成り立つ規則ではありません。つまり,厳密に言えば,左辺と右辺はイコールではありません。

何が違うのでしょうか。はっきりとわかっている人は少ないのですが,左辺と右辺では真数条件が違います。たとえば

$$\log_a b+\log_a c=\log_a bc \quad\cdots\cdots(*)$$

ならば,左辺は $b>0$,$c>0$ で,右辺は $bc>0$ です。

対数法則は真数条件を保存しない

$(*)$ を用いて式変形するとき,左辺を右辺に変形することが多く,その場合,真数条件をチェックしておけば対数法則を使っても大丈夫です。しかし,もし右辺を左辺に変形しなければならない場合は

$b>0$,$c>0$ のときは $\qquad \log_a bc=\log_a b+\log_a c$

$b<0$,$c<0$ のときは $\qquad \log_a bc=\log_a(-b)+\log_a(-c)$

と,場合分けをして議論を進めなければなりません。

さて,この問題では $3-x>0$ をチェックしておけば,$\log_{\sqrt{a}}(3-x)=\log_a(3-x)^2$ としてよく,$x+2>0$ もチェックしたうえで底を揃えて全体を整理すると,$\log_a(3-x)^2>\log_a 2a(x+2)$ となります。

あとは底の a が 1 より大きいかどうかで場合分けをします。$0<a<1$ のとき，$y=\log_a x$ のグラフは単調減少ですから，$\log_a p<\log_a q \Longleftrightarrow p>q$ となることに注意しましょう。

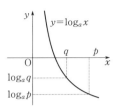

解答

まず，$3-x>0$，$x+2>0$，つまり $-2<x<3$ であり，このとき与えられた条件は

$$\log_a(3-x)^2-\log_a 2>\log_a a(x+2)$$

$\therefore \quad \log_a(3-x)^2>\log_a 2a(x+2) \quad \cdots\cdots(**)$

・$0<a<1$ のとき，$(**)$ は $\quad (3-x)^2<2a(x+2)$

ここで

$$\begin{cases} y=(3-x)^2 & \cdots\cdots① \\ y=2a(x+2) & \cdots\cdots② \end{cases}$$

のグラフを考えて，②が①の上方にあるような整数 x が 1 つ存在する条件を考える。

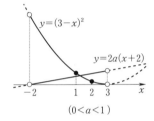

$(0<a<1)$

このような x は 2 に限られ，②が $(2,\ 1)$ を通るとき，$a=\dfrac{1}{8}$，②が $(1,\ 4)$ を通るとき，$a=\dfrac{2}{3}$ であるから

$$\frac{1}{8}<a\leqq\frac{2}{3}$$

・$a>1$ のとき，$(**)$ は $\quad (3-x)^2>2a(x+2)$

$0<a<1$ のときと同様に考え，①が②の上方にあるような整数 x が 1 つ存在する条件を考える。

このような x は -1 に限られ，②が $(0,\ 9)$ を通るとき，$a=\dfrac{9}{4}$，②が $(-1,\ 16)$ を通るとき，$a=8$ であるから

$$\frac{9}{4}\leqq a<8$$

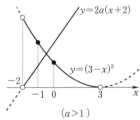

$(a>1)$

以上より，求める a の条件は

$$\frac{1}{8}<a\leqq\frac{2}{3} \quad \text{または} \quad \frac{9}{4}\leqq a<8$$

a を実数とする。x についての多項式 $f_n(x)$, $g_n(x)$ $(n=0, 1, 2, \cdots)$ を
$$f_0(x)=1, \quad g_0(x)=1$$
$$f_n(x)=x(x-1)\cdots(x-n+1) \quad (n\geqq 1)$$
$$g_n(x)=\sum_{k=0}^{n} {}_n\mathrm{C}_k f_k(a) f_{n-k}(x) \quad (n\geqq 1)$$
により定義する。ただし，${}_n\mathrm{C}_k$ は二項係数である。

(1) $n\geqq 1$ に対して
$$f_n(x+1)-f_n(x)=nf_{n-1}(x)$$
を示せ。

(2) $n\geqq 1$ に対して
$$g_n(x+1)-g_n(x)=ng_{n-1}(x)$$
を示せ。

(3) 各 n について，$g_n(x)$ と $f_n(x+a)$ は x の多項式として等しいことを示せ。

(東京都立大)

基本事項を整理しておきましょう。

$f(x)$ を x の n 次多項式とすると，$a\neq 0$ として $f(x+a)-f(x)$ は x の $n-1$ 次多項式になる。

これは，$f(x)=a_n x^n+a_{n-1}x^{n-1}+\cdots+a_1 x+a_0$ とおいてみると
$$f(x+a)-f(x)=\{a_n(x+a)^n+a_{n-1}(x+a)^{n-1}+\cdots+a_0\}$$
$$-(a_n x^n+a_{n-1}x^{n-1}+\cdots+a_0)$$
$$=a_n nax^{n-1}+g_n(x) \quad (g_n(x) \text{ は } n-2 \text{ 次以下の多項式})$$
と表されるからです。

次は，二項定理関連です。

- $(a+b)^n=\displaystyle\sum_{k=0}^{n} {}_n\mathrm{C}_k a^{n-k}b^k$ ……①

- $\displaystyle\sum_{k=0}^{n} {}_n\mathrm{C}_k=2^n$ ……②

- $k\geqq 1$ のとき $\quad k\cdot {}_n\mathrm{C}_k=n\cdot {}_{n-1}\mathrm{C}_{k-1}$ ……③

- $(n-k){}_n\mathrm{C}_k=n\cdot {}_{n-1}\mathrm{C}_k$ ……④

- ${}_n\mathrm{C}_k+{}_n\mathrm{C}_{k+1}={}_{n+1}\mathrm{C}_{k+1}$：パスカルの三角形

まず，①で $a=b=1$ とすることにより，②が得られます。

③の左辺は，「n 人から k 人の委員を選び（$_nC_k$ 通り），k 人の委員から 1 人の委員長を選ぶ（k 通り）選び方」で，これは右辺の「まず委員長を選び（n 通り），残る $n-1$ 人から委員長でない $k-1$ 人の委員を選ぶ（$_{n-1}C_{k-1}$ 通り）選び方」と同じだということです。

同様に，④の左辺は，「n 人から k 人の委員を選び（$_nC_k$ 通り），選ばれなかった $n-k$ 人から 1 人の委員長を選ぶ（$n-k$ 通り）選び方」で，これは右辺の「まず委員長を選び（n 通り），残る $n-1$ 人から k 人の委員を選ぶ（$_{n-1}C_k$ 通り）選び方」と同じです。

③，④では，「コンビネーションを階乗を用いて表すことにより示すことができる」だけでは不十分です。意味を理解して，いつでも使えるようにしておきましょう。

もう 1 つの基本事項は「整式の決定」についてです。

1 次関数のグラフは直線ですから，異なる 2 つの x に対する関数値を与えればグラフが唯一に定まります。つまり，1 次式 $f(x)$ は異なる 2 つの x に対する値 $f(x_1)$，$f(x_2)$ により決定されます。

同様に，2 次式 $f(x)$ は異なる 3 つの x に対する値 $f(x_1)$，$f(x_2)$，$f(x_3)$ により決定されます。

一般には次のようになります。

n 次式 $f(x)$ は，異なる $n+1$ 個の x に対する値 $f(x_1)$，$f(x_2)$，$\cdots$，$f(x_{n+1})$ により唯一に定まる。

証明は次のようになります。

証 明

$f(x)$ 以外の n 次式 $g(x)$ があって
$$f(x_1)=g(x_1),\ f(x_2)=g(x_2),\ \cdots,\ f(x_{n+1})=g(x_{n+1})$$
を満たすならば，$h(x)=f(x)-g(x)$ とおいて
$$h(x_1)=h(x_2)=\cdots=h(x_{n+1})=0$$
よって，$h(x)$ は $n+1$ 個以上の因数をもつことになるが，$h(x)$ は n 次以下の整式で，かつ $f(x) \neq g(x)$ より，$h(x)$ は恒等的には 0 ではないので，これは矛盾。

よって，n 次式 $f(x)$ は，異なる $n+1$ 個の x に対する値 $f(x_1)$，$f(x_2)$，$\cdots$，$f(x_{n+1})$ により唯一に定まる。

解 答

(1) 　$f_n(x+1)-f_n(x)=(x+1)x\cdots(x+1-n+1)-x(x-1)\cdots(x-n+1)$
$$=\{(x+1)-(x-n+1)\}x(x-1)\cdots\{x-(n-1)+1\}$$

$$= nf_{n-1}(x)$$

よって，示された。 （証明終）

(2)
$$g_n(x+1) - g_n(x) = \sum_{k=0}^{n} {}_n\mathrm{C}_k f_k(a) f_{n-k}(x+1) - \sum_{k=0}^{n} {}_n\mathrm{C}_k f_k(a) f_{n-k}(x)$$

$$= \sum_{k=0}^{n} {}_n\mathrm{C}_k f_k(a) \{ f_{n-k}(x+1) - f_{n-k}(x) \}$$

$$= \sum_{k=0}^{n-1} {}_n\mathrm{C}_k f_k(a)(n-k) f_{n-1-k}(x)$$

$$= n \sum_{k=0}^{n-1} {}_{n-1}\mathrm{C}_k f_k(a) f_{n-1-k}(x) = n g_{n-1}(x)$$

よって，示された。 （証明終）

(3) $f_0(x) = g_0(x) = 1$ だから，$g_0(x) = f_0(x+a)$ である。

また，ある n で $g_{n-1}(x) = f_{n-1}(x+a)$ であると仮定すると

$$\begin{cases} f_n(x+a+1) - f_n(x+a) = n f_{n-1}(x+a) \\ g_n(x+1) - g_n(x) = n g_{n-1}(x) \end{cases}$$

の辺々を引いて

$$\{ f_n(x+a+1) - g_n(x+1) \} - \{ f_n(x+a) - g_n(x) \}$$
$$= n \{ f_{n-1}(x+a) - g_{n-1}(x) \} (=0)$$

よって，$h(x) = f_n(x+a) - g_n(x)$ とおくと，$h(x)$ の次数は高々 n であり，$h(x+1) - h(x) = 0$ が成立する。

これより $h(0) = h(1) = h(2) = \cdots = h(n)$

となるから，異なる $n+1$ 個の x に対して $h(x)$ は同じ値をとることになる。

ここで，$h(x)$ がもし定数でないとすると，$h(x) - h(0)$ が $n+1$ 個以上の因数をもつことになり，$h(x)$ の次数が n 以下であることに矛盾する。

よって，$h(x)$ は定数であり $h(x) = h(0) = f_n(a) - g_n(0)$

ところで

$$g_n(0) = \sum_{k=0}^{n} {}_n\mathrm{C}_k f_k(a) f_{n-k}(0) = f_n(a)$$

$$(\because \quad k \neq n \text{ のとき，} f_{n-k}(0) = 0)$$

となるから

$$h(x) = h(0) = f_n(a) - g_n(0) = 0$$

つまり，$g_n(x) = f_n(x+a)$ である。

よって，数学的帰納法により，$g_n(x) = f_n(x+a)$ であることが示された。 （証明終）

> 自然数 n に対し,関数 $f(x)$ を
>
> $$f(x)=|x-1|+\left|x-\frac{1}{4}\right|+\left|x-\frac{1}{9}\right|+\cdots+\left|x-\frac{1}{n^2}\right|$$
>
> とする。$f(x)$ の最小値を与える x をすべて求めよ。　　　　（大阪教育大）

　一般化された状況で考える前に,$n=1$ のとき,$n=2$ のとき,… のように,具体的な場合で考えると見通しが明るくなります。

　まず絶対値の外し方は

$$|x|=\begin{cases} -x & (x\leqq 0 \text{ のとき}) \\ x & (x\geqq 0 \text{ のとき}) \end{cases}$$

のようになります。なお,もらさず,重複のないように表現したいときは,$x=0$ をどちらか一方の区間に入れますが,端を含めて表現したい区間が右側になるか左側になるかがわからない本問のような場合は,どちらにもイコールを付けておく方が都合がよいです。

　したがって,$n=1$ のときは

$$f(x)=\begin{cases} -x+1 & (x\leqq 1 \text{ のとき}) \\ x-1 & (x\geqq 1 \text{ のとき}) \end{cases}$$

となり,$y=f(x)$ のグラフは $(1,\ f(1))$ で折れ曲がる折れ線になります。

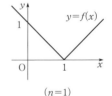

($n=1$)

　$n=2$ のときは

$$f(x)=\begin{cases} -2x+\dfrac{5}{4} & \left(x\leqq \dfrac{1}{4} \text{ のとき}\right) \\[2mm] \dfrac{3}{4} & \left(\dfrac{1}{4}\leqq x\leqq 1 \text{ のとき}\right) \\[2mm] 2x-\dfrac{5}{4} & (x\geqq 1 \text{ のとき}) \end{cases}$$

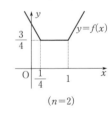

($n=2$)

となり,$y=f(x)$ のグラフは $\left(\dfrac{1}{4},\ f\left(\dfrac{1}{4}\right)\right)$ と $(1,\ f(1))$ で折れ曲がります。

　結局,$y=f(x)$ のグラフは $\left(\dfrac{1}{n^2},\ f\left(\dfrac{1}{n^2}\right)\right)$,…,$(1,\ f(1))$ で折れ曲がる折れ線になります。

　そこで,各区間における傾きを考えると,次のようになります。

$$\begin{cases} x \leqq \dfrac{1}{n^2} \text{ のとき} \quad -n \\[3mm] \dfrac{1}{n^2} \leqq x \leqq \dfrac{1}{(n-1)^2} \text{ のとき} \quad -n+2 \\[2mm] \qquad\qquad \vdots \\[1mm] \dfrac{1}{(k+1)^2} \leqq x \leqq \dfrac{1}{k^2} \text{ のとき} \quad -k+(n-k)=n-2k \\[2mm] \qquad\qquad \vdots \\[1mm] x \geqq 1 \text{ のとき} \quad n \end{cases}$$

つまり，$f(x)$ はあるところまでは減少で，その後増加に転じるわけですが，n が偶数のときは，傾きが 0 になり横ばいになる区間が生じます。

こういった考察を解答にすれば，いきなり一般化して考えるよりもずいぶん楽になります。

解答　$y=f(x)$ のグラフは折れ線になり，各区間における傾きは

$$\begin{cases} x \leqq \dfrac{1}{n^2} \text{ のとき} \quad -n \\[3mm] \dfrac{1}{(k+1)^2} \leqq x \leqq \dfrac{1}{k^2} \text{ のとき} \quad -k+(n-k)=n-2k \\[1mm] \qquad\qquad\qquad\qquad\qquad (1 \leqq k \leqq n-1,\ k \text{ は自然数，} n \geqq 2) \\[1mm] x \geqq 1 \text{ のとき} \quad n \end{cases}$$

したがって，$n-2k<0$ すなわち $k>\dfrac{n}{2}$ を満たす k に対して，

$\dfrac{1}{(k+1)^2} \leqq x \leqq \dfrac{1}{k^2}$ の区間で傾きが負になり，$k \leqq \dfrac{n}{2}$ を満たす k に対して，

$\dfrac{1}{(k+1)^2} \leqq x \leqq \dfrac{1}{k^2}$ の区間で傾きは正または 0 になる。

傾きが 0 になる区間が存在するのは，n が偶数のときに限られ，

$\dfrac{1}{\left(\dfrac{n+2}{2}\right)^2} \leqq x \leqq \dfrac{1}{\left(\dfrac{n}{2}\right)^2}$ のときであり，n が奇数のときは傾きが 0 になる

区間はない。

以上より，求める x は

$$\begin{cases} n \text{ が奇数のとき} \quad x=\dfrac{4}{(n+1)^2} \\[3mm] n \text{ が偶数のとき} \quad \dfrac{4}{(n+2)^2} \leqq x \leqq \dfrac{4}{n^2} \end{cases}$$

関数 $g(x)$ を次のように定める。

$$g(x) = \begin{cases} x(x+2) & (x \leq 0) \\ 2x^2+1 & (x>0) \end{cases}$$

このとき，次の条件（＊）を満たす実数の組 $(a,\ b)$ を座標とする点の全体を座標平面に図示せよ。

（＊）　すべての x について，$g(x)-g(a) \geqq b(x-a)$ である。　　　　（埼玉大）

まず，$y=g(x)$ のグラフを描きます。

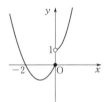

次に，$g(x)-g(a) \geqq b(x-a)$ の解釈ですが，「$y=g(x)-g(a)$ のグラフが，$y=b(x-a)$ のグラフの上方にある条件を考える」とするのはイマイチです。a によって $g(a)$ の値が変わり，その分だけ $y=g(x)$ のグラフを y 軸方向に平行移動するのでは，グラフがぐらぐら動いて見にくいからです。

パラメーターは分離せよ

が基本です。

すると，$g(x)-g(a) \geqq b(x-a)$ は，$g(x) \geqq b(x-a)+g(a)$ となり，「$y=g(x)$ のグラフが，$y=b(x-a)+g(a)$ のグラフの上方にある条件」を考えることになります。$y=b(x-a)+g(a)$ のグラフは $y=g(x)$ のグラフ上の点 $(a,\ g(a))$ を通る直線ですから，基本的に $b=g'(a)$ であればよいことがわかります。

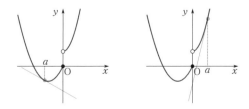

ところが，たくさん図を描いて考えると，a の値によっては $b=g'(a)$ ではダメな場合が出てきます。

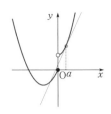

これを考察すればできあがりです。

解答　　$g(x)-g(a) \geqq b(x-a)$ は，$g(x) \geqq b(x-a)+g(a)$ であるから，$y=g(x)$ のグラフが直線 $y=b(x-a)+g(a)$ の上方にあればよい（共有点をもってもよい）。

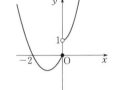

$y=g(x)$ のグラフは右図のようになり，$y=g(x)$ と $y=b(x-a)+g(a)$ は点 $(a, g(a))$ を共有することに注意する。

$y=x(x+2)$，$y=2x^2+1$ の $x=a$ における接線を考える。

それぞれ微分すると，$y'=2x+2$，$y'=4x$ だから
$$y=(2a+2)(x-a)+a(a+2) \quad \cdots\cdots①$$
$$y=4a(x-a)+2a^2+1 \quad \cdots\cdots②$$

①で $a=0$ とすると　　$y=2x$

また，②が原点を通るとき，$2a^2=1$ つまり $a=\pm\dfrac{1}{\sqrt{2}}$ であり，$a=\dfrac{1}{\sqrt{2}}$ のとき，②は　　$y=2\sqrt{2}\,x$

したがって

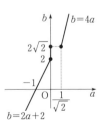

$\begin{cases} a<0 \text{ のとき，} b=2a+2 \text{ であればよく，} \\ a=0 \text{ のとき，} 2 \leqq b \leqq 2\sqrt{2}, \\ 0<a<\dfrac{1}{\sqrt{2}} \text{ のとき，} b \text{ は存在せず，} \\ a \geqq \dfrac{1}{\sqrt{2}} \text{ のとき，} b=4a \text{ であればよい。} \end{cases}$

以上を図示すると，右図のようになる。

> 関数 $f(\theta)=\sin\theta\sin 2\theta\sin 3\theta$ の周期を求めよ。 （自治医科大〈改〉）

$f(\theta+2\pi)=f(\theta)$ が成り立ちますから，$f(\theta)$ は周期関数です。しかし，だからといって周期が 2π であるかどうかはわかりません。

たとえば，$\tan(\theta+2\pi)=\tan\theta$ は $\theta\neq\dfrac{\pi}{2}+\pi k$（$k$ は整数）であるすべての θ で成り立ちますが，$\tan\theta$ の周期は 2π ではありません。もっと小さな繰り返しの単位があるからです。実際には，$\tan(\theta+\pi)=\tan\theta$ が $\theta\neq\dfrac{\pi}{2}+\pi k$ を満たすすべての θ で成り立ち，π より小さな繰り返しの単位がないので，$\tan\theta$ の周期は π です。

この問題の $f(\theta)$ では，$\sin 3\theta\sin\theta$ で積和の公式を用いて

$$f(\theta)=\sin\theta\sin 2\theta\sin 3\theta=\frac{1}{2}\sin 2\theta(\cos 2\theta-\cos 4\theta)$$

と変形すると，$f(\theta+\pi)=f(\theta)$ が成り立つことがわかります。

この π が周期であると言うためには，π より小さい繰り返しの単位 c がないことを示さなければなりません。（**例題 23** 参照）

すなわち，c を $0<c<\pi$ を満たす定数とするとき，「$f(\theta+c)=f(\theta)$ がすべての実数 θ で成り立つ」と仮定して矛盾が導かれれば，そのような c がないことがわかり，周期は π であると言えます。

ところで，「$f(\theta+c)=f(\theta)$ がすべての実数 θ で成り立つ」は重い条件です。

たとえば，「大学に合格する」ことも重い条件ですが，このような重い条件に直面したらどのように考えるべきでしょうか。「まず本書をしっかり読んでみようか…」のように，必要条件から埋めていくのが常套手段であり，その後「これで十分じゃないか」と振り返るのです。

重い条件は必要条件から埋めよ

ということで，「$f(\theta+c)=f(\theta)$ がすべての実数 θ で成り立つ」ならば，$\theta=0$ のときにも成り立つはずで

$$f(c)=f(0)\quad\text{つまり}\quad\sin c\sin 2c\sin 3c=0$$

$$\therefore\quad c=\frac{\pi}{3},\ \frac{\pi}{2},\ \frac{2\pi}{3}\quad(\because\ 0<c<\pi)$$

と，c の必要条件が導き出されます。

これらが繰り返しの最小単位になっているかどうかを確認するために，$f(\theta)=0$ となる θ を調べてみると

$$\sin\theta\sin 2\theta\sin 3\theta=0$$

$$\theta=\pi k,\ \ 2\theta=\pi k,\ \ 3\theta=\pi k$$

$$\therefore\quad \theta=\pi k,\ \frac{\pi k}{2},\ \frac{\pi k}{3}$$

これが表す単位円周上の点を図示すると，右図のようになります。

すると，$f(\theta)$ の値が周期 $\dfrac{\pi}{3}$，$\dfrac{\pi}{2}$，$\dfrac{2\pi}{3}$ では繰り返していない，

つまり，$c=\dfrac{\pi}{3}$，$\dfrac{\pi}{2}$，$\dfrac{2\pi}{3}$ では $f(\theta+c)=f(\theta)$ が成り立たない

ような θ が存在することがわかります。

演習編

解答

$$f(\theta)=\sin\theta\sin 2\theta\sin 3\theta=\frac{1}{2}\sin 2\theta(\cos 2\theta-\cos 4\theta)$$

より，$f(\theta+\pi)=f(\theta)$ がすべての実数 θ で成立する。したがって，$f(\theta)$ は周期関数であるが，π より小さい周期があるかどうかを調べる。

ここで，$0<c<\pi$ である c について，$f(\theta+c)=f(\theta)$ がすべての実数 θ に対して成立するとする。

$\theta=0$ とすると

$$f(c)=f(0)\quad つまり\quad \sin c\sin 2c\sin 3c=0$$

よって，$c=\dfrac{\pi}{3}$，$\dfrac{\pi}{2}$，$\dfrac{2\pi}{3}$ が必要。

$c=\dfrac{\pi}{3}$ のとき，$f\Big(\dfrac{\pi}{6}\Big)\neq 0$，$f\Big(\dfrac{\pi}{6}+\dfrac{\pi}{3}\Big)=0$ より，矛盾。

$c=\dfrac{\pi}{2}$ のとき，$f\Big(\dfrac{\pi}{6}\Big)\neq 0$，$f\Big(\dfrac{\pi}{6}+\dfrac{\pi}{2}\Big)=0$ より，矛盾。

$c=\dfrac{2\pi}{3}$ のとき，$f\Big(\dfrac{\pi}{2}\Big)=0$，$f\Big(\dfrac{\pi}{2}+\dfrac{2\pi}{3}\Big)\neq 0$ より，矛盾。

よって，$0<c<\pi$ である c について，$f(\theta+c)=f(\theta)$ がすべての実数 θ に対して成立することはない。

以上より，周期は π である。

関数 $f(x)$ を

$$f(x) = \begin{cases} x^2 & (x \leq 0) \\ x^3 + x & (x > 0) \end{cases}$$

とする。定数 a に対して $ax - f(x)$ の最大値 $m(a)$ を求めよ。　　　（神戸大）

まず，$y = f(x)$ のグラフを描きます。

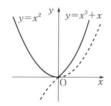

　次に，$ax - f(x)$ をどのように解釈するかが問題ですが，これを $y = ax$ と $y = f(x)$ の関数値の差であると考えれば，$a < 0$ のときは，$x < 0$ の区間で $y = ax$ のグラフが $y = f(x)$ のグラフの上方にくる部分が存在するので，$x < 0$ の区間で最大値をとります。すなわち，$ax - x^2$ $(x < 0)$ の最大値を考えればよいことがわかります。

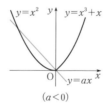

$(a < 0)$

$a \geq 0$ のときも同様に考えて解決します。

$a<0$ のとき

$ax-f(x)$ は $x<0$ の区間で最大値をとり，このとき

$$ax-f(x)=ax-x^2=-\left(x-\frac{a}{2}\right)^2+\frac{a^2}{4}\leqq\frac{a^2}{4}$$

$\therefore\quad m(a)=\dfrac{a^2}{4}$

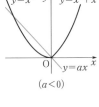

$(a<0)$

$y=x^3+x$ を微分して　　$y'=3x^2+1$

よって，$x>0$ の制限がなければ，$x=0$ における $y=x^3+x$ の接線の傾きは 1 となる。したがって

$0\leqq a\leqq1$ のとき

$ax-f(x)\leqq0$ となり，この等号は $x=0$ で成立する。

$\therefore\quad m(a)=0$

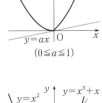

$(0\leqq a\leqq1)$

$1<a$ のとき

$ax-f(x)$ は $x>0$ の区間で最大値をとり，このとき

$$ax-f(x)=ax-x^3-x$$

よって，$g(x)=ax-x^3-x\ (x>0)$ とおくと，$g'(x)=-3x^2+a-1$ より，$g(x)$ は表のように増減する。

$(1<a)$

x	(0)	$\cdots$	$\sqrt{\dfrac{a-1}{3}}$	$\cdots$
$f'(x)$		$+$	0	$-$
$f(x)$		$\nearrow$		$\searrow$

よって

$$m(a)=g\left(\sqrt{\frac{a-1}{3}}\right)=2\left(\frac{a-1}{3}\right)^{\frac{3}{2}}$$

以上より

$$m(a)=\begin{cases}\dfrac{a^2}{4} & (a<0 \text{ のとき})\\[2mm] 0 & (0\leqq a\leqq1 \text{ のとき})\\[2mm] 2\left(\dfrac{a-1}{3}\right)^{\frac{3}{2}} & (1<a \text{ のとき})\end{cases}$$

2つの曲線 $y=x^3-x$, $y=|x-a|+b$ の交点の個数がちょうど2になるための条件を求めよ。ここでは直線や折れ線も曲線の一種と考えている。また、交点とは両方の曲線に属している点のことである。 （小樽商科大）

「$y=|x-a|+b$ を $x<a$ か $a\leqq x$ で場合分けして表し、それと $y=x^3-x$ から y を消去し、…」のように、方程式の実数解の個数を考えるのでは見通しが暗すぎます。パラメーターが a と b の2つも含まれ、さらに、方程式を場合分けして処理しなければならないのでは、とても解ける気がしません。

結局、グラフをたくさん描いて状況を把握するしかありません。

解答　$y=|x-a|+b$ は、(a, b) で折れ曲がる、傾き ±1 の半直線2本でできた折れ線である。

まず、$y=x^3-x$ の接線で傾きが ±1 になるものを考える。

微分して　$y'=3x^2-1$

$$3x^2-1=\pm1 \qquad \therefore \quad x=\pm\frac{\sqrt{6}}{3}, \ 0$$

よって　$y=x\pm\dfrac{4\sqrt{6}}{9}$, $y=-x$

これらと $y=x^3-x$ のグラフを描くと、図1のようになり、これをもとに考えると、求める条件は (a, b) が図2の実線上にあることである。

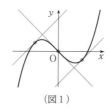
（図1）

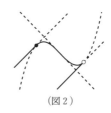
（図2）

よって

$$\begin{cases} b=a+\dfrac{4\sqrt{6}}{9} & \left(a\leqq -\dfrac{\sqrt{6}}{3}\right) \\[2mm] \text{または}\quad b=a^3-a & \left(-\dfrac{\sqrt{6}}{3}<a<\dfrac{\sqrt{6}}{3}\right) \\[2mm] \text{または}\quad b=a-\dfrac{4\sqrt{6}}{9} & \left(\dfrac{\sqrt{6}}{3}<a\right) \end{cases}$$

> 実数 a が $0<a<1$ の範囲を動くとき，曲線 $y=x^3-3a^2x+a^2$ の極大点と極小
> 点の間にある部分（ただし，極大点，極小点は含まない）が通る範囲を図示せよ。
>
> (一橋大)

パラメーター a を含んだ曲線 $f(x, y)=0$ の通過領域は，「通過領域内の (x, y) に対して，曲線 $f(x, y)=0$ が通過することになる a はあるのか？」と考えることにより，求めることができます。つまり，$f(x, y)=0$ を x, y の曲線の方程式と見るのをやめて，a の方程式と見ることが重要です。

この問題では，通常の通過領域の問題と比べて「極大点と極小点の間にある部分」という限定が入っているのが難しいところです。この範囲は $-a<x<a$ となりますが，これを新たな a の条件と考えて処理しなければなりません。

解答

$y=x^3-3a^2x+a^2$ を微分して
$$y'=3x^2-3a^2=3(x+a)(x-a)$$

よって，$x=-a$，a で極大値，極小値をとるから，曲線の $-a<x<a$ つまり $x^2<a^2$ を満たす部分の通過領域を求めればよい。言い換えれば，$x^2<a^2$，$y=x^3-3a^2x+a^2$ を満たす (x, y) に対して $0<a<1$ となる a が存在すればよい。

$y=x^3-3a^2x+a^2$ つまり $(1-3x)a^2=y-x^3$ だから，$x=\dfrac{1}{3}$ のとき，

$y=\dfrac{1}{27}$ であればよく，$x \neq \dfrac{1}{3}$ のとき，$a^2=\dfrac{x^3-y}{3x-1}$ だから

$$\begin{cases} x^2<\dfrac{x^3-y}{3x-1} \\ 0<\dfrac{x^3-y}{3x-1}<1 \end{cases}$$

であればよい。

(i) $x<\dfrac{1}{3}$ のとき

$$\begin{cases} x^2(3x-1)>x^3-y \\ 3x-1<x^3-y<0 \end{cases} \qquad \therefore \quad \begin{cases} y>-x^2(2x-1) \\ x^3<y<x^3-3x+1 \end{cases}$$

ここで，$-x^2(2x-1)-x^3=x^2(1-3x)\geqq0$ だから
$$-x^2(2x-1)<y<x^3-3x+1$$

(ii)　$x > \dfrac{1}{3}$ のとき

$$\begin{cases} y < -x^2(2x-1) \\ x^3-3x+1 < y < x^3 \end{cases} \quad \therefore \quad x^3-3x+1 < y < -x^2(2x-1)$$

以上を図示すると, 下図の網かけ部分 $\left(\text{境界は}\left(\dfrac{1}{3},\ \dfrac{1}{27}\right)\text{のみ含む}\right)$ と

なる。

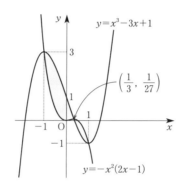

演習 1-15

円 $x^2+y^2=9$ と直線 $y=x+k$ が相異なる2点 P，Q で交わっている。直線 PQ 上に $PR \cdot QR = 7$ となる点 R をとる。k の値を変化させたときの点 R の描く軌跡を求め，それを xy 座標平面上に図示せよ。

問題文を読んで，「方べきの定理だ」とピンとくることが大切です。そのためにも，方べきの定理に対する理解を深めておくことにしましょう。

方べきの定理1

O を中心とする半径 r の円内に定点 P をとり，P を通る直線と円の交点を Q，R とするとき，直線の選び方によらず $PQ \cdot PR = r^2 - OP^2$：一定となる。

証明は次のようになります。

証明　　P を通る直線が O を通るとき，右図のように直線 OP と円の交点を Q_0，R_0 とすると

$$\triangle PQQ_0 \backsim \triangle PR_0R$$

$$\therefore \quad \frac{PQ}{PR_0} = \frac{PQ_0}{PR}$$

よって

$$PQ \cdot PR = PQ_0 \cdot PR_0$$
$$= (r - OP)(r + OP)$$
$$= r^2 - OP^2$$

方べきの定理2

O を中心とする半径 r の円外に定点 P をとり，P を通る直線が円と2交点 Q，R をもつとき，直線の選び方によらず $PQ \cdot PR = OP^2 - r^2$：一定となる。

証明は次のようになります。

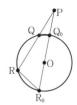

証明

P を通る直線が O を通るとき，右図のように直線 OP と円の交点を Q_0, R_0 とすると

$$\triangle PQQ_0 \backsim \triangle PR_0R$$

$$\therefore \quad \frac{PQ}{PR_0} = \frac{PQ_0}{PR}$$

よって

$$PQ \cdot PR = PQ_0 \cdot PR_0$$
$$= (OP - r)(OP + r)$$
$$= OP^2 - r^2$$

解答

方べきの定理より

$$PR \cdot QR = 7 \quad \text{つまり} \quad |OR^2 - 3^2| = 7$$

$$OR^2 = 16,\ 2$$

$$\therefore \quad OR = 4,\ \sqrt{2}$$

よって，R は円 $x^2 + y^2 = 16$, $x^2 + y^2 = 2$ 上を動く。

下図のように，$x^2 + y^2 = 9$, $y = x + k$ が異なる 2 点で交わる条件は，$-3\sqrt{2} < k < 3\sqrt{2}$ であるから

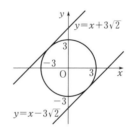

R の軌跡は円 $x^2 + y^2 = 2$，または円 $x^2 + y^2 = 16$ のうち，$x - 3\sqrt{2} < y < x + 3\sqrt{2}$ の領域にある部分となる。

これを図示すると，下図の実線部となる。

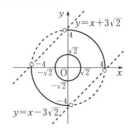

方べきの定理に関する補足をしておきます。

> 3つの円 C_1, C_2, C_3 が右図のように交わっていると
> き，AB，CD，EF は1点で交わる。これを示せ。

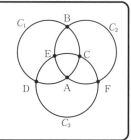

証 明

AB と CD の交点を P とすると，C_1 で方べき
の定理を用いて

$$PA \cdot PB = PC \cdot PD \quad \cdots \cdots ①$$

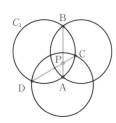

次に，EP と C_2 の交点を F_2，EP と C_3 の交点
を F_3 とすると，C_2 で方べきの定理を用いて

$$PA \cdot PB = PE \cdot PF_2 \quad \cdots \cdots ②$$

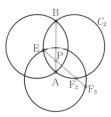

さらに，C_3 で方べきの定理を用いると

$$PC \cdot PD = PE \cdot PF_3 \quad \cdots \cdots ③$$

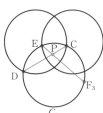

②，③を①に代入して

$$PE \cdot PF_2 = PE \cdot PF_3 \quad \therefore \quad PF_2 = PF_3$$

よって　$F_2 = F_3 = F$

以上より，AB，CD，EF が1点で交わることが示された。

　四面体 OABC があり，∠AOB＝∠AOC＝90°，∠BOC＝60°，辺 OA，OB，OC の長さはそれぞれ a，a，2 である。このとき，点 O から三角形 ABC を含む平面に下ろした垂線とその平面の交点を P とするとき，P が三角形 ABC の内部（辺上を含む）にあるための a の条件を求めよ。　　　　　　　　（神戸大）

$\overrightarrow{\mathrm{AP}}=k\overrightarrow{\mathrm{AB}}+l\overrightarrow{\mathrm{AC}}$ と表したとき，P が三角形 ABC の内部（辺上を含む）にあるための条件は $k\geqq0$，$l\geqq0$，$k+l\leqq1$ ですから，k，l を a で表せばよいのです。

　k，l を a で表すには，$\overrightarrow{\mathrm{OP}}=\overrightarrow{\mathrm{OA}}+\overrightarrow{\mathrm{AP}}$ と表しておいて，$\overrightarrow{\mathrm{OP}}$ が三角形 ABC を含む平面の法線である条件を使います。すなわち，$\overrightarrow{\mathrm{OP}}$ が三角形 ABC を含む平面上の平行でない 2 つのベクトル $\overrightarrow{\mathrm{AB}}$，$\overrightarrow{\mathrm{AC}}$ のどちらにも垂直であればよいのです。

解答

$\overrightarrow{\mathrm{OP}}=\overrightarrow{\mathrm{OA}}+k\overrightarrow{\mathrm{AB}}+l\overrightarrow{\mathrm{AC}}=(1-k-l)\overrightarrow{\mathrm{OA}}+k\overrightarrow{\mathrm{OB}}+l\overrightarrow{\mathrm{OC}}$ とおく。

OP は三角形 ABC を含む平面と垂直だから

$$\begin{cases} \overrightarrow{\mathrm{OP}}\cdot\overrightarrow{\mathrm{AB}}=0 \\ \overrightarrow{\mathrm{OP}}\cdot\overrightarrow{\mathrm{AC}}=0 \end{cases}$$

すなわち

$$\begin{cases} \{(1-k-l)\overrightarrow{\mathrm{OA}}+k\overrightarrow{\mathrm{OB}}+l\overrightarrow{\mathrm{OC}}\}\cdot(\overrightarrow{\mathrm{OB}}-\overrightarrow{\mathrm{OA}})=0 \\ \{(1-k-l)\overrightarrow{\mathrm{OA}}+k\overrightarrow{\mathrm{OB}}+l\overrightarrow{\mathrm{OC}}\}\cdot(\overrightarrow{\mathrm{OC}}-\overrightarrow{\mathrm{OA}})=0 \end{cases}$$

$$\therefore \begin{cases} ka^2+la-(1-k-l)a^2=0 \\ ka+4l-(1-k-l)a^2=0 \end{cases}$$

$$(\because \quad \overrightarrow{\mathrm{OA}}\cdot\overrightarrow{\mathrm{OB}}=\overrightarrow{\mathrm{OA}}\cdot\overrightarrow{\mathrm{OC}}=0, \quad \overrightarrow{\mathrm{OB}}\cdot\overrightarrow{\mathrm{OC}}=2a\cos60°=a)$$

これより，k，l を求めると

$$\begin{cases} 2ak+(a+1)l=a \\ (a^2+a)k+(a^2+4)l=a^2 \end{cases}$$

$$\therefore \quad (k,\ l)=\left(\frac{4-a}{a^2-2a+7},\ \frac{a^2-a}{a^2-2a+7}\right)$$

ここで，P が △ABC の周および内部に存在するための条件は，$k\geqq0$，$l\geqq0$，$k+l\leqq1$ であるから

$$\frac{4-a}{a^2-2a+7}\geqq0, \quad \frac{a^2-a}{a^2-2a+7}\geqq0, \quad \frac{a^2-2a+4}{a^2-2a+7}\leqq1$$

$a^2-2a+7>0$，$a>0$ より

$$4-a\geqq0, \quad a\geqq1 \quad \left(\because \quad \frac{a^2-2a+4}{a^2-2a+7}\leqq1 \text{ は自明}\right)$$

$$\therefore \quad 1\leqq a\leqq4$$

平面の方程式を扱うことに抵抗がないなら，別解のように座標を導入する方法もあります。

演習編

別解　与えられた条件により，右図のように座標を設定して考える。

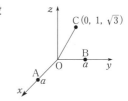

A，B，C を通る平面の法線ベクトルは
$$\begin{cases} \overrightarrow{BA}=(a,\ -a,\ 0)=a(1,\ -1,\ 0) \\ \overrightarrow{CA}=(a,\ -1,\ -\sqrt{3}\,) \end{cases}$$
のどちらにも垂直なので，$(\sqrt{3},\ \sqrt{3},\ a-1)$ と表せる。

よって，この平面の方程式は
$$\sqrt{3}\,(x-a)+\sqrt{3}\,y+(a-1)z=0$$
すなわち
$$\sqrt{3}\,x+\sqrt{3}\,y+(a-1)z-\sqrt{3}\,a=0$$
$$\therefore\ \ \overrightarrow{OP}=-\frac{-\sqrt{3}\,a}{3+3+(a-1)^2}(\sqrt{3},\ \sqrt{3},\ a-1)$$
$$=\frac{\sqrt{3}\,a}{a^2-2a+7}(\sqrt{3},\ \sqrt{3},\ a-1)$$

ここで
$$\begin{cases} \text{O，A，B を通る平面は}\quad z=0 \\ \text{O，B，C を通る平面は}\quad x=0 \\ \text{O，C，A を通る平面は}\quad z=\sqrt{3}\,y \end{cases}$$
となるので，P が △ABC の内部（辺上を含む）にあるための条件は
$$\begin{cases} z\geqq 0 \\ x\geqq 0 \\ z\leqq \sqrt{3}\,y \end{cases}$$
を満たすことである。

$a>0$，$a^2-2a+7=(a-1)^2+6>0$ であることに注意すると，$x\geqq 0$ は満たされており，残る条件は
$$\begin{cases} a-1\geqq 0 \\ a-1\leqq 3 \end{cases} \qquad \therefore\ \ \boldsymbol{1\leqq a\leqq 4}$$
となる。

法線ベクトルを求めるところがわかりにくいかもしれないので，補足しておきます。

$(1, -1, 0)$ に垂直なベクトルは，これと内積が 0 になればよいので，$(1, 1, t)$ と表されます。これと $(a, -1, -\sqrt{3}\,)$ が垂直であればよいので

$$a-1-\sqrt{3}\,t=0 \quad \text{すなわち} \quad t=\frac{a-1}{\sqrt{3}}$$

よって，法線ベクトルは，$\left(1, 1, \dfrac{a-1}{\sqrt{3}}\right) /\!/\,(\sqrt{3}, \sqrt{3}, a-1)$ と表されます。

一般に，「$\vec{a}, \vec{b}$ のどちらにも垂直なベクトル」は「$\vec{a}, k\vec{a}+l\vec{b}$ のどちらにも垂直なベクトル」と言い換えることができ，$k\vec{a}+l\vec{b}$ の中で x 成分，y 成分，z 成分のいずれかが 0 になるものを作れば，それと内積が 0 になるベクトルを成分表示することができます。たとえば，$\vec{a}=(1, 2, 3)$ と $\vec{b}=(3, 2, 1)$ のどちらにも垂直なベクトルは $\vec{a}=(1, 2, 3)$ と $\vec{b}-\vec{a}=(2, 0, -2)=2(1, 0, -1)$ のどちらにも垂直なベクトルであり，$(1, 0, -1)$ に垂直なベクトルは $(1, t, 1)$ と表されます。これが $\vec{a}$ と垂直になるためには

$$(1, 2, 3)\cdot(1, t, 1)=0$$

つまり $\quad 1+2t+3=0 \quad \therefore \quad t=-2$

であればよいので，$\vec{a}, \vec{b}$ のどちらにも垂直なベクトルは，$(1, -2, 1)$ と表されます。

垂線のベクトルについても確認しておきます。

平面 $ax+by+cz+d=0$ に A(p, q, r) から下ろした垂線と平面の交点を B とするとき

$$\overrightarrow{\mathrm{AB}}=-\frac{ap+bq+cr+d}{a^2+b^2+c^2}(a, b, c)$$

と表されます。

よって

$$|\overrightarrow{\mathrm{AB}}|=\left|-\frac{ap+bq+cr+d}{a^2+b^2+c^2}\right|\sqrt{a^2+b^2+c^2}=\frac{|ap+bq+cr+d|}{\sqrt{a^2+b^2+c^2}}$$

となり，これを点と平面の距離の公式と呼んでいます。

xy 平面上で直線 $ax+by+c=0$ に A(p, q) から下ろした垂線と直線の交点を B とするとき，$\overrightarrow{\mathrm{AB}}=-\dfrac{ap+bq+c}{a^2+b^2}(a, b)$ であり，$|\overrightarrow{\mathrm{AB}}|=\dfrac{|ap+bq+c|}{\sqrt{a^2+b^2}}$ と表されることの 3 次元への拡張です。

$\alpha : x+y+z-1=0$, $\beta : y-2z+3=0$ とする。

A(2, 4, 1) から出た光が α 上の点 B で反射し，さらに β 上の点 C で反射して A に戻ってきた。B，C の座標を求めよ。

まず「反射の問題」を確認しておきましょう。

2 点 A，B が直線 l に関して同じ側にあるとき
- **A から出た光が l 上の点 P で反射して B を通過したとするとき，P の位置を定めよ。**
- **l 上に点 P をとり，AP+BP を考える。AP+BP を最小にする P の位置はどこか。**
- **l 上に点 P をとり，P を通り l に垂直な直線 m を考える。A，B が m に関して反対側にあり，かつ AP と m のなす角と BP と m のなす角が等しくなるようにするには，P をどこにとればよいか。**

これらは「反射の問題」と呼ばれ，いずれも次のように扱います。

A の l に関する対称点を A′ とし，

A′B と l の交点を P とする。

本問はこの応用問題になっています。また，空間座標での設問になっていますが，平面座標での設問と扱い方は同じなので，それを確認するために平面座標での問題を見ておきましょう。

A(5, 5)，$l : 2x-y=0$，$m : x-3y=0$ とし，点 B，C がそれぞれ直線 l，m 上を動くとする。AB+BC+CA の値が最小となるときの B，C の座標を求めよ。

解答　点 A の l，m に関する対称点をそれぞれ P，Q とすると，AB=PB，CA=CQ だから AB+BC+CA=PB+BC+CQ となる。よって，これを最小にすればよく，直線 PQ と l，m の交点を B，C とすればよい。

$$\overrightarrow{AP}=-2\cdot\frac{10-5}{5}(2, -1)=(-4, 2)$$

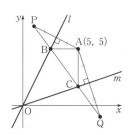

$$\therefore \quad \overrightarrow{OP}=\overrightarrow{OA}+\overrightarrow{AP}=(5,\ 5)+(-4,\ 2)=(1,\ 7)$$

$$\overrightarrow{AQ}=-2\cdot\frac{5-15}{10}(1,\ -3)=(2,\ -6)$$

$$\therefore \quad \overrightarrow{OQ}=\overrightarrow{OA}+\overrightarrow{AQ}=(5,\ 5)+(2,\ -6)=(7,\ -1)$$

ここで，相似関係に注目して

$$PB:BQ=\frac{|2-7|}{\sqrt5}:\frac{|14+1|}{\sqrt5}=1:3$$

$$PC:CQ=\frac{|1-21|}{\sqrt{10}}:\frac{|7+3|}{\sqrt{10}}=2:1$$

$$\overrightarrow{OB}=\frac{3(1,\ 7)+(7,\ -1)}{4}=\left(\frac52,\ 5\right)$$

$$\overrightarrow{OC}=\frac{(1,\ 7)+2(7,\ -1)}{3}=\left(5,\ \frac53\right)$$

$$\therefore \quad B\left(\frac52,\ 5\right),\ C\left(5,\ \frac53\right)$$

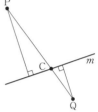

　ここで 1 つ注意事項があります。l, m で平面は 4 つの部分に分けられ，そのうちの 2 つが狭く，他の 2 つは広くなっています。A が狭い方の 2 つのいずれかにあれば，上のように解くことができます。

　しかし，もし A が広い方にあればどうすればよいのでしょうか？　これが意外と難解なので考察しておきます。

　A が「広い部分」にあるとき，右図の①，②，③のどこに A があるかで状況が変わります。

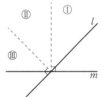

　A が①にあるとき，m 上で l, m の交点より右側にある任意の C に対して，右図のように AC と l の交点に B を定めると，AB+BC が最小になります。

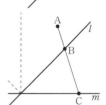

　このとき，AB+BC+CA＝2AC が最小になるのは，C が A から m に下ろした垂線の足となるときですから，結局，右図のように B，C を定めればよいことがわかります。

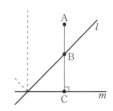

Cが m 上で，l，m の交点および交点より左側にあるときは，右図のようにAから m に下ろした垂線の足を C_0 とすると，$AB+BC+CA \geqq AC+CA=2AC>2AC_0$ となりますから，$AB+BC+CA$ を最小にすることができません。

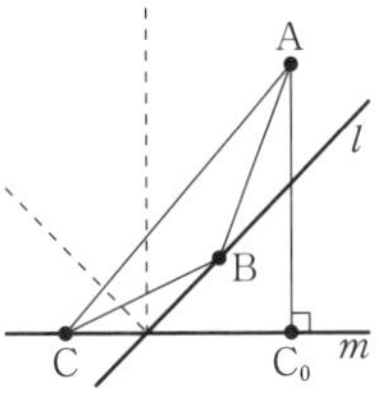

Aが㊂にあるときも同様に考えて，右図のようにB，Cを定めれば $AB+BC+CA$ が最小になります。

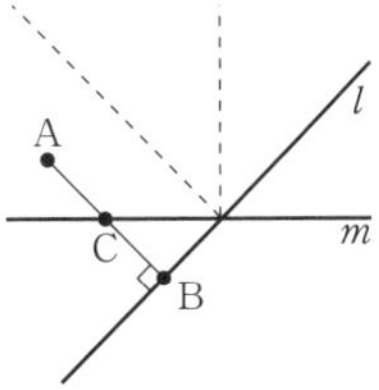

Aが㊁にあるときは，l，m の交点にBとCをもってくればよいのですが，これを示してみましょう。

(i) m 上にCを右図のようにとるとき，ACと l の交点をBとすれば，$AB+BC+CA$ が最小になり，
$AB+BC+CA=2AC>2AO$ となります。

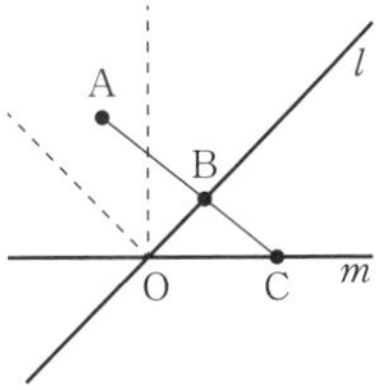

(ii) m 上でOに関して(i)とは反対側にCをとるときは，Cの l に関する対称点を C' とし，AC' と l の交点をBとすれば，$AB+BC$ が最小となります。

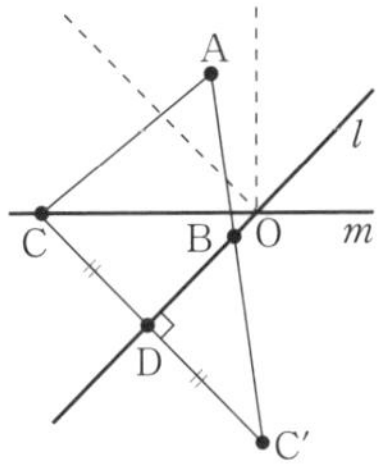

このとき，$BC=BC'$ となるので，$AB+BC+CA=AB+BC'+CA=AC+AC'$ ですが，CC' の中点をDとし，平行四辺形 $ACEC'$ を作ると，$AC+AC'=AC+CE>AE=2AD$ となります。

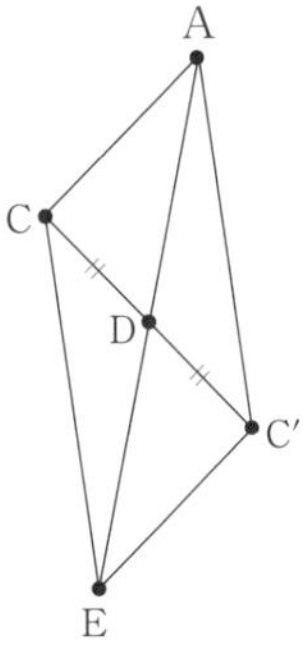

ここで，左下図の θ について，$\theta<90°$ ですから，C から l に下ろした垂線の足 D の存在範囲は，右下図の青線部分となり，A から l に下ろした垂線の足から D が遠ざかれば遠ざかるほどに AD は長くなるので，AD>AO です。

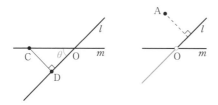

よって，AB+BC+CA＝AC+AC′>2AD>2AO となります。

(i)，(ii)のいずれの場合も，AB+BC+CA>2AO となりますが，C＝O としたとき，B＝C として AB+BC+CA＝2AO となるので，AB+BC+CA を最小にするために，l と m の交点に B，C をもってくればよいことがわかります。

以上は，A から出た光が B と C で反射して A に戻ってくるわけではないので，「反射の問題」とは言えないかもしれませんが，AB+BC+CA の最小値を考える問題としては成立します。

解答 α，β により空間は 4 つの部分に分かれるが，そのうち 2 つは狭く，残り 2 つは広い。A が広い方に存在している場合，A から出た光が α，β で反射して A に戻ってくることはない。したがって，A は狭い方に存在していると考えられ，まずこれを確認する。

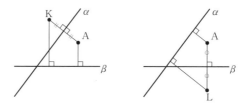

A の α，β に関する対称点をそれぞれ K，L とするとき

$$\overrightarrow{AK}=-2\cdot\frac{2+4+1-1}{3}(1,\ 1,\ 1)=-4(1,\ 1,\ 1)$$

$$\therefore\ \overrightarrow{OK}=\overrightarrow{OA}+\overrightarrow{AK}=(2,\ 4,\ 1)-4(1,\ 1,\ 1)=(-2,\ 0,\ -3)$$

$$\overrightarrow{AL}=-2\cdot\frac{4-2+3}{5}(0,\ 1,\ -2)=-2(0,\ 1,\ -2)$$

$$\therefore\ \overrightarrow{OL}=\overrightarrow{OA}+\overrightarrow{AL}=(2,\ 4,\ 1)-2(0,\ 1,\ -2)=(2,\ 2,\ 5)$$

Aからβまでの距離は　　　$\dfrac{|4-2+3|}{\sqrt{5}}=\dfrac{5}{\sqrt{5}}$

Kからβまでの距離は　　　$\dfrac{|6+3|}{\sqrt{5}}=\dfrac{9}{\sqrt{5}}>\dfrac{5}{\sqrt{5}}$

Aからαまでの距離は　　　$\dfrac{|2+4+1-1|}{\sqrt{3}}=\dfrac{6}{\sqrt{3}}$

Lからαまでの距離は　　　$\dfrac{|2+2+5-1|}{\sqrt{3}}=\dfrac{8}{\sqrt{3}}>\dfrac{6}{\sqrt{3}}$

であるから，確かに A は狭い側にある。

　したがって，KL と α, β の交点をそれぞれ B，C とすればよい。

　ここで，相似関係に注目して

$$\mathrm{KB:BL}=\frac{|-2-3-1|}{\sqrt{3}}:\frac{|2+2+5-1|}{\sqrt{3}}=3:4$$

$$\mathrm{KC:CL}=\frac{|6+3|}{\sqrt{5}}:\frac{|2-10+3|}{\sqrt{5}}=9:5$$

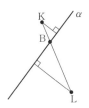
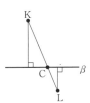

よって

$$\overrightarrow{\mathrm{OB}}=\frac{4(-2,\ 0,\ -3)+3(2,\ 2,\ 5)}{7}=\left(-\frac{2}{7},\ \frac{6}{7},\ \frac{3}{7}\right)$$

$$\overrightarrow{\mathrm{OC}}=\frac{5(-2,\ 0,\ -3)+9(2,\ 2,\ 5)}{14}=\left(\frac{4}{7},\ \frac{9}{7},\ \frac{15}{7}\right)$$

$$\therefore\ \mathrm{B}\left(-\frac{2}{7},\ \frac{6}{7},\ \frac{3}{7}\right),\ \mathrm{C}\left(\frac{4}{7},\ \frac{9}{7},\ \frac{15}{7}\right)$$

　α, β により分けられる 4 つの部分のうち，狭い方の 2 つのいずれかに A が存在していることを示すところから解答を始めました。しかし，試験ではこの部分は省略してもよいと思います。

　というのは，A から出た光が α, β で反射して A に戻ってきたと問題文に書いてあるので，A が狭い部分にあるという前提で議論を進めても減点の対象にはならないはずだからです。

2平面を $\alpha : x+y+z=4$, $\beta : z=0$ とする。

α 上の点 A$(1, 1, 2)$ から, β 上の点 B$(6\sqrt{3}, 4, 0)$ まで, α, β 上のみを通って最短距離で移動したい。

α, β の交線上のどの点を通ればよいか。その点の座標を求めよ。

「反射の問題」の応用です。しかし, α, β の交線を l として, l, A, B が同一平面上にはないので, 単純に A の l に関する対称点をとるというやり方ではダメです。適切な図を描いて, 状況を正確に把握しましょう。

それから, α, β の交線 l が $x+y=4$, $z=0$ と表され, A から l に下ろした垂線の足が C$(2, 2, 0)$ と表されることは, 図を描いてみればわかりますが, その根拠となる三垂線の定理を確認しておきましょう。

三垂線の定理

平面 α 上にない点 A から α に垂線の足 B を下ろす。また, α 上に B を通らない直線 l を引き, A から l に垂線の足 C を下ろす。このとき, BC$\perp l$ である。

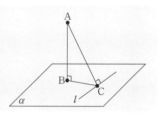

簡単な証明をしておきますが, その前に平面の法線について理解しておきましょう。

平面の法線は「平面上の平行でない2つの直線に垂直」という条件で決定され,「平面上のすべての直線と垂直」という性質をもちます。

では, 三垂線の定理の証明です。

証明　まず, 与えられた条件により　　$l\perp$AC　……①

また, AB は α の法線だから　　$l\perp$AB　……②

①, ②より, l は AB, AC を含む平面の法線である。

よって, この平面上の直線 BC を考えると, BC$\perp l$ である。

解答　α, β の交線は, $l : x+y=4$, $z=0$ と表すことができる。

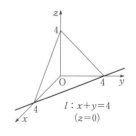

$l : x+y=4$
$(z=0)$

ここで，A を l を軸に回転し，β 上に l に関して B と反対側に来るように移動した点を A′ とすると，A′ と B を結んだ線分と l の交点が，求める点になる。

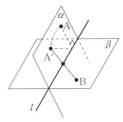

A から β に下ろした垂線の足は $(1,\ 1,\ 0)$ で，$(1,\ 1,\ 0)$ から l に下ろした垂線の足を C とすると，C$(2,\ 2,\ 0)$ であり，A から l に下ろした垂線の足も C$(2,\ 2,\ 0)$ となる。（$\because$　三垂線の定理）

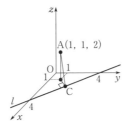 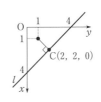

よって，A と l の距離は　　AC$=\sqrt{6}$

また，B と l の距離は $\dfrac{|6\sqrt{3}+4-4|}{\sqrt{2}}=3\sqrt{6}$ になり，B から l に下ろした垂線の足を D とすると

$$\overrightarrow{\mathrm{BD}}=-\frac{6\sqrt{3}+4-4}{2}(1,\ 1,\ 0)$$

$$=-3\sqrt{3}\,(1,\ 1,\ 0)$$

$$\therefore\ \overrightarrow{\mathrm{OD}}=\overrightarrow{\mathrm{OB}}+\overrightarrow{\mathrm{BD}}$$

$$=(6\sqrt{3},\ 4,\ 0)-3\sqrt{3}\,(1,\ 1,\ 0)$$

$$=(3\sqrt{3},\ 4-3\sqrt{3},\ 0)$$

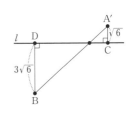

相似関係により，求める点は CD を AC：BD$=1：3$ に内分する点だから

$$\frac{3(2,\ 2,\ 0)+(3\sqrt{3},\ 4-3\sqrt{3},\ 0)}{4}=\left(\frac{6+3\sqrt{3}}{4},\ \frac{10-3\sqrt{3}}{4},\ 0\right)$$

> 原点を端点とする半直線上に点 P, Q があり, OP·OQ＝4 を満たしている。
> P が円 $(x-1)(x-5)+y^2=0$ 上を動くとき, Q が描く曲線の方程式を求めよ。

　C を端点とする半直線上に点 P, Q があり, CP·CQ＝r^2 を満たすとき, C を中心とする半径 r の円に関して P, Q は「反転」であると言います。

　右図の場合, P_1 は Q_1 に反転され, P_2 は Q_2 に反転されます。もし, P_3 が反転の円上の点であれば, 同じ点に反転され, $P_3＝Q_3$ となります。

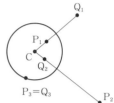

　また, $\overrightarrow{CP}/\!/\overrightarrow{CQ}$ ですから, $\overrightarrow{CP}=k\overrightarrow{CQ}$ ($k>0$) と表されますが, $\overrightarrow{CQ}$ 方向の単位ベクトル $\dfrac{\overrightarrow{CQ}}{CQ}$ を考えておけば, これに $\overrightarrow{CP}$ の大きさをかけると $\overrightarrow{CP}$ が得られます。すなわち

$$\overrightarrow{CP}=\frac{\overrightarrow{CQ}}{CQ}\times CP=\frac{r^2}{CQ^2}\overrightarrow{CQ}\quad(\because\ \ CP\cdot CQ=r^2)$$

です。これを基本事項として, 反転はベクトルで扱うのが得策であることを知っておきましょう。

　そして, P, Q が C を中心とする円に関して反転であるとき, 問われる基本パターンは次の 2 つです。

- **P が C を通らない円上を動くとき, Q の軌跡を求めよ。**
- **P が C を通る円上を動くとき, Q の軌跡を求めよ。**

問われる内容を把握しておくことに加え, 前者の結論が円になり, 後者の結論が直線になることも知っておくべきです。

　さて, $(x-1)(x-5)+y^2=0$ は $(1,\ 0)$ と $(5,\ 0)$ を直径の両端とする円の方程式です。直径型の円の方程式は見慣れていない人も多いかもしれませんが, AB を直径とする円のベクトル方程式

$$(\overrightarrow{OP}-\overrightarrow{OA})\cdot(\overrightarrow{OP}-\overrightarrow{OB})=0$$

で, $\overrightarrow{OP}=(x,\ y)$, $\overrightarrow{OA}=(a,\ b)$, $\overrightarrow{OB}=(c,\ d)$ とおくことにより

$$(x-a,\ y-b)\cdot(x-c,\ y-d)=0\qquad\therefore\quad(x-a)(x-c)+(y-b)(y-d)=0$$

と表されます。

　この円上の直径を与える 2 点 $(1,\ 0)$, $(5,\ 0)$ について, 原点を中心とする半径 2 の円に関する反転では, $(1,\ 0)$ は $(4,\ 0)$ に反転され, $(5,\ 0)$ は $\left(\dfrac{4}{5},\ 0\right)$ に反転されま

すから，円 $(x-1)(x-5)+y^2=0$ は $(4,\ 0)$ と $\left(\dfrac{4}{5},\ 0\right)$ を直径の両端とする円に反転されます。この結論を理解したうえで問題を解きましょう。

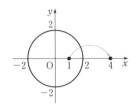 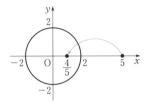

なお，P の情報として，「$(\overrightarrow{\mathrm{OP}}-(1,\ 0))\cdot(\overrightarrow{\mathrm{OP}}-(5,\ 0))=0$ を満たす」がわかっているので，「わかっている P を，ほしい Q で表す：$\overrightarrow{\mathrm{OP}}=\dfrac{4}{\mathrm{OQ}^2}\overrightarrow{\mathrm{OQ}}$」のが基本です。Q の情報がほしいからといって，「$\overrightarrow{\mathrm{OQ}}=$」で始めるのはよくないです。

解答

まず，$(\overrightarrow{\mathrm{OP}}-(1,\ 0))\cdot(\overrightarrow{\mathrm{OP}}-(5,\ 0))=0$ を満たす。

また，$\overrightarrow{\mathrm{OP}}=\dfrac{\mathrm{OP}}{\mathrm{OQ}}\cdot\overrightarrow{\mathrm{OQ}}=\dfrac{4}{\mathrm{OQ}^2}\overrightarrow{\mathrm{OQ}}$ と表されるから

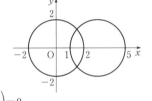

$$\left(\dfrac{4}{\mathrm{OQ}^2}\overrightarrow{\mathrm{OQ}}-(1,\ 0)\right)\cdot\left(\dfrac{4}{\mathrm{OQ}^2}\overrightarrow{\mathrm{OQ}}-(5,\ 0)\right)=0$$

これを整理して

$$\dfrac{16}{\mathrm{OQ}^2}-\dfrac{4}{\mathrm{OQ}^2}\overrightarrow{\mathrm{OQ}}\cdot(6,\ 0)+5=0$$

$$\therefore\quad 5|\overrightarrow{\mathrm{OQ}}|^2-4\overrightarrow{\mathrm{OQ}}\cdot(6,\ 0)+16=0$$

$\overrightarrow{\mathrm{OR}}=(6,\ 0)$ として

$$5|\overrightarrow{\mathrm{OQ}}|^2-4\overrightarrow{\mathrm{OQ}}\cdot\overrightarrow{\mathrm{OR}}+\dfrac{4}{9}|\overrightarrow{\mathrm{OR}}|^2=0$$

整理して

$$45|\overrightarrow{\mathrm{OQ}}|^2-36\overrightarrow{\mathrm{OQ}}\cdot\overrightarrow{\mathrm{OR}}+4|\overrightarrow{\mathrm{OR}}|^2=0$$

$$\therefore\quad (15\overrightarrow{\mathrm{OQ}}-2\overrightarrow{\mathrm{OR}})\cdot(3\overrightarrow{\mathrm{OQ}}-2\overrightarrow{\mathrm{OR}})=0$$

つまり $\left(\overrightarrow{\mathrm{OQ}}-\left(\dfrac{4}{5},\ 0\right)\right)\cdot(\overrightarrow{\mathrm{OQ}}-(4,\ 0))=0$

よって，求める方程式は

$$\left(x-\dfrac{4}{5}\right)(x-4)+y^2=0$$

> A(1, 2) を端点とする半直線上に点 P, Q があり，AP·AQ＝25 を満たしている。
> P が円 $x^2+y^2-7x-9y+20=0$ 上を動くとき，Q の軌跡を求めよ。

　まず，円 $x^2+y^2-7x-9y+20=0$ が反転の円の中心 A(1, 2) を通るかどうかが重要なので，それをチェックします。

　A を通ることを確認したら，この円は反転されて直線になることがわかります。

　さらに，反転の円 $(x-1)^2+(y-2)^2=25$ と円 $x^2+y^2-7x-9y+20=0$ は 2 交点をもち，これら交点は自分自身に反転されますから，この 2 交点を通る直線に反転されます。

　ですから，答えだけがほしいのであれば，$(x-1)^2+(y-2)^2=25$，$x^2+y^2-7x-9y+20=0$ の辺々を引けば方程式を求めることができます。

　なお，この円の中心 $\left(\dfrac{7}{2}, \dfrac{9}{2}\right)$ に関する A(1, 2) の対称点

$2\left(\dfrac{7}{2}, \dfrac{9}{2}\right)-(1, 2)=(6, 7)$ と A が 1 つの直径の両端を与えますから，〔解答〕では $x^2+y^2-7x-9y+20=0$ を直径型に変形しました。一般的には中心半径型に変形することが多いので，そのようにしても問題はありません。

解 答

$$x^2+y^2-7x-9y+20=0$$
$$\therefore\quad (x-1)(x-6)+(y-2)(y-7)=0$$

よって，B(6, 7) として
$$\overrightarrow{\mathrm{AP}}\cdot(\overrightarrow{\mathrm{AP}}-\overrightarrow{\mathrm{AB}})=0$$
を満たす。

　また，$\overrightarrow{\mathrm{AP}}=\dfrac{\overrightarrow{\mathrm{AQ}}}{\mathrm{AQ}}\cdot\mathrm{AP}=\dfrac{25}{\mathrm{AQ}^2}\overrightarrow{\mathrm{AQ}}$ と表されるから

$$\dfrac{25}{\mathrm{AQ}^2}\overrightarrow{\mathrm{AQ}}\cdot\left(\dfrac{25}{\mathrm{AQ}^2}\overrightarrow{\mathrm{AQ}}-(5, 5)\right)=0$$

整理して
$$25-\overrightarrow{\mathrm{AQ}}\cdot(5, 5)=0 \qquad \therefore\quad 5-\overrightarrow{\mathrm{AQ}}\cdot(1, 1)=0$$

Q(x, y) として
$$5-(x-1, y-2)\cdot(1, 1)=0 \qquad \therefore\quad x-1+y-2=5$$

すなわち　$x+y=8$

よって，Q の軌跡は直線 **$x+y=8$** である。

演習 2-1

n を自然数とする。1 から $3n+1$ までの自然数を並べかえて，順に

$$a_1, \ a_2, \ \cdots, \ a_{n+1}, \ b_1, \ b_2, \ \cdots, \ b_n, \ c_1, \ c_2, \ \cdots, \ c_n$$

とおく。また，次の条件 (C1), (C2) が成立しているとする。

(C1)　$3n$ 個の値

$$|a_1-a_2|, \ |a_2-a_3|, \ \cdots, \ |a_n-a_{n+1}|,$$
$$|a_1-b_1|, \ |a_2-b_2|, \ \cdots, \ |a_n-b_n|,$$
$$|a_1-c_1|, \ |a_2-c_2|, \ \cdots, \ |a_n-c_n|$$

　　は，すべて互いに異なる。

(C2)　1 以上 n 以下のすべての自然数 k に対し

$$|a_k-b_k|>|a_k-c_k|>|a_k-a_{k+1}|$$

　　が成り立つ。

このとき以下の各問いに答えよ。

(1)　$n=1$ かつ $a_1=1$ のとき，a_2，b_1，c_1 を求めよ。

(2)　$n=2$ かつ $a_1=7$ のとき，a_2，a_3，b_1，b_2，c_1，c_2 を求めよ。

(3)　$n \geqq 2$ かつ $a_1=1$ のとき，a_3 を求めよ。

(4)　$n=2017$ かつ $a_1=1$ のとき，a_{29}，b_{29}，c_{29} を求めよ。

（東京医科歯科大）

　(1), (2)で具体的に調べるように誘導してくれていますが，この誘導がなくても $n=1$ のとき，$n=2$ のときを調べる中で問題文の意味を把握することができます。

具体的に調べてみる

　それができれば，(3), (4)は容易です。

(1) $n=1$ のとき，1，2，3，4 から 2 数の差が異なる 3 組を作らなければ
ならないが，「差」が一番大きいのは $|1-4|=3$ だから，「差」は 1，2，
3 に限られる。

また，2 数の組を作るとき，$a_1=1$ のみ 3 回用い，他は 1 回だけ用い
ることになるので，「差」の作り方は $|1-4|>|1-3|>|1-2|$ に限られる。

$\therefore$ $a_2=2$, $b_1=4$, $c_1=3$

(2) $n=2$ のとき，1，2，3，4，5，6，7 から 2 数の差が異なる 6 組を作
らなければならないが，「差」が一番大きいのは $|7-1|=6$ だから，「差」
は 1，2，3，4，5，6 に限られる。

したがって，$a_1=7$ のとき，a_2，b_1，c_1 のいずれかが 1 になるが，
(C2) より，$|a_1-b_1|>|a_1-c_1|>|a_1-a_2|$ だから，$b_1=1$ と決まる。

さらに，2 数の組を作るとき，a_1 は 3 回，a_2 は 4 回用い，他は 1 回
しか用いないので $|1-6|$ は現れず，「差」が 5 になるのは $|7-2|$ に限
られる。

$\therefore$ $c_1=2$

以下同様に考えて，「差」の作り方は，次の 1 通りに決まる。

$|7-1|>|7-2|>|7-3|>|3-6|>|3-5|>|3-4|$

$\therefore$ $a_2=3$, $a_3=4$, $b_1=1$, $b_2=6$, $c_1=2$, $c_2=5$

(3) (1)，(2)の考察より，$a_1=1$ のとき

$b_1=3n+1$, $c_1=3n$, $a_2=3n-1$, $b_2=2$, $c_2=3$, $a_3=4$

$\therefore$ $a_3=4$

(4) (1)，(2)の考察より

k	1	2	3	4	5	6
a_k	1	$3n-1$	4	$3n-4$	7	$3n-7$
b_k	$3n+1$	2	$3n-2$	5	$3n-5$	8
c_k	$3n$	3	$3n-3$	6	$3n-6$	9

$\therefore$ $a_{29}=1+3\cdot14=43$

$b_{29}=3n+1-3\cdot14=3n-41=3\cdot2017-41=6010$

$c_{29}=b_{29}-1=6009$

演習 2-2

N を 2 以上の自然数とし，a_n $(n=1, 2, \cdots)$ を次の性質(ⅰ), (ⅱ)を満たす数列とする。

(ⅰ) $a_1=2^N-3$,

(ⅱ) $n=1, 2, \cdots$ に対して

$$a_n \text{ が偶数のとき } a_{n+1}=\frac{a_n}{2}, \quad a_n \text{ が奇数のとき } a_{n+1}=\frac{a_n-1}{2}。$$

このときどのような自然数 M に対しても

$$\sum_{n=1}^{M} a_n \leqq 2^{N+1}-N-5$$

が成り立つことを示せ。 （京都大）

a_n の定義が複雑そうですから，調べる一手です。

具体的に調べてみる

十分大きな N に対して

$$a_1=2^N-3 \quad :奇数$$

$$a_2=\frac{2^N-3-1}{2}=2^{N-1}-2 \quad :偶数$$

$$a_3=\frac{2^{N-1}-2}{2}=2^{N-2}-1 \quad :奇数$$

$$a_4=\frac{2^{N-2}-1-1}{2}=2^{N-3}-1 \quad :奇数$$

以下，$a_n=2^{N+1-n}-1$ $(n\geqq3)$ であることがわかり，$a_N=1$, $a_{N+1}=0$, $a_{N+2}=\frac{0}{2}=0$, …です。

つまり，$n\leqq N$ で $a_n>0$，$n\geqq N+1$ で $a_n=0$ ですから，$\sum_{n=1}^{M} a_n \leqq \sum_{n=1}^{N} a_n$ がわかり，$\sum_{n=1}^{N} a_n \leqq 2^{N+1}-N-5$ を示せばよいという方針が立ちます。

$N=2$ のときは $a_1=1$ なので，$a_2=0$ となり，以下 $n\geqq2$ で $a_n=0$ となりますから，a_3 から始まるはずの奇数の項がありません。しかし，このときはどのような自然数 M に対しても $\sum_{n=1}^{M} a_n=1$ ですから，証明すべき不等式の等号が成立していることが確認できます。

$a_1=2^N-3$ は奇数だから

$$a_2=\frac{2^N-3-1}{2}=2^{N-1}-2$$

• $N=2$ のとき

$a_2=0$ であり，以下 $n\geqq2$ で　　$a_n=0$

よって　　$\displaystyle\sum_{n=1}^{M}a_n=1=2^3-2-5$

となり，成り立つ。

• $N>2$ のとき

a_2 は偶数だから　　$a_3=\dfrac{2^{N-1}-2}{2}=2^{N-2}-1$

a_3 は奇数だから　　$a_4=\dfrac{2^{N-2}-1-1}{2}=2^{N-3}-1$

以下 $3\leqq n\leqq N$ では，$a_n=2^{N+1-n}-1$ であると考えられる。

これは $n=3$ で正しく，$3\leqq n\leqq N-1$ のある n で正しいと仮定すると，

$a_{n+1}=\dfrac{2^{N+1-n}-1-1}{2}=2^{N-n}-1$ となるから，数学的帰納法により，

$3\leqq n\leqq N$ で $a_n=2^{N+1-n}-1$ である。

つまり，$a_N=1$, $a_{N+1}=\dfrac{1-1}{2}=0$ となり，$n\geqq N+1$ では $a_n=0$ である

ことも数学的帰納法により示される。

よって，どのような自然数 M に対しても

$$\sum_{n=1}^{M}a_n\leqq\sum_{n=1}^{N}a_n=2^N-3+2^{N-1}-2+\sum_{n=3}^{N}(2^{N+1-n}-1)$$

$$=3\cdot2^{N-1}-5+\frac{2^{N-2}\left\{1-\left(\dfrac{1}{2}\right)^{N-2}\right\}}{1-\dfrac{1}{2}}-(N-2)$$

$$=3\cdot2^{N-1}-N-3+2^{N-1}\left\{1-\left(\dfrac{1}{2}\right)^{N-2}\right\}$$

$$=2^{N+1}-N-5$$

以上より，示された。　　　　　　　　　　　　　　　　　　　（証明終）

自然数 N に対して，自然数からなる 2 つの数列 $a_1,\ a_2,\ \cdots,\ a_N$ と $b_1,\ b_2,\ \cdots,$ b_{N+1} があり，条件

$\qquad i=1,\ 2,\ \cdots,\ N$ に対して $b_i < a_i$ かつ $b_{i+1} < a_i$

を満たすと仮定する。そして

$$F = \frac{\displaystyle\sum_{i=1}^{N} a_i - N}{\displaystyle\sum_{i=1}^{N+1} b_i}$$

とおく。N は固定して，以下の問いに答えよ。

(1) 自然数からなる数列 $x_1,\ x_2,\ \cdots,\ x_n$ の最小値を x とする。このとき

$$x = \frac{1}{n}\sum_{i=1}^{n} x_i \quad と \quad x_1 = x_2 = \cdots = x_n = x$$

は，同値であることを証明せよ。

(2) F のとりえる最小値を求めよ。

(3) F が最小値をとるための，数列に関する条件を求めよ。

（横浜市立大）

(1)は当然であるとして，(2)が問題です。与えられている条件が非常にわかりにくいので，具体例をあげて調べてみることが大切です。具体的なイメージをもたずにいきなり一般化した議論をすると，間違いの原因になります。

具体的に調べてみる

たとえば，$a_1,\ a_2,\ \cdots,\ a_N$ と $b_1,\ b_2,\ \cdots,\ b_{N+1}$ を独立に動かしてよいわけではないので，次のような解答は要注意です。

(2) $a_1,\ a_2,\ \cdots,\ a_N$ の最小値を a として

$$F = \frac{\displaystyle\sum_{i=1}^{N} a_i - N}{\displaystyle\sum_{i=1}^{N+1} b_i} \geqq \frac{Na - N}{\displaystyle\sum_{i=1}^{N+1} b_i} \quad \cdots\cdots①$$

$Na - N$ は $a_1 = a_2 = \cdots = a_N = a$ のときを考えているので，$b_i \leqq a - 1$ $(i = 1,\ 2,\ \cdots,\ N+1)$ とすれば，$a_i,\ b_i$ は条件を満たす。

$$\therefore \quad \frac{Na - N}{\displaystyle\sum_{i=1}^{N+1} b_i} \geqq \frac{N(a-1)}{(N+1)(a-1)} = \frac{N}{N+1}$$

結局，$F \geqq \dfrac{N}{N+1}$ となるが，この等号は $a_1 = a_2 = \cdots = a_N = a$,

$b_1 = b_2 = \cdots = b_{N+1} = a - 1$ のときに成立する。

よって，F の最小値は $\dfrac{N}{N+1}$

このような「要注意解答」は，書き方によっては不正解とされそうで，かなり危険です。

たとえば，$(a_1,\ a_2) = (11,\ 6)$，$(b_1,\ b_2,\ b_3) = (10,\ 5,\ 5)$ のとき，①では

$F = \dfrac{11+6-2}{10+5+5} \geqq \dfrac{6+6-2}{10+5+5}$ としているわけですが，$(a_1,\ a_2) = (6,\ 6)$,

$(b_1,\ b_2,\ b_3) = (10,\ 5,\ 5)$ は $b_i < a_i$，$b_{i+1} < a_i\ (i = 1,\ 2)$ とはなっていないので，条件を満たしていない数列の中から最小値を探していることになります。しかし，そのような a_i に対して，条件を満たすような b_i を選び直すことができるので，最小値を求めることができるのです。

さて，$N = 1$ のとき，$F = \dfrac{a_1 - 1}{b_1 + b_2}$ が $b_1 = b_2 = a_1 - 1$ のときに最小値 $\dfrac{1}{2}$ をとることと，

(1)で $\sum\limits_{i=1}^{n} x_i$ の x_i がすべて等しい場合を議論させられていることから

$$F = \frac{\displaystyle\sum_{i=1}^{N} a_i - N}{\displaystyle\sum_{i=1}^{N+1} b_i} = \frac{a_1 - 1 + a_2 - 1 + \cdots + a_N - 1}{b_1 + b_2 + \cdots + b_{N+1}}$$

が $b_1 = b_2 = \cdots = b_{N+1} = a_1 - 1 = a_2 - 1 = \cdots = a_N - 1$ のときに最小値 $\dfrac{N}{N+1}$ をとるのではないかと予想されますが，その証明は非常に難しいです。

$N = 2$ のときで $F \geqq \dfrac{2}{3}$ つまり $\dfrac{a_1 - 1 + a_2 - 1}{b_1 + b_2 + b_3} \geqq \dfrac{2}{3}$ を示してみましょう。これは $3(a_1 - 1 + a_2 - 1) \geqq 2(b_1 + b_2 + b_3)$ と変形できますが，左辺は 2 個の数 $a_1 - 1$ と $a_2 - 1$ が 3 個ずつ，計 6 個の数だと見て，右辺は 3 個の数 b_1，b_2，b_3 が 2 個ずつ，計 6 個の数だと見れば比べやすくなります。この証明ができれば，それがヒントになって $F \geqq \dfrac{N}{N+1}$ を示すことができます。

解答　(1)　$x = \dfrac{1}{n} \sum\limits_{i=1}^{n} x_i \iff nx = x_1 + x_2 + \cdots + x_n$

$\iff (x_1 - x) + (x_2 - x) + \cdots + (x_n - x) = 0 \quad \cdots\cdots (*)$

であるが，x は x_1，x_2，$\cdots$，x_n の最小値だから

$$x_1-x\geqq 0,\ x_2-x\geqq 0,\ \cdots,\ x_n-x\geqq 0$$

もし，これらの等号が1つでも成立しないとすれば，

$(x_1-x)+(x_2-x)+\cdots+(x_n-x)>0$ となり，（＊）に反する。

よって，（＊）のとき

$$x_1-x=0,\ x_2-x=0,\ \cdots,\ x_n-x=0$$

すなわち　$x_1=x_2=\cdots=x_n=x$

逆に，$x_1-x=0,\ x_2-x=0,\ \cdots,\ x_n-x=0$ すなわち

$x_1=x_2=\cdots=x_n=x$ のとき，（＊）の逆をたどることができるので

$$x=\frac{1}{n}\sum_{i=1}^{n}x_i$$

以上より，$x=\frac{1}{n}\sum_{i=1}^{n}x_i$ と $x_1=x_2=\cdots=x_n=x$ は同値である。

（証明終）

(2)　• $N=1$ のとき　　$F=\dfrac{a_1-1}{b_1+b_2}$

$a_1,\ b_1,\ b_2$ は自然数で，$b_1<a_1,\ b_2<a_1$ だから，$b_1\geqq b_2$ とすると

$$b_1\leqq a_1-1\qquad \therefore\ F=\frac{a_1-1}{b_1+b_2}\geqq\frac{b_1}{b_1+b_1}=\frac{1}{2}$$

• $N=2$ のとき　　$F=\dfrac{a_1+a_2-2}{b_1+b_2+b_3}=\dfrac{a_1-1+a_2-1}{b_1+b_2+b_3}$

$b_1=b_2=b_3=a_1-1=a_2-1$ のとき，$F=\dfrac{2}{3}$ となるが，これが F の最

小値と考えられ，$F\geqq\dfrac{2}{3}$ を示す。

$F\geqq\dfrac{2}{3}$ つまり $\dfrac{a_1-1+a_2-1}{b_1+b_2+b_3}\geqq\dfrac{2}{3}$ は，

$3(a_1-1+a_2-1)\geqq 2(b_1+b_2+b_3)$ と変形されるので，これを示す。

$$3(a_1-1+a_2-1)-2(b_1+b_2+b_3)$$
$$=2(a_1-1-b_1)+(a_1-1-b_2)+(a_2-1-b_2)+2(a_2-1-b_3)$$
$$\geqq 0$$

よって，$F\geqq\dfrac{2}{3}$ である。

以上より

$$F=\frac{a_1+a_2+\cdots+a_N-N}{b_1+b_2+\cdots+b_{N+1}}=\frac{a_1-1+a_2-1+\cdots+a_N-1}{b_1+b_2+\cdots+b_{N+1}}\geqq\frac{N}{N+1}$$

と考えられ，これを示す。

$\dfrac{a_1-1+\cdots+a_N-1}{b_1+b_2+\cdots+b_{N+1}}\geqq\dfrac{N}{N+1}$ は，

$(N+1)(a_1-1+\cdots+a_N-1) \geqq N(b_1+\cdots+b_{N+1})$ と変形できるので，この後者を示す。

$$(N+1)(a_1-1+a_2-1+\cdots+a_N-1)-N(b_1+b_2+\cdots+b_{N+1})$$

$$=N(a_1-1-b_1)+(a_1-1-b_2)+(N-1)(a_2-1-b_2)+2(a_2-1-b_3)$$

$$+(N-2)(a_3-1-b_3)+3(a_3-1-b_4)+\cdots+2(a_{N-1}-1-b_{N-1})$$

$$+(N-1)(a_{N-1}-1-b_N)+(a_N-1-b_N)+N(a_N-1-b_{N+1})$$

$$\geqq 0$$

よって，$F \geqq \dfrac{N}{N+1}$ である。

この等号は，$b_1=a_1-1=b_2=a_2-1=b_3=a_3-1=b_4=\cdots=b_N=a_N-1$
$=b_{N+1}$ のときに成立するので，F の最小値は $\dfrac{N}{N+1}$ である。

(3) $F \geqq \dfrac{N}{N+1}$ の等号成立条件を整理すると

$$b_1=b_2=\cdots=b_{N+1}=a_1-1=a_2-1=\cdots=a_N-1$$

つまり，ある自然数 k があって

$$\boldsymbol{b_1=b_2=\cdots=b_{N+1}=k, \quad a_1=a_2=\cdots=a_N=k+1}$$

と表されることとなる。これが求める条件である。

(2)の別解は，次のようになります。

別解 (2) $\quad F=\dfrac{a_1+a_2+\cdots+a_N-N}{b_1+b_2+\cdots+b_{N+1}}=\dfrac{a_1-1+a_2-1+\cdots+a_N-1}{b_1+b_2+\cdots+b_{N+1}}$

の最小値を考えるために，b_1, b_2, $\cdots$, b_{N+1} に対して，a_1, a_2, $\cdots$,
a_N をどのように定めれば F が小さくなるかを考える。

$b_i < a_i$ かつ $b_{i+1} < a_i$ より

$$b_i \leqq a_i-1 \quad \text{かつ} \quad b_{i+1} \leqq a_i-1 \quad \therefore \quad a_i-1 \geqq \max\{b_i, \, b_{i+1}\}$$

$i=1$, 2, $\cdots$, N の場合を書き出すと

$$a_1-1 \geqq \max\{b_1, \, b_2\}$$

$$a_2-1 \geqq \max\{b_2, \, b_3\}$$

$$\vdots$$

$$a_N-1 \geqq \max\{b_N, \, b_{N+1}\}$$

これらの等号がすべて成立する状況を考えれば，F の分子を小さくすることができる。このとき，a_1-1, a_2-1, $\cdots$, a_N-1 の値として，b_1, b_2, $\cdots$, b_{N+1} の中から N 個が選ばれる。

このように，a_1-1, a_2-1, $\cdots$, a_N-1 を定める場合，たとえば，$(b_1,\ b_2,\ b_3)=(5,\ 10,\ 1)$ であれば $(a_1-1,\ a_2-1)=(10,\ 10)=(b_2,\ b_2)$ となり，a_1-1, a_2-1 として，同じ b_2 を選ぶこともある。

しかし，$b_2+b_2=10+10\geqq10+5=b_2+b_1$ だから，分子だけを見れば，大きい b_2 を2つ選ぶよりは，b_1 と b_2 を選ぶ方が小さくすることができ，$F=\dfrac{a_1-1+a_2-1+\cdots+a_N-1}{b_1+b_2+\cdots+b_{N+1}}$ の分母についても，b_i をどのように並べ替えても値は変わらないので，$b_1\geqq b_2\geqq\cdots\geqq b_{N+1}$ として，$a_1-1=b_1$，$a_2-1=b_2$, $\cdots$, $a_N-1=b_N$ とすれば，F は小さくなる。

結局，$b_1\geqq b_2\geqq\cdots\geqq b_{N+1}$ のときで考えてよく，これに対する F を小さくする a_i の選び方がわかったので，以下は b_i の選び方を考える。

$$F=\frac{a_1-1+a_2-1+\cdots+a_N-1}{b_1+b_2+\cdots+b_{N+1}}\geqq\frac{b_1+b_2+\cdots+b_N}{b_1+b_2+\cdots+b_{N+1}}$$

$$\geqq\frac{b_1+\cdots+b_{N-1}+b_N}{b_1+\cdots+b_{N-1}+2b_N}=\frac{b_1+\cdots+b_{N-1}+2b_N+b_1+\cdots+b_{N-1}}{2(b_1+\cdots+b_{N-1}+2b_N)}$$

$$=\frac{1}{2}+\frac{b_1+\cdots+b_{N-1}}{2(b_1+\cdots+b_{N-1}+2b_N)}\geqq\frac{1}{2}+\frac{b_1+\cdots+b_{N-1}}{2(b_1+\cdots+b_{N-2}+3b_{N-1})}$$

$$=\frac{b_1+\cdots+b_{N-2}+2b_{N-1}}{b_1+\cdots+b_{N-2}+3b_{N-1}}$$

以下，同様の作業を繰り返して

$$F\geqq\frac{b_1+\cdots+b_{N-1}+b_N}{b_1+\cdots+b_{N-1}+2b_N}\geqq\frac{b_1+\cdots+b_{N-2}+2b_{N-1}}{b_1+\cdots+b_{N-2}+3b_{N-1}}$$

$$\geqq\frac{b_1+\cdots+b_{N-3}+3b_{N-2}}{b_1+\cdots+b_{N-3}+4b_{N-2}}\geqq\cdots\geqq\frac{Nb_1}{(N+1)b_1}=\frac{N}{N+1}$$

$$\therefore\quad F\geqq\frac{N}{N+1}$$

この等号は，$b_1=b_2=\cdots=b_{N+1}=a_1-1=a_2-1=\cdots=a_N-1$ のときに成立するので，F の最小値は $\dfrac{N}{N+1}$ である。

補足しておくと，$\dfrac{b_1+\cdots+b_{N-1}+b_N}{b_1+\cdots+b_{N-1}+2b_N}$ について

は，b_1, b_2, $\cdots$, b_{N-1} を固定して，$b_N=x$ を $1\leqq x\leqq b_{N-1}$ の範囲で動かすと考えると，

$y=\dfrac{b_1+\cdots+b_{N-1}+x}{b_1+\cdots+b_{N-1}+2x}$ のグラフは $1\leqq x\leqq b_{N-1}$ の範囲で単調減少します。

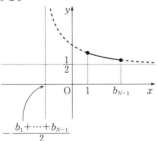

負でない整数 N が与えられたとき，$a_1=N$，$a_{n+1}=\left[\dfrac{a_n}{2}\right]$ $(n=1,\ 2,\ 3,\ \cdots)$ として数列 $\{a_n\}$ を定める。ただし $[a]$ は，実数 a の整数部分（$k \leqq a < k+1$ となる整数 k）を表す。

(1) $a_3=1$ となるような N をすべて求めよ。

(2) $0 \leqq N < 2^{10}$ を満たす整数 N のうちで，N から定まる数列 $\{a_n\}$ のある項が 2 となるようなものはいくつあるか。

(3) 0 から $2^{100}-1$ までの 2^{100} 個の整数から等しい確率で N を選び，数列 $\{a_n\}$ を定める。次の条件（＊）を満たす最小の正の整数 m を求めよ。

（＊）　数列 $\{a_n\}$ のある項が m となる確率が $\dfrac{1}{100}$ 以下となる。

(名古屋大)

(1)で $a_3=1$ より　　$\left[\dfrac{a_2}{2}\right]=1$

よって　　$1 \leqq \dfrac{a_2}{2} < 2$　　$2 \leqq a_2 < 4$　すなわち　$2 \leqq \left[\dfrac{a_1}{2}\right] < 4$

ここで，$2 \leqq \dfrac{a_1}{2} < 4$ とするべきか，$\left[\dfrac{a_1}{2}\right]=2$, 3 とするべきかで少し迷います。

　結局，(1)ではどちらでもよいのですが，後者で考えて，各 a_n の値に対して，a_n がその値になるための a_{n-1} の値が 2 つずつあり，たとえば $a_2=2$ に対する 2 つの a_1 と，$a_2=3$ に対する 2 つの a_1 には重複がないことを確認しておくのは，(2)，(3)を考える上で有効です。

　すなわち，ある項が 1 となる，たとえば $a_n=1$ となるための a_{n-1}, a_{n-2}, $\cdots$ をさかのぼると

$$1\ |\ 2\ 3\ |\ 4\ 5\ 6\ 7\ |\ 8\ 9\ 10\ 11\ 12\ 13\ 14\ 15\ |\ \cdots$$

であり，ある項が 2 となる，たとえば $a_n=2$ となるための a_{n-1}, a_{n-2}, $\cdots$ をさかのぼると

$$2\ |\ 4\ 5\ |\ 8\ 9\ 10\ 11\ |\ 16\ 17\ 18\ 19\ 20\ 21\ 22\ 23\ |\ \cdots$$

です。(1)，(2)でこのような具体的イメージをつかむことができれば，(3)を考えることができます。ついでに，$a_n=3$, 4 となる a_{n-1}, a_{n-2}, $\cdots$ もさかのぼっておきましょう。

$$3\ |\ 6\ 7\ |\ 12\ 13\ 14\ 15\ |\ 24\ 25\ 26\ 27\ 28\ 29\ 30\ 31\ |\ \cdots$$

4 | 8 9 | 16 17 18 19 | 32 33 34 35 36 37 38 39 | ⋯

$a_n=m$ となるための a_{n-1}, a_{n-2}, ⋯ をさかのぼるとき，m を大きくすれば，ここに出てくる数字の稠密度が少しずつ落ちていきますが，どこまで大きくすればその稠密度が $\dfrac{1}{100}$ 以下になるかが問われているのです。

ここで，その「稠密度」が見やすくなるように $a_n=5$ となるための a_{n-1}, a_{n-2}, ⋯ をさかのぼったものを全体の中で見ておきましょう。

1 | 2 3 | 4 5 6 7 | 8 9 **10 11** 12 13 14 15

| 16 17 18 19 **20 21 22 23** 24 25 26 27 28 29 30 31 | ⋯

具体的に調べてみる

ことにより，問われている内容を把握するということが特に重要です。

演習編

解 答

(1) $a_3=1$ より $\quad\left[\dfrac{a_2}{2}\right]=1 \quad \therefore \quad 1\leqq\dfrac{a_2}{2}<2$

　　すなわち $\quad 2\leqq a_2<4$

　　よって $\quad 2\leqq\left[\dfrac{a_1}{2}\right]<4 \quad \therefore \quad 2\leqq\dfrac{a_1}{2}<4$

　　すなわち $\quad 4\leqq a_1<8$

　　これより，$N=4$, **5**, **6**, **7** とすれば，$a_3=1$ となることがわかる。

(2) $N=2$ は条件を満たす。

　　$a_2=\left[\dfrac{a_1}{2}\right]=2$ とすると

　　　$2\leqq\dfrac{a_1}{2}<3 \quad \therefore \quad 4\leqq a_1<6$

　　よって，$N=4$, 5 は条件を満たす。

　　$a_3=\left[\dfrac{a_2}{2}\right]=2$ とすると

　　　$2\leqq\dfrac{a_2}{2}<3 \quad \therefore \quad 4\leqq a_2<6$

　　　$4\leqq\left[\dfrac{a_1}{2}\right]<6 \quad \therefore \quad 4\leqq\dfrac{a_1}{2}<6$

　　すなわち $\quad 8\leqq a_1<12$

　　よって，$N=8$, 9, 10, 11 は条件を満たす。

　　以上の議論を繰り返すことにより，2^k（k は自然数）から始まる 2^{k-1} 個ずつ，つまり $2^k\leqq N<2^k+2^{k-1}=3\cdot 2^{k-1}$ を満たすように N を定めればよいことがわかる。

ここで，$0 \leqq N < 2^{10}$ より，$2^9 \leqq N < 3 \cdot 2^8 < 2^{10}$ を満たす N まで考え，$2^{10} \leqq N < 3 \cdot 2^9$ を満たす N は考えてはいけない。

よって，求める個数は

$$1 + 2 + 2^2 + \cdots + 2^8 = \frac{2^9 - 1}{2 - 1} = \textbf{511 個}$$

(3) $a_n = m$ となる n が存在するような N を考える。

$N = m$ は条件を満たし，$n \geqq 2$ のとき，$a_n = \left[\dfrac{a_{n-1}}{2}\right] = m$ とすると

$$m \leqq \frac{a_{n-1}}{2} < m + 1 \qquad \therefore \quad 2m \leqq a_{n-1} < 2(m+1)$$

よって，$n = 2$ として，$N = 2m，2m+1$ は条件を満たす。

以下，(2)と同様に考えて，$2^k \leqq m \leqq 2^{k+1} - 1$ とすると，$2^k \leqq x \leqq 2^{k+1} - 1$ の区間に条件を満たす N が 1 個，$2^{k+1} \leqq x \leqq 2^{k+2} - 1$ の区間に 2 個，$\cdots$，$2^{k+l} \leqq x \leqq 2^{k+l+1} - 1$ の区間に 2^l 個存在する。

よって，$a_n = m$ となる n が存在するような N の個数は

$$1 + 2 + 2^2 + \cdots + 2^{99-k} = 2^{100-k} - 1 \text{ 個}$$

したがって，条件(*)を満たすために

$$\frac{2^{100-k} - 1}{2^{100}} \leqq \frac{1}{100} \quad \text{すなわち} \quad 2^{100-k} \leqq \frac{2^{98}}{25} + 1$$

ここで，$2^{94} - \left(\dfrac{2^{98}}{25} + 1\right) = 2^{94} \cdot \dfrac{9}{25} - 1 > 2^{90} - 1 > 0$ より，$2^{94} > \dfrac{2^{98}}{25} + 1$ であり，$2^{93} \leqq 2^{93} \cdot \dfrac{2^5}{25} + 1 = \dfrac{2^{98}}{25} + 1$ だから，$k \geqq 7$ のときに条件(*)が満たされることがわかった。

よって，求める m の最小値は $\qquad 2^7 = \textbf{128}$

0 以上の整数 x, y に対して，$R(x, y)$ を次のように定義する。

$$\begin{cases} xy=0 \text{ のとき，} R(x, y)=0 \\ xy \neq 0 \text{ のとき，} x \text{ を } y \text{ で割った余りを } R(x, y) \text{ とする。} \end{cases}$$

正の整数 a, b に対して，数列 $\{r_n\}$ を次のように定義する。

$$r_1 = R(a, b), \quad r_2 = R(b, r_1),$$
$$r_{n+1} = R(r_{n-1}, r_n) \quad (n=2, 3, 4, \cdots)$$

また，$r_n = 0$ となる最小の n を N で表す。例えば $a=7$, $b=5$ のとき $N=3$ である。

次に，数列 $\{f_n\}$ を次のように定義する。

$$f_1 = f_2 = 1, \quad f_{n+1} = f_n + f_{n-1} \quad (n=2, 3, 4, \cdots)$$

このとき以下の各問いに答えよ。

(1) $a = f_{102}$, $b = f_{100}$ のとき，N を求めよ。

(2) 正の整数 a, b について，a が b で割り切れないとき，$r_1 \geqq f_N$ が成立することを示せ。

(3) 2 以上の整数 n について，$10 f_n < f_{n+5}$ が成立することを示せ。

(4) 正の整数 a, b について，a が b で割り切れないとき，

$$\sum_{k=1}^{N-1} \frac{1}{r_k} < \frac{259}{108}$$

が成立することを示せ。

(東京医科歯科大)

ユークリッドの互除法を繰り返し用いて最大公約数を求める過程（この問題では r_{N-1} が a, b の最大公約数）と，フィボナッチ数列とを対応させています。

もちろん，そんな内容は知らなくてもよいので，誘導についていくことが必要です。そのためにも，問題の流れを読むことが大切で，特に(4)では，(2)，(3)の結論を使うにはどうすべきだろうかと考えます。

小問の流れを読む

$a_{n+2} = f(a_n)$ 型の漸化式では，n を偶奇で場合分けすれば，

$$\begin{cases} a_{2(k+1)-1} = f(a_{2k-1}) \\ a_{2(k+1)} = f(a_{2k}) \end{cases}$$

となり，隣り合う項の関係が得られたのと同様，(3)の $10 f_n < f_{n+5}$ の条件は「n を 5

で割ったときの余りで分類するべきだ」と読みます。

そうすると，(4)では，まず(2)を用いて $\dfrac{1}{r_1}+\dfrac{1}{r_2}+\cdots+\dfrac{1}{r_{N-1}}\leqq\dfrac{1}{f_N}+\dfrac{1}{f_{N-1}}+\cdots+\dfrac{1}{f_2}$

としますが，$\dfrac{1}{f_2}+\dfrac{1}{f_3}+\cdots+\dfrac{1}{f_N}$ は，5項ずつ区切ってまとめた方が都合がよいので，

$N\leqq 5l+1$ としておいて，$\dfrac{1}{f_2}+\dfrac{1}{f_3}+\cdots+\dfrac{1}{f_N}\leqq\dfrac{1}{f_2}+\dfrac{1}{f_3}+\cdots+\dfrac{1}{f_{5l+1}}$ と変形すれば，

$10f_n<f_{n+5}$ つまり $\dfrac{1}{f_{n+5}}<\dfrac{1}{10}\cdot\dfrac{1}{f_n}$ を用いることができます。

また「シグマの式は見にくい」ので，展開した式を書いて誘導の意図を探ろうとすることが重要です。

解答

(1) $f_{102}=f_{101}+f_{100}=(f_{100}+f_{99})+f_{100}$
$\qquad\qquad =2f_{100}+f_{99}$ ……①

ここで，$f_1=f_2=1>0$ であり，$f_n>0$，$f_{n+1}>0$ であると仮定すると，$f_{n+2}=f_{n+1}+f_n>0$ となるから，数学的帰納法により，$f_n>0$ である。

よって，$n\geqq 2$ のとき，$f_{n+1}=f_n+f_{n-1}>f_n$ より，$f_{n+1}>f_n$ となるから，$n\geqq 2$ で f_n は増加する。

よって，$f_{100}>f_{99}$ だから，①より，$f_{102}(=a)$ を $f_{100}(=b)$ で割った余りは f_{99} であり

$\qquad r_1=f_{99}$

以下，$f_{100}=f_{99}+f_{98}$ より　　$r_2=f_{98}$

$f_{99}=f_{98}+f_{97}$ より　　$r_3=f_{97}$

$\qquad\qquad \vdots$

$f_4=f_3+f_2$ より　　$r_{98}=f_2=1$

$f_3=f_2+f_1=2f_2$ より　　$r_{99}=0$

よって　　$N=\mathbf{99}$

(2) $l,\ l_1,\ l_2,\ \cdots,\ l_{N-1}$ を自然数として

$\qquad a=bl+r_1$

$\qquad b=r_1l_1+r_2$

$\qquad r_1=r_2l_2+r_3$

$\qquad\qquad \vdots$

$\qquad r_{N-3}=r_{N-2}l_{N-2}+r_{N-1}$

$\qquad r_{N-2}=r_{N-1}l_{N-1},\ r_N=0$

と表せる。

したがって　　　$r_{N-1} \geqq 1 = f_2$

$r_{N-2} > r_{N-1} \geqq 1$ より　　　$r_{N-2} \geqq 2 = f_3$

ここで，2 以上のある自然数 k で $r_{N-k+1} \geqq f_k$，$r_{N-k} \geqq f_{k+1}$ であると仮定すると

$$r_{N-k-1} = r_{N-k}k_{N-k} + r_{N-k+1} \geqq f_{k+1}k_{N-k} + f_k \geqq f_{k+1} + f_k = f_{k+2}$$

$\therefore$　$r_{N-k-1} \geqq f_{k+2}$

よって，数学的帰納法により，$r_{N-k+1} \geqq f_k$ $(2 \leqq k \leqq N)$ が成立する。

$k = N$ として　　　$r_1 \geqq f_N$　　　　　　　　　　　　（証明終）

(3)　$f_{n+5} = f_{n+4} + f_{n+3} = (f_{n+3} + f_{n+2}) + f_{n+3}$

$\qquad = 2f_{n+3} + f_{n+2} = 2(f_{n+2} + f_{n+1}) + f_{n+2}$

$\qquad = 3f_{n+2} + 2f_{n+1} = 3(f_{n+1} + f_n) + 2f_{n+1}$

$\qquad = 5f_{n+1} + 3f_n = 5(f_n + f_{n-1}) + 3f_n$

$\qquad = 8f_n + 5f_{n-1}$

$\therefore$　$f_{n+5} - 10f_n = 8f_n + 5f_{n-1} - 10f_n = -2f_n + 5f_{n-1}$

ここで，$n = 2$ のとき，$-2f_2 + 5f_1 = 3 > 0$ であり，$n \geqq 3$ のとき

$\qquad -2f_n + 5f_{n-1} = -2(f_{n-1} + f_{n-2}) + 5f_{n-1} = 3f_{n-1} - 2f_{n-2}$

$\qquad\qquad\qquad\qquad = 3(f_{n-1} - f_{n-2}) + f_{n-2}$

$\qquad\qquad\qquad\qquad > 0$　$(\because$　$f_{n-1} > f_{n-2})$

よって，$10f_n < f_{n+5}$ である。　　　　　　　　　　　（証明終）

(4)　$\displaystyle\sum_{k=1}^{N-1} \frac{1}{r_k} = \frac{1}{r_1} + \frac{1}{r_2} + \cdots + \frac{1}{r_{N-1}} \leqq \frac{1}{f_N} + \frac{1}{f_{N-1}} + \cdots + \frac{1}{f_2}$　$(\because$　(2))

ここで，$N \leqq 5l + 1$ （l は自然数）とすると

$$\frac{1}{f_N} + \frac{1}{f_{N-1}} + \cdots + \frac{1}{f_2}$$

$$\leqq \frac{1}{f_2} + \frac{1}{f_3} + \cdots + \frac{1}{f_{5l+1}}$$

$$= \left(\frac{1}{f_2} + \cdots + \frac{1}{f_6}\right) + \left(\frac{1}{f_7} + \cdots + \frac{1}{f_{11}}\right) + \cdots + \left(\frac{1}{f_{5l-3}} + \cdots + \frac{1}{f_{5l+1}}\right)$$

$$< \left(\frac{1}{f_2} + \cdots + \frac{1}{f_6}\right)\left\{1 + \frac{1}{10} + \left(\frac{1}{10}\right)^2 + \cdots + \left(\frac{1}{10}\right)^{l-1}\right\}$$　$(\because$　(3))

$$= \left(\frac{1}{1} + \frac{1}{2} + \frac{1}{3} + \frac{1}{5} + \frac{1}{8}\right) \cdot \frac{1 - \left(\frac{1}{10}\right)^l}{1 - \frac{1}{10}} < \frac{259}{120} \cdot \frac{10}{9} = \frac{259}{108}$$

よって，$\displaystyle\sum_{k=1}^{N-1} \frac{1}{r_k} < \frac{259}{108}$ である。　　　　　　　（証明終）

> n と k を正の整数とし，$P(x)$ を次数が n 以上の整式とする。
>
> 整式 $(1+x)^k P(x)$ の n 次以下の項の係数がすべて整数ならば，$P(x)$ の n 次以下の項の係数は，すべて整数であることを示せ。ただし，定数項については，項それ自身を係数とみなす。　　　　　　　　　　　　　　　　（東京大）

　まず，「シグマの式は見にくい」ので，$(1+x)^k = \sum_{l=0}^{k} {}_k C_l x^l$ と表したり，$P(x)$ をシグマで書いたりしてはいけません。

　$P(x)$ の次数が n 以上だと書いてあるので

$$P(x) = x^{n+1} f(x) + a_n x^n + \cdots + a_1 x + a_0 \quad (f(x) \text{ は整式，} a_n \neq 0)$$

とおいてみることにしましょう。すると，$(1+x)^k P(x)$ は

$$(1+x)^k P(x) = ({}_k C_k x^k + \cdots + {}_k C_1 x + 1)(x^{n+1} f(x) + a_n x^n + \cdots + a_0)$$

となりますが，これの x^l の係数を p_l とおくと

$$p_0 = a_0$$
$$p_1 = {}_k C_1 a_0 + a_1$$
$$p_2 = {}_k C_2 a_0 + {}_k C_1 a_1 + a_2$$
$$\vdots$$

です。

　よって，$p_l \ (l = 0, \ 1, \ 2, \ \cdots, \ n)$ が整数であることにより，a_0 が整数となり，a_0 が整数ならば a_1 が整数となり，$a_0, \ a_1$ が整数ならば a_2 が整数となり，…のように，次々に a_l が整数であることが言えます。

　しかし，上の規則で p_l を書き続けると

$$p_n = {}_k C_n a_0 + {}_k C_{n-1} a_1 + \cdots + {}_k C_1 a_{n-1} + a_n$$

となりますが，$k < n$ ではこのように表現できません。

　$k = 2$，$n = 4$ のときで具体的に調べてみましょう。

$$(1+x)^2 P(x) = ({}_2 C_2 x^2 + {}_2 C_1 x + 1)(x^5 f(x) + a_4 x^4 + a_3 x^3 + a_2 x^2 + a_1 x + a_0)$$

$\therefore \quad p_0 = a_0$
$$p_1 = {}_2 C_1 a_0 + a_1$$
$$p_2 = {}_2 C_2 a_0 + {}_2 C_1 a_1 + a_2$$
$$p_3 = {}_2 C_2 a_1 + {}_2 C_1 a_2 + a_3$$
$$p_4 = {}_2 C_2 a_2 + {}_2 C_1 a_3 + a_4$$

　a_l が整数になっていく規則は同じですが，p_l の表現が変わります。これを一般化

して解答を作ればできあがりです。

解 答

$$P(x) = x^{n+1}f(x) + a_n x^n + a_{n-1} x^{n-1} + \cdots + a_1 x + a_0$$

$$(f(x) \text{ は整式, } a_n \neq 0)$$

とおく。

$$(1+x)^k P(x)$$

$$= ({}_kC_k x^k + {}_kC_{k-1} x^{k-1} + \cdots + {}_kC_1 x + 1)(x^{n+1}f(x) + a_n x^n + \cdots + a_0)$$

の x^l の係数を p_l とおくと

• $k \geq n$ のとき

$$p_0 = a_0$$

$$p_1 = {}_kC_1 a_0 + a_1$$

$$p_2 = {}_kC_2 a_0 + {}_kC_1 a_1 + a_2$$

$$\vdots$$

$$p_n = {}_kC_n a_0 + {}_kC_{n-1} a_1 + \cdots + {}_kC_1 a_{n-1} + a_n$$

• $k < n$ のとき

$$p_0 = a_0$$

$$p_1 = {}_kC_1 a_0 + a_1$$

$$\vdots$$

$$p_k = {}_kC_k a_0 + \cdots + {}_kC_1 a_{k-1} + a_k$$

$$p_{k+1} = {}_kC_k a_1 + \cdots + {}_kC_1 a_k + a_{k+1}$$

$$\vdots$$

$$p_n = {}_kC_k a_{n-k} + \cdots + {}_kC_1 a_{n-1} + a_n$$

よって, p_l $(l=0, 1, 2, \cdots, n)$ が整数のとき, $a_0 = p_0$ より, a_0 は整数であり, ある l までで a_l が整数であると仮定すると a_{l+1} も整数になるので, 数学的帰納法により a_l $(l=0, 1, 2, \cdots, n)$ は整数である。

よって, 示された。 (証明終)

　自然数 n に対し，3 個の数字 1, 2, 3 から重複を許して n 個並べたもの $(x_1,$ $x_2, \cdots, x_n)$ の全体の集合を S_n とおく。S_n の要素 $(x_1, x_2, \cdots, x_n)$ に対し，次の 2 つの条件を考える。

　条件 C_{12}：$1 \leqq i < j \leqq n$ である整数 i, j の組で，$x_i = 1$，$x_j = 2$ を満たすものが 少なくとも 1 つ存在する。

　条件 C_{123}：$1 \leqq i < j < k \leqq n$ である整数 i, j, k の組で，$x_i = 1$，$x_j = 2$，$x_k = 3$ を 満たすものが少なくとも 1 つ存在する。

　例えば，S_4 の要素 $(3, 1, 2, 2)$ は条件 C_{12} を満たすが，条件 C_{123} は満たさない。 S_n の要素 $(x_1, x_2, \cdots, x_n)$ のうち，条件 C_{12} を満たさないものの個数を $f(n)$，条件 C_{123} を満たさないものの個数を $g(n)$ とおく。このとき以下の各問いに答えよ。

(1)　$f(4)$ と $g(4)$ を求めよ。

(2)　$f(n)$ を n を用いて表せ。

(3)　$g(n+1)$ を $g(n)$ と $f(n)$ を用いて表せ。

(4)　$g(n)$ を n を用いて表せ。

（東京医科歯科大）

　(1)の $f(4)$ の数え方は，[解答]で示した方法以外にもいろいろと考えることができるので，それは[解答]の後に補足しておきますが，こういった方法の中から一般化につながりやすい方法を探すことが大切です。具体的に言えば，次の(2)で $f(n)$ を求めることが要求されているので，そこにつながらないような考え方をしているのであれば，「きっと，他に効率のよい数え方があるはずだ」と考えるべきです。

小問の流れを読む

解答

(1)　$f(4)$ について，最初に 1 になるものに注目して考える。

- $x_1 = 1$ のとき，x_2, x_3, x_4 は 1 または 3 であればよいので，$2^3 = 8$ 通り。
- $x_2 = 1$ のとき，x_1 は 2 または 3 で，x_3, x_4 は 1 または 3 であればよいので，$2^3 = 8$ 通り。
- $x_3 = 1$ のとき，x_1, x_2 は 2 または 3 で，x_4 は 1 または 3 であればよいので，$2^3 = 8$ 通り。
- $x_4 = 1$ のとき，x_1, x_2, x_3 は 2 または 3 であればよいので，$2^3 = 8$ 通り。

- 1 になるものがないとき，$2^4 = 16$ 通り。

  よって　$f(4) = 8 \times 4 + 16 = \boldsymbol{48}$

  $g(4)$ について，まず C_{123} を満たすものを考える。

i	1	2	3	4	
x_i	1	2	3		$x_4 = 1,\ 2,\ 3$ の 3 通り
x_i	1	2		3	$x_3 = 1,\ 2$ の 2 通り
x_i	1		2	3	$x_2 = 1,\ 3$ の 2 通り
x_i		1	2	3	$x_1 = 2,\ 3$ の 2 通り

  以上 9 通り。

  よって　$g(4) = 3^4 - 9 = \boldsymbol{72}$

(2) (1)と同様に考える。

- 1 になるものがあるとき，最初の 1 の位置が n 通り。その手前は 2 または 3 で，その後は 1 または 3 であればよいので，$n \cdot 2^{n-1}$ 通り。
- 1 になるものがないとき，x_i はすべて 2 または 3 であればよいので，2^n 通り。

  よって　$f(n) = n \cdot 2^{n-1} + 2^n = \boldsymbol{(n+2) \cdot 2^{n-1}}$

(3) S_n で C_{12} を満たさないものは，x_{n+1} が何であれ S_{n+1} は C_{123} を満たさない。よって，この $3f(n)$ 通りは $g(n+1)$ の一部である。

$$S_n$$

C_{12} を満たさない	C_{12} を満たす
← $f(n)$ 通り →	
C_{123} を満たさない	
← $g(n)$ 通り →	

S_n で C_{12} を満たすが C_{123} を満たさない $g(n) - f(n)$ 通りについては，x_{n+1} は 1 または 2 であればよい。つまり，$2\{g(n) - f(n)\}$ も $g(n+1)$ の一部であり，これですべてである。

  よって　$g(n+1) = 3f(n) + 2\{g(n) - f(n)\} = \boldsymbol{f(n) + 2g(n)}$

(4) $g(1) = 3$ であり，(2)，(3)より

$$g(n+1) = 2g(n) + (n+2) \cdot 2^{n-1} \qquad \frac{g(n+1)}{2^n} = \frac{g(n)}{2^{n-1}} + \frac{n+2}{2}$$

$$\therefore\ \frac{g(n)}{2^{n-1}} = \frac{g(1)}{2^0} + \sum_{k=1}^{n-1} \frac{k+2}{2} \quad (n \geqq 2)$$

$$= 3 + \frac{(n-1)(3+n+1)}{4} = \frac{n^2 + 3n + 8}{4}$$

これは $n=1$ のときも表す。

よって　　$g(n)=(n^2+3n+8)\cdot 2^{n-3}$

(1)の $f(4)$ について，〔解答〕以外の数え方を示しておきます。

まず C_{12} を満たすものは，最初に 1 となる x_i と，その後で最初に 2 となる x_i に注目すると

i	1	2	3	4	
x_i	1	2			$x_3=1$, 2, 3　$x_4=1$, 2, 3 の 9 通り
x_i	1		2		$x_2=1$, 3　$x_4=1$, 2, 3 の 6 通り
x_i	1			2	$x_2=1$, 3　$x_3=1$, 3 の 4 通り
x_i		1	2		$x_1=2$, 3　$x_4=1$, 2, 3 の 6 通り
x_i		1		2	$x_1=2$, 3　$x_3=1$, 3 の 4 通り
x_i			1	2	$x_1=2$, 3　$x_2=2$, 3 の 4 通り

以上 33 通り。

よって　　$f(4)=3^4-33=\mathbf{48}$

別解②

最後に 1 となる x_i に注目する。

- $x_1=1$ のとき，$x_2=x_3=x_4=3$ の 1 通り。
- $x_2=1$ のとき，$x_1=1$, 2, 3，$x_3=x_4=3$ の 3 通り。
- $x_3=1$ のとき，$x_1=1$, 2, 3，$x_2=1$, 2, 3，$x_4=3$ の 9 通りから
  $(x_1, x_2)=(1, 2)$ の 1 通りを除いて 8 通り。
- $x_4=1$ のとき，$x_1=1$, 2, 3，$x_2=1$, 2, 3，$x_3=1$, 2, 3 の 27 通りから次を除く。

i	1	2	3	
x_i	1	2		$x_3=1$, 2, 3 の 3 通り
x_i	1		2	$x_2=1$, 3 の 2 通り
x_i		1	2	$x_1=2$, 3 の 2 通り

以上 7 通り。

∴　$27-7=20$ 通り

- 1 になる x_i がない場合が $2^4=16$ 通り。

よって　　$f(4)=1+3+8+20+16=\mathbf{48}$

別解③

1 となる x_i，または 2 となる x_i がないものは，$2^4 \times 2 - 1 = 31$ 通り。

1，2 となる x_i はあるけれども C_{12} を満たさないものは次の通り。

- $(x_1,\ x_2,\ x_3,\ x_4) = (2,\ 3,\ 3,\ 1)$ の 1 通り。
- $(x_i,\ x_{i+1},\ x_{i+2}) = (2,\ 3,\ 1)$ の並びができるものは，この並びの位置の決め方が 2 通りで，残る 1 つが右にくれば 1，3 であればよく，左にくれば 2，3 であればよいので，$2 \times 2 = 4$ 通り。
- $(x_i,\ x_{i+1}) = (2,\ 1)$ の並びができるものは，この並びの位置の決め方が 3 通りで，残りの 2 つについては，この並びの右側であれば 1，3，左側であれば 2，3 であればよいので，$3 \cdot 2^2 = 12$ 通り。

以上 17 通り。

よって　$f(4) = 31 + 17 = \mathbf{48}$

演習編

［別解①］，［別解②］の方法では(2)につながりませんが，［別解③］の考え方で(2)を考えることはでき，次のようになります。

別解

(2)　1 となる x_i，または 2 となる x_i がないものが $2 \cdot 2^n - 1$ 通り。

次に，1，2 となる x_i はあるけれども，C_{12} を満たさないものを考える。

2 と 1 の間は 3 のみであるような「並び」があったとき，その右側は 1 または 3 であればよく，左側は 2 または 3 であればよい。

「並び」以外の x_i の個数が $k-1$ 個 $(k=1,\ 2,\ \cdots,\ n-1)$ のとき，「並び」の位置の決め方が k 通りで，「並び」以外の x_i の決め方が 2^{k-1} 通り。

よって，このような場合の総数は

$$\sum_{k=1}^{n-1} k \cdot 2^{k-1} = \sum_{k=1}^{n-1} k(2^k - 2^{k-1}) = \sum_{k=1}^{n-1} \{k2^k - (k-1)2^{k-1} - 2^{k-1}\}$$

$$= (n-1) \cdot 2^{n-1} - 0 \cdot 2^0 - \frac{2^{n-1}-1}{2-1} = (n-1) \cdot 2^{n-1} - 2^{n-1} + 1$$

よって　$f(n) = 2 \cdot 2^n - 1 + (n-1) \cdot 2^{n-1} - 2^{n-1} + 1 = \boldsymbol{(n+2) \cdot 2^{n-1}}$

また，(3)についての別解を示しておきます。

別解

(3)　$x_{n+1} = 3$ のとき，S_n が C_{12} を満たさなければよく，$f(n)$ 通り。

$x_{n+1} = 1$ または 2 のとき，S_n が C_{123} を満たさなければよく，それぞれ $g(n)$ 通り。

よって　$g(n+1) = \boldsymbol{f(n) + 2g(n)}$

$f_1(x)=x^2$ とし，$n=1,\ 2,\ 3,\ \cdots$ に対して
$$f_{n+1}(x)=|f_n(x)-1|$$
と定める。以下の問に答えよ。

(1) $y=f_2(x)$，$y=f_3(x)$ のグラフの概形をかけ。

(2) $0\leqq x\leqq\sqrt{n-1}$ において
$$0\leqq f_n(x)\leqq 1$$
であることと，$\sqrt{n-1}\leqq x$ において
$$f_n(x)=x^2-(n-1)$$
であることを示せ。

(3) $n\geqq 2$ とする。$y=f_n(x)$ のグラフと x 軸で囲まれた図形の面積を S_n とする。
S_n+S_{n+1} を求めよ。

（神戸大）

---

(1)はよいとして，(2)の数学的帰納法では目標を強く意識することが大切です。

迎えに来てもらう

すなわち，ある n で
$$\begin{cases} 0\leqq x\leqq\sqrt{n-1} \text{ において} & 0\leqq f_n(x)\leqq 1 \\ \sqrt{n-1}\leqq x \text{ において} & f_n(x)=x^2-(n-1) \end{cases}$$
であることを仮定して
$$\begin{cases} 0\leqq x\leqq\sqrt{n} \text{ において} & 0\leqq f_{n+1}(x)\leqq 1 \\ \sqrt{n}\leqq x \text{ において} & f_{n+1}(x)=x^2-n \end{cases}$$
であることを示すわけですが，これを計算欄にでも書いてみたらよいと思います。

そうすると，仮定部分の $\sqrt{n-1}\leqq x$ を，$\sqrt{n-1}\leqq x\leqq\sqrt{n}$ と $\sqrt{n}\leqq x$ に分解して考えればよいことがすぐにわかります。

(3)では，$y=f_2(x)$，$y=f_3(x)$ のグラフに加え，$y=f_4(x)$ のグラフまで描いてみれば，何が要求されているのかを把握できると思います。

解答

(1) $f_2(x)=|f_1(x)-1|=|x^2-1|$ であるから，
$y=f_2(x)$ のグラフは右図のようになる。
このグラフを y 軸方向に -1 だけ平行移動し，

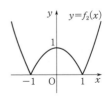

x 軸の下方にある部分を x 軸に関して折り返したものが $y=f_3(x)$ のグラフであるから，グラフは右図のようになる。

(2) $n=1$ のとき

$f_1(x)=x^2$ であるので，$0\leqq x\leqq 0$ すなわち $x=0$ において

$$0\leqq f_1(x)=0\leqq 1$$

また，$0\leqq x$ において

$$f_1(x)=x^2=x^2-(1-1)$$

ある n で

$$\begin{cases} 0\leqq x\leqq\sqrt{n-1} \text{ において} & 0\leqq f_n(x)\leqq 1 \\ \sqrt{n-1}\leqq x \text{ において} & f_n(x)=x^2-(n-1) \end{cases}$$

であると仮定すると，$0\leqq x\leqq\sqrt{n-1}$ において

$$-1\leqq f_n(x)-1\leqq 0 \qquad \therefore \quad 0\leqq|f_n(x)-1|\leqq 1$$

つまり $\qquad 0\leqq f_{n+1}(x)\leqq 1$

$\sqrt{n-1}\leqq x\leqq\sqrt{n}$ において

$$|f_n(x)-1|=|x^2-(n-1)-1|=|x^2-n|$$

であるが

$$0\leqq|x^2-n|\leqq\left|\sqrt{n-1}^2-n\right|=1$$

よって $\qquad 0\leqq|f_n(x)-1|\leqq 1$ つまり $\qquad 0\leqq f_{n+1}(x)\leqq 1$

$\sqrt{n}\leqq x$ のとき，$\sqrt{n-1}\leqq x$ だから $\qquad f_n(x)=x^2-(n-1)$

$\therefore \quad f_{n+1}(x)=|f_n(x)-1|=|x^2-(n-1)-1|=|x^2-n|=x^2-n$

以上より

$$\begin{cases} 0\leqq x\leqq\sqrt{n} \text{ において} & 0\leqq f_{n+1}(x)\leqq 1 \\ \sqrt{n}\leqq x \text{ において} & f_{n+1}(x)=x^2-n \end{cases}$$

である。

よって，数学的帰納法により題意は示された。 （証明終）

(3) $f_1(-x)=(-x)^2=x^2=f_1(x)$ より，$f_1(-x)=f_1(x)$ である。

また，ある n で $f_n(-x)=f_n(x)$ であると仮定すると

$$f_{n+1}(-x)=|f_n(-x)-1|=|f_n(x)-1|=f_{n+1}(x)$$

より $\qquad f_{n+1}(-x)=f_{n+1}(x)$

よって，数学的帰納法により，$f_n(-x)=f_n(x)$ である。

したがって，$y=f_n(x)$ のグラフは y 軸対称である。

次に, $0 \leqq x \leqq \sqrt{n-1}$ において $0 \leqq f_n(x) \leqq 1$ であり,

$\sqrt{n-1} \leqq x \leqq \sqrt{n}$ において $f_n(x) = x^2 - (n-1)$ であるから, この区間においても $0 \leqq f_n(x) \leqq 1$ である.

結局, $0 \leqq x \leqq \sqrt{n}$ において $0 \leqq f_n(x) \leqq 1$ である.

よって, $y = f_n(x)$ のグラフは右図のようになっており, これを y 軸方向に -1 だけ平行移動し, x 軸の下方の部分を x 軸に関して対称移動したものが $y = f_{n+1}(x)$ のグラフなので, $f_n(x) \leqq y \leqq 1$ で表される部分の面積が S_{n+1} となる.

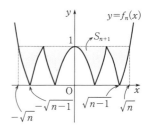

結局, $S_n + S_{n+1}$ は, 右図の網かけ部分の面積になる.

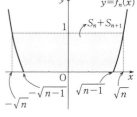

$$\therefore \quad S_n + S_{n+1}$$
$$= \int_{-\sqrt{n}}^{\sqrt{n}} \{1 - \{x^2 - (n-1)\}\} dx$$
$$\qquad + \int_{-\sqrt{n-1}}^{\sqrt{n-1}} \{x^2 - (n-1)\} dx$$
$$= -\int_{-\sqrt{n}}^{\sqrt{n}} (x + \sqrt{n})(x - \sqrt{n}) dx$$
$$\qquad + \int_{-\sqrt{n-1}}^{\sqrt{n-1}} (x + \sqrt{n-1})(x - \sqrt{n-1}) dx$$
$$= \frac{(2\sqrt{n})^3}{6} - \frac{(2\sqrt{n-1})^3}{6}$$
$$= \frac{4\{n\sqrt{n} - (n-1)\sqrt{n-1}\}}{3}$$

演習 2-9

> n 枚のカードを積んだ山があり，各カードには上から順番に 1 から n まで番号がつけられている。ただし $n \geqq 2$ とする。このカードの山に対して次の試行を繰り返す。1 回の試行では，一番上のカードを取り，山の一番上にもどすか，あるいはいずれかのカードの下に入れるという操作を行う。これら n 通りの操作はすべて同じ確率であるとする。n 回の試行を終えたとき，最初一番下にあったカード（番号 n）が山の一番上にきている確率を求めよ。 　　（京都大）

もちろん，調べる一手です。いきなり n 枚で考えるのが難しいと思うなら，具体的な場合で調べてみます。

具体的に調べてみる

$n=3$ のときを考えてみます。一番下の 3 が 1 つ上に移動していくのは，自分より下にカードが入れられたときで，次のようになります。

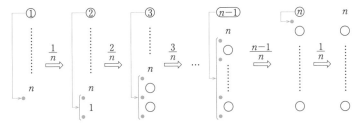

もし，上に移動し続けると $n-1$ 回の操作で一番下にあったカードは一番上にくるので，1 回だけは上に移動しないことになります。

上に移動しないのが n 回目のとき

上に移動しないのが 1 回目のとき

上に移動しないのが k 回目のとき

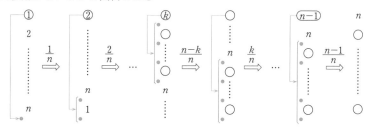

このように調べていくと，上に移動しないのが n 回目のときだけ，他のときと同じ式で表せないことがわかります。つまり，上に移動しないのが n 回目のときの確率は

$$\frac{1}{n} \cdot \frac{2}{n} \cdots \frac{n-1}{n} \cdot \frac{1}{n} = \frac{(n-1)!}{n^n}$$

と表され，上に移動しないのが k 回目 $(k=1, 2, \cdots, n-1)$ のときの確率は

$$\frac{1}{n} \cdot \frac{2}{n} \cdots \frac{k-1}{n} \cdot \frac{n-k}{n} \cdot \frac{k}{n} \cdots \frac{n-1}{n} = \frac{(n-k) \cdot (n-1)!}{n^n}$$

と表されます。あとはこれをシグマ計算してできあがりです。

解答 n 番のカードより下にカードが入れられると，n 番のカードは 1 つ上に上がる。

したがって，n 番のカードより下に $n-1$ 回カードが入れられ，残る 1 回はそうではないことになる確率を求めればよい。

・「n 番のカードより下にカードが入らない 1 回」が n 回目のときの確率は

$$\frac{1}{n} \cdot \frac{2}{n} \cdots \frac{n-1}{n} \cdot \frac{1}{n} = \frac{(n-1)!}{n^n}$$

・「n 番のカードより下にカードが入らない 1 回」が k 回目 $(k=1, 2, \cdots, n-1)$ のときの確率は

$$\frac{1}{n} \cdot \frac{2}{n} \cdots \frac{k-1}{n} \cdot \frac{n-k}{n} \cdot \frac{k}{n} \cdots \frac{n-1}{n} = \frac{(n-k) \cdot (n-1)!}{n^n}$$

よって，求める確率は

$$\frac{(n-1)!}{n^n} + \sum_{k=1}^{n-1} \frac{(n-k)(n-1)!}{n^n}$$

$$= \frac{(n-1)!}{n^n} + \frac{(n-1)!}{n^n} \cdot \frac{(n-1)(n-1+1)}{2}$$

$$= \frac{(n-1)!}{n^n}\left\{1+\frac{n(n-1)}{2}\right\}$$

$$= \frac{(n-1)!}{n^n}\cdot\frac{n^2-n+2}{2}$$

$a_k=ak+b$（k の 1 次式）は等差数列ですから，その和は台形の面積を考える要領で，$\dfrac{(\text{何項あるか})\times(\text{最初}+\text{最後})}{2}$ とします。

$$\sum_{k=l}^{m}(ak+b)=\frac{(m-l+1)(al+b+am+b)}{2}$$

最初が $al+b$ で最後が $am+b$ になっており，k は l から m まで変わるので，$m-l+1$ 個の値をとるからです。〔解答〕の計算ではこれを使って

$$\sum_{k=1}^{n-1}(n-k)=\frac{(n-1)(n-1+1)}{2}$$

としましたが

$$\sum_{k=1}^{n-1}(n-k)=\sum_{k=1}^{n-1}k$$

と変形しても構いません。シグマの式は見にくいので，展開してみれば

$$\sum_{k=1}^{n-1}(n-k)=(n-1)+(n-2)+\cdots+1$$

ですから，$\displaystyle\sum_{k=1}^{n-1}(n-k)$ は，$\displaystyle\sum_{k=1}^{n-1}k$ を後ろから並べているだけであることがわかります。

A，B，C の 3 つのチームが参加する野球の大会を開催する。以下の方式で試合を行い，2 連勝したチームが出た時点で，そのチームを優勝チームとして大会は終了する。

(a) 1 試合目で A と B が対戦する。

(b) 2 試合目で，1 試合目の勝者と，1 試合目で待機していた C が対戦する。

(c) k 試合目で優勝チームが決まらない場合は，k 試合目の勝者と，k 試合目で待機していたチームが $k+1$ 試合目で対戦する。ここで k は 2 以上の整数とする。

なお，すべての対戦において，それぞれのチームが勝つ確率は $\dfrac{1}{2}$ で，引き分けはないものとする。

(1) n を 2 以上の整数とする。ちょうど n 試合目で A が優勝する確率を求めよ。

(2) m を正の整数とする。総試合数が $3m$ 回以下で A が優勝したとき，A の最後の対戦相手が B である条件付き確率を求めよ。

(東京大)

問題文を読んだだけでは設定されている状況がよくわかりません。そこで，勝ったチームについて樹形図を描いて状況を追いかけます。

具体的に調べてみる

1 試合目	2 試合目	3 試合目	4 試合目	5 試合目	6 試合目	7 試合目	8 試合目
A(B)	A(C)			A(C)			A(C)
	C(A) —	B(C) —	A(B)	C(A) —	B(C) —	A(B)	C(A) —
B(A) —	C(B) —	A(C)	A(B)		A(C)	A(B)	
			B(A) —	C(B) —	A(C)	B(A) —	C(B) —

A が優勝する場合。( ) 内は対戦チーム名。

このように，1 試合目に A が勝ったかどうかでパターンが分かれ，1 試合目に A が勝った場合は $3k-1$（k は自然数）試合目に優勝するチャンスが訪れ，1 試合目に

A が負けた場合は $3k+1$（k は自然数）試合目に優勝するチャンスが訪れることがわかります。

解答

(1) A が優勝する場合を考える。

- 1 試合目に A が勝つとき

2 試合目は C と対戦し，勝てば優勝であり，C が勝てば 3 試合目は B が C に勝たなければならず，このとき 4 試合目は A と B が対戦し，1 試合目の状況が再現される。結局 $3k-1$（k は自然数）試合目に A が勝てば優勝できる。

- 1 試合目に B が勝つとき

同様に考えて，$3k+1$（k は自然数）試合目に A が勝てば優勝できる。

以上ですべてなので，n 試合目で A が優勝する確率は

$$\begin{cases} n \text{ が 2 以上で，} n\equiv 1,\ 2 \pmod 3 \text{ のとき} & \left(\dfrac{1}{2}\right)^n \\ n\equiv 0 \pmod 3 \text{ のとき} & 0 \end{cases}$$

(2) まず，総試合数が $3m$ 回以下で A が優勝する確率は

$$\sum_{k=1}^{m}\left(\frac{1}{2}\right)^{3k-1}+\sum_{k=1}^{m-1}\left(\frac{1}{2}\right)^{3k+1}$$

$$=2\sum_{k=1}^{m}\left(\frac{1}{8}\right)^{k}+\frac{1}{2}\sum_{k=1}^{m}\left(\frac{1}{8}\right)^{k}-\left(\frac{1}{2}\right)^{3m+1}=\frac{5}{2}\sum_{k=1}^{m}\left(\frac{1}{8}\right)^{k}-\left(\frac{1}{2}\right)^{3m+1}$$

$$=\frac{5}{2}\cdot\frac{\frac{1}{8}\left\{1-\left(\frac{1}{8}\right)^{m}\right\}}{1-\frac{1}{8}}-\left(\frac{1}{2}\right)^{3m+1}=\frac{5}{14}\left\{1-\left(\frac{1}{8}\right)^{m}\right\}-\frac{1}{2}\left(\frac{1}{8}\right)^{m}$$

$$=\frac{5}{14}-\frac{6}{7}\left(\frac{1}{8}\right)^{m}$$

このうち，A の対戦相手が B であるのは，$3k+1$ 回目に優勝する場合だから，その確率は

$$\sum_{k=1}^{m-1}\left(\frac{1}{2}\right)^{3k+1}=\frac{1}{2}\sum_{k=1}^{m-1}\left(\frac{1}{8}\right)^{k}=\frac{1}{2}\cdot\frac{\frac{1}{8}\left\{1-\left(\frac{1}{8}\right)^{m-1}\right\}}{1-\frac{1}{8}}=\frac{1}{14}\left\{1-\left(\frac{1}{8}\right)^{m-1}\right\}$$

よって，求める条件付き確率は

$$\frac{\dfrac{1}{14}\left\{1-\left(\dfrac{1}{8}\right)^{m-1}\right\}}{\dfrac{5}{14}-\dfrac{6}{7}\left(\dfrac{1}{8}\right)^{m}}=\frac{8^{m}-8}{5\cdot 8^{m}-12}$$

N を自然数とする。$N+1$ 個の箱があり，1 から $N+1$ までの番号が付いている。どの箱にも玉が 1 個入っている。番号 1 から N までの箱に入っている玉は白玉で，番号 $N+1$ の箱に入っている玉は赤玉である。次の操作($*$)を，おのおのの $k=1$, 2, $\cdots$, $N+1$ に対して，k が小さい方から順番に 1 回ずつ行う。

（$*$）　k 以外の番号の N 個の箱から 1 個の箱を選び，その箱の中身と番号 k の箱の中身を交換する。（ただし，N 個の箱から 1 個の箱を選ぶ事象は，どれも同様に確からしいとする。）

操作がすべて終了した後，赤玉が番号 $N+1$ の箱に入っている確率を求めよ。

(京都大)

まず実験をして，状況を把握します。

具体的に調べてみる

• 1 回目に番号 $N+1$ の箱と玉を交換した場合

$$
\begin{array}{cccc}
1 & 2 & \cdots\ N & N+1 \\
\bullet & \circ & \circ & \circ
\end{array}
$$

となり，その後，N 回目以前はどのように交換しても赤玉が番号 $N+1$ の箱に入ることはなく，$N+1$ 回目に赤玉が入っている箱と玉を交換すれば，操作終了後に赤玉が番号 $N+1$ の箱に入ります。

• 1 回目は番号 $N+1$ ではない箱と玉を交換し，2 回目に番号 $N+1$ の箱と玉を交換した場合

$$
\begin{array}{cccccc}
1 & 2 & \cdots\ N & N+1 & \xrightarrow{\frac{N-1}{N}} & \quad 1 & 2 & \cdots\ N & N+1 \\
\circ & \circ & \circ & \bullet & & \circ & \circ & \circ & \bullet
\end{array}
$$

$$
\xrightarrow{\frac{1}{N}}\quad
\begin{array}{ccccc}
1 & 2 & 3 & \cdots & N+1 \\
\circ & \bullet & \circ & & \circ
\end{array}
$$

となり，その後，N 回目以前はどのように交換しても赤玉が番号 $N+1$ の箱に入ることはなく，$N+1$ 回目に赤玉が入っている箱と玉を交換すれば，操作終了後に赤玉が番号 $N+1$ の箱に入ります。

結局，1 回目から N 回目のどこかで番号 $N+1$ の箱と玉を交換し，$N+1$ 回目に赤玉が入っている箱と玉を交換すればよいことがわかります。

解 答

　$N+1$ 回目に番号 $N+1$ の箱に赤玉が入っていてはならず，1 回目から N 回目のどこかで番号 $N+1$ の箱と玉を交換しなければならない。

　いったん，番号 $N+1$ の箱と玉を交換すれば，その後，N 回目以前はどのように交換しても赤玉が番号 $N+1$ の箱に入ることはなく，$N+1$ 回目に赤玉が入っている箱と玉を交換すればよい。

　k 回目 $(k=1, 2, \cdots, N)$ に初めて番号 $N+1$ の箱と玉を交換する場合，操作終了後に赤玉が番号 $N+1$ の箱に入っている確率は

$$\left(\frac{N-1}{N}\right)^{k-1} \cdot \frac{1}{N} \cdot 1^{N-k} \cdot \frac{1}{N} = \left(\frac{N-1}{N}\right)^{k-1} \cdot \frac{1}{N^2}$$

　よって，求める確率は

$$\sum_{k=1}^{N} \left(\frac{N-1}{N}\right)^{k-1} \cdot \frac{1}{N^2} = \frac{1-\left(\frac{N-1}{N}\right)^{N}}{1-\frac{N-1}{N}} \cdot \frac{1}{N^2}$$

$$= \left\{1-\left(\frac{N-1}{N}\right)^{N}\right\} \cdot \frac{1}{N}$$

　1 回目から N 回目のどこかで番号 $N+1$ の箱と玉を交換する確率を，一度も交換しない場合の余事象と考えて，次のように計算する方法もあります。

$$1-\left(\frac{N-1}{N}\right)^{N}$$

　そうすると，求める確率は

$$\left\{1-\left(\frac{N-1}{N}\right)^{N}\right\} \cdot \frac{1}{N}$$

となり，〔解答〕より楽に求めることができます。ただ，最初に浮かんだ方法が最短の方法でないのはよくあることです。それが特に複雑で時間がかかるようなやり方でない限り，その方針を貫けばよいと思います。

N を 1 以上の整数とする。数字 1, 2, $\cdots$, N が書かれたカードを 1 枚ずつ，計 N 枚用意し，甲，乙のふたりが次の手順でゲームを行う。

(ⅰ) 甲が 1 枚カードをひく。そのカードに書かれた数を a とする。ひいたカードはもとに戻す。

(ⅱ) 甲はもう 1 回カードをひくかどうかを選択する。ひいた場合は，そのカードに書かれた数を b とする。ひいたカードはもとに戻す。ひかなかった場合は，$b=0$ とする。$a+b>N$ の場合は乙の勝ちとし，ゲームは終了する。

(ⅲ) $a+b\leqq N$ の場合は，乙が 1 枚カードをひく。そのカードに書かれた数を c とする。ひいたカードはもとに戻す。$a+b<c$ の場合は乙の勝ちとし，ゲームは終了する。

(ⅳ) $a+b\geqq c$ の場合は，乙はもう 1 回カードをひく。そのカードに書かれた数を d とする。$a+b<c+d\leqq N$ の場合は乙の勝ちとし，それ以外の場合は甲の勝ちとする。

(ⅱ)の段階で，甲にとってどちらの選択が有利であるかを，a の値に応じて考える。以下の問いに答えよ。

(1) 甲が 2 回目にカードをひかないことにしたとき，甲の勝つ確率を a を用いて表せ。

(2) 甲が 2 回目にカードをひくことにしたとき，甲の勝つ確率を a を用いて表せ。ただし，各カードがひかれる確率は等しいものとする。

(東京大)

まず問題文が長いです。樹形図を描くなどして，設定されている内容を把握するようにしましょう。

具体的に調べてみる

そうして，問題文が長くて複雑でも，ひとつひとつ整理して対応することが重要です。

では，(1)の甲が 2 回目をひかない場合，つまり $b=0$ のときに甲が勝つ場合を整理してみます。

• $b=0$ のとき

$$\begin{cases} a<c \implies \text{乙の勝ち} \left(\text{確率}: \dfrac{N-a}{N}\right) \\[3mm] 1\leq c\leq a \left(\text{確率}: \dfrac{a}{N}\right) \implies \begin{cases} a<c+d\leq N \implies \text{乙の勝ち} \left(\text{確率}: \dfrac{N-a}{N}\right) \\[3mm] \text{上以外} \implies \text{甲の勝ち} \left(\text{確率}: 1-\dfrac{N-a}{N}=\dfrac{a}{N}\right) \end{cases} \end{cases}$$

　甲が勝つためには，$1\leq c\leq a$ でなければならず，この c それぞれに対して，$c+d\leq a$ または $c+d>N$ でなければなりません。

　ところが，$c+d\leq a$ または $c+d>N$，すなわち $d\leq a-c$ または $d>N-c$ を満たす d は，1, 2, $\cdots$, $a-c$ の $a-c$ 通り，または $N-c+1$, $\cdots$, N の c 通りで，合わせて a 通りになり，c の値によりません。

　結局，甲の勝つ確率は $\displaystyle\sum_{c=1}^{a} \dfrac{1}{N}\cdot\dfrac{a}{N}=\dfrac{a^2}{N^2}$ ですが，$1\leq c\leq a$ である確率が $\dfrac{a}{N}$ なので，

$\dfrac{a}{N}\cdot\dfrac{a}{N}=\dfrac{a^2}{N^2}$ のように計算することもできます。

　次に，(2)の甲が 2 回目をひく場合，つまり $b\neq 0$ のときに甲が勝つ場合を整理します。

• $b\neq 0$ のとき

$$\begin{cases} N<a+b \implies \text{乙の勝ち} \\[3mm] a+b\leq N \implies \begin{cases} a+b<c \implies \text{乙の勝ち} \\[3mm] 1\leq c\leq a+b \left(\text{確率}: \dfrac{a+b}{N}\right) \implies \end{cases} \end{cases}$$

$$\begin{cases} a+b<c+d\leq N \implies \text{乙の勝ち} \left(\text{確率}: \dfrac{N-(a+b)}{N}\right) \\[3mm] \text{上以外} \implies \text{甲の勝ち} \left(\text{確率}: \dfrac{a+b}{N}\right) \end{cases}$$

　ここで注目しなければならないのは，$a+b\leq N$ つまり $b\leq N-a$ を満たす b それぞれに対して，甲の勝つ確率が変わるということです。ですから，$b\leq N-a$ となる場合を一括りにして，その確率を $\dfrac{N-a}{N}$ としても意味がありません。

　$b\leq N-a$ を満たす，ある b がひかれる確率が $\dfrac{1}{N}$ で，このときに甲が勝つ確率は，

(1)より $\dfrac{(a+b)^2}{N^2}$ なので，$\dfrac{1}{N}\cdot\dfrac{(a+b)^2}{N^2}$ を $1\leq b\leq N-a$ の範囲でシグマ計算すると求める確率が得られます。

解答

(1) 甲が勝つのは
$$1 \leq c \leq a$$
で，かつ
$$c+d \leq a \quad \text{または} \quad c+d>N$$
つまり $\quad d \leq a-c \quad$ または $\quad d>N-c$
となるときである。

$d>N-c$ となるのは，$N-(N-c)=c$ 通りだから，$d \leq a-c$ または $d>N-c$ となる確率は
$$\frac{a-c+c}{N}=\frac{a}{N}$$
これは c の値によらないので，甲が勝つ確率は
$$\frac{a}{N} \cdot \frac{a}{N}=\frac{a^2}{N^2}$$

(2) 甲が勝つためには，$a+b \leq N$ つまり $b \leq N-a$ でなければならず，この b それぞれに対して甲の勝つ確率は，(1)より $\dfrac{(a+b)^2}{N^2}$ である。

よって，求める確率は
$$\sum_{b=1}^{N-a} \frac{1}{N} \cdot \frac{(a+b)^2}{N^2}=\frac{1}{N^3} \sum_{k=a+1}^{N} k^2 \quad (a+b=k \text{ とおく})$$
$$=\frac{1}{N^3}\left(\sum_{k=1}^{N} k^2 - \sum_{k=1}^{a} k^2\right)$$
$$=\frac{1}{N^3}\left\{\frac{N(N+1)(2N+1)}{6}-\frac{a(a+1)(2a+1)}{6}\right\}$$
$$=\frac{N(N+1)(2N+1)-a(a+1)(2a+1)}{6N^3}$$

(1) 乙が勝つ確率を考える。

- $a<c$ である確率は $\dfrac{N-a}{N}$

- $a\geqq c$ のとき，d は $a<c+d\leqq N$ つまり $a-c<d\leqq N-c$ であればよいので，$N-c-(a-c)=N-a$ 通りの出方がある。

  よって，d が $a-c<d\leqq N-c$ を満たす確率は $\dfrac{N-a}{N}$ で，c によらない。

  $a\geqq c$ である確率が $\dfrac{a}{N}$ だから $\dfrac{a}{N}\cdot\dfrac{N-a}{N}$

  よって，甲が勝つ確率は $1-\dfrac{N-a}{N}-\dfrac{a}{N}\cdot\dfrac{N-a}{N}=\dfrac{a^2}{N^2}$

(2) 乙が勝つ確率を考える。

- $a+b>N$ つまり $b>N-a$ のとき $\dfrac{a}{N}$

- $a+b\leqq N$ つまり $1\leqq b\leqq N-a$ のとき，甲が勝つ確率は，(1)より $\dfrac{(a+b)^2}{N^2}$ だから，乙が勝つ確率は $1-\dfrac{(a+b)^2}{N^2}$

  $1\leqq b\leqq N-a$ を満たす，ある b がひかれる確率が $\dfrac{1}{N}$ だから，乙が勝つ確率は

$$\sum_{b=1}^{N-a}\frac{1}{N}\left\{1-\frac{(a+b)^2}{N^2}\right\}$$

$$=\frac{N-a}{N}-\frac{1}{N^3}\sum_{k=a+1}^{N}k^2$$

$$=\frac{N-a}{N}-\frac{1}{N^3}\left\{\frac{N(N+1)(2N+1)}{6}-\frac{a(a+1)(2a+1)}{6}\right\}$$

よって，甲が勝つ確率は

$$1-\frac{a}{N}-\frac{N-a}{N}+\frac{1}{N^3}\left\{\frac{N(N+1)(2N+1)}{6}-\frac{a(a+1)(2a+1)}{6}\right\}$$

$$=\frac{1}{N^3}\left\{\frac{N(N+1)(2N+1)}{6}-\frac{a(a+1)(2a+1)}{6}\right\}$$

$$=\frac{N(N+1)(2N+1)-a(a+1)(2a+1)}{6N^3}$$

　図のように，正三角形を9つの部屋に辺で区切り，部屋P，Q を定める。1つの球が部屋 P を出発し，1秒ごとに，そのままその部屋にとどまることなく，辺を共有する隣の部屋に等確率で移動する。球が n 秒後に部屋 Q にある確率を求めよ。

（東京大）

　非常に複雑そうですが，調べてみれば，奇数秒後に球が存在する部屋と，偶数秒後に球が存在する部屋の2種類があることに気づきます。そして，Q は偶数秒後に球が存在する部屋に属していますから，$2k$ 秒後についてのみ漸化式を作って追いかけていけばよいことがわかります。

具体的に調べてみる

　まず右図のように部屋の名前を R，1，2，3，4，5，6 と付けます。

　1秒後には1，2，3のいずれかに移動し，次に1からは P に移動するしかなく，2からは P または Q に移動し，3からは P または R に移動する…と追いかけていけば，奇数秒後には1，2，3，4，5，6に移動し，偶数秒後には P，Q，R に移動することがわかります。

　したがって，n 秒後に球が Q にある確率を q_n とすると，$q_{2k-1}=0$ であり，q_{2k} については漸化式を作って考えます。

　$2k$ 秒後に球が P にあるとき，$2(k+1)$ 秒後に球が Q にあるためには，P→2→Q と進むしかなく，その確率は $\frac{1}{3}\cdot\frac{1}{2}=\frac{1}{6}$ です。R から Q の移動も同様です。

　$2k$ 秒後に球が Q にあるとき，$2(k+1)$ 秒後に球が Q にあるためには，Q→2→Q，Q→4→Q，Q→5→Q

のいずれかの動きをすることになり，その確率は $\frac{1}{3}\cdot\frac{1}{2}\times2+\frac{1}{3}\cdot1=\frac{2}{3}$ です。

　よって，n 秒後に P，R に球がある確率を p_n，r_n として，漸化式は次のようになります。

$$q_{2(k+1)}=\frac{1}{6}p_{2k}+\frac{2}{3}q_{2k}+\frac{1}{6}r_{2k}=\frac{1}{6}(p_{2k}+r_{2k})+\frac{2}{3}q_{2k}$$

$$=\frac{1}{6}(1-q_{2k})+\frac{2}{3}q_{2k}=\frac{1}{2}q_{2k}+\frac{1}{6}$$

以下，これを解いてできあがりですが，このような操作の問題では0回操作後，つ

まり操作前を考えると計算が少し楽になることがあります。

この問題であれば $q_0=0$ として上の漸化式は $k\geqq0$ で成立するので，ほんの少し得をします。つまり

$$q_{2(k+1)}-\frac{1}{3}=\frac{1}{2}\left(q_{2k}-\frac{1}{3}\right) \quad \cdots\cdots(*)$$

$$q_{2k}-\frac{1}{3}=\left(q_2-\frac{1}{3}\right)\left(\frac{1}{2}\right)^{k-1}=-\frac{1}{3}\left(\frac{1}{2}\right)^k \qquad \therefore \quad q_{2k}=\frac{1}{3}-\frac{1}{3}\left(\frac{1}{2}\right)^k$$

とするよりも，（*）以下を

$$q_{2k}-\frac{1}{3}=\left(q_0-\frac{1}{3}\right)\left(\frac{1}{2}\right)^k=-\frac{1}{3}\left(\frac{1}{2}\right)^k$$

とする方が得だということです。

解答　右図のように R を定める。n が奇数のとき，球は P，Q，R 以外のいずれかにあり，n が偶数のときは P，Q，R のいずれかにあると考えられる。

これは $n=1$ のときに正しい。

また，$n=2k-1$ のときに球が P，Q，R 以外のいずれかにあるとすれば，$n=2k$ のときには球が P，Q，R のいずれかにあり，$n=2k+1$ のときには球が P，Q，R 以外のいずれかにある。

よって，数学的帰納法により，上の予想は正しい。

ここで，n 秒後に球が P，Q，R にある確率をそれぞれ p_n，q_n，r_n とおくと，$q_{2k-1}=0$ であり，q_{2k} の漸化式は次のようになる。

$$q_{2(k+1)}=\frac{1}{6}p_{2k}+\frac{2}{3}q_{2k}+\frac{1}{6}r_{2k}=\frac{1}{6}(1-q_{2k})+\frac{2}{3}q_{2k}$$

$$=\frac{1}{2}q_{2k}+\frac{1}{6}$$

これは $q_0=0$ として，$k\geqq0$ で成立するので

$$q_{2(k+1)}-\frac{1}{3}=\frac{1}{2}\left(q_{2k}-\frac{1}{3}\right)$$

$$q_{2k}-\frac{1}{3}=\left(q_0-\frac{1}{3}\right)\left(\frac{1}{2}\right)^k=-\frac{1}{3}\left(\frac{1}{2}\right)^k \qquad \therefore \quad q_{2k}=\frac{1}{3}-\frac{1}{3}\left(\frac{1}{2}\right)^k$$

よって，求める確率は

$$\begin{cases} n \text{が奇数のとき} & 0 \\ n \text{が偶数のとき} & \dfrac{1}{3}-\dfrac{1}{3}\left(\dfrac{1}{2}\right)^{\frac{n}{2}} \end{cases}$$

2つの関数を

$$f_0(x) = \frac{x}{2}, \quad f_1(x) = \frac{x+1}{2}$$

とおく。$x_0 = \frac{1}{2}$ から始め，各 $n=1, 2, \cdots$ について，それぞれ確率 $\frac{1}{2}$ で

$x_n = f_0(x_{n-1})$ または $x_n = f_1(x_{n-1})$ と定める。このとき，$x_n < \frac{2}{3}$ となる確率 P_n

を求めよ。

(京都大)

$$x_n = \frac{x_{n-1}}{2} \quad \text{または} \quad x_n = \frac{x_{n-1}+1}{2}$$

ということは，ある x はその前の x の半分になるか，その前の x と1との真ん中に移るということで，このイメージを図示してみると下のようになります。

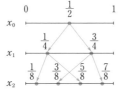

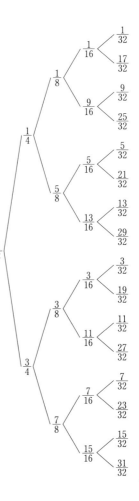

しかし，これではこの後どうなっていくのかを追いかけることが難しくなります。そこで調べ方を変えて，具体的な数字を書き出してみることにしましょう。一つの調べ方で行き詰まれば，別の調べ方を探すことも重要です。

具体的に調べてみる

右図のあたりまで調べてみると，x_n の分母は 2^{n+1} で，分子には1から $2^{n+1}-1$ の奇数 2^n 個がすべて現れるのではないかという状況が見えてきます。まず，これを数学的帰納法で示しましょう。

次に，x_n として現れる $\frac{2k-1}{2^{n+1}}$ $(k=1, 2, \cdots, 2^n)$ は，

どれも $\frac{1}{2^n}$ の確率で現れますから，$x_n < \frac{2}{3}$ となるのは，

大体 $\frac{2}{3}$ ぐらいの確率になると予想しつつ，$\frac{2k-1}{2^{n+1}}$

$< \frac{2}{3}$ となる自然数 k の個数を調べます。

$$\frac{2k-1}{2^{n+1}} < \frac{2}{3} \quad \therefore \quad k < \frac{1}{2} + \frac{2^{n+1}}{3} \quad \cdots\cdots(*)$$

これにおいて，2^{n+1} を 3 で割った余りが n の偶奇により 2 になったり 1 になったりするので，（＊）を満たす自然数 k の個数が変わることに注意します。

演習編

解答　右図のように調べていくと，x_1 は $\dfrac{1}{2}$ の確率で $\dfrac{1}{4}$ か

$\dfrac{3}{4}$ になり，x_2 は $\dfrac{1}{4}$ の確率で $\dfrac{1}{8}$，$\dfrac{3}{8}$，$\dfrac{5}{8}$，$\dfrac{7}{8}$ になる

ことが確認できる。これを一般化して，x_n は $\dfrac{1}{2^n}$ の確

率で $\dfrac{2k-1}{2^{n+1}}$（$k=1,\ 2,\ \cdots,\ 2^n$）になると予想される。

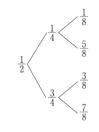

これは $n=1$ のときに正しく，また，ある n で正しいと仮定すると，

$\dfrac{2k-1}{2^{n+1}}$ は $\dfrac{1}{2^n}\cdot\dfrac{1}{2}=\dfrac{1}{2^{n+1}}$ の確率で $\dfrac{2k-1}{2^{n+2}}$（$k=1,\ 2,\ \cdots,\ 2^n$）または

$\dfrac{\dfrac{2k-1}{2^{n+1}}+1}{2}=\dfrac{2(2^n+k)-1}{2^{n+2}}$（$2^n+k=2^n+1,\ 2^n+2,\ \cdots,\ 2^{n+1}$）になるから，

数学的帰納法により，上の予想は正しい。

したがって，$\dfrac{2k-1}{2^{n+1}}<\dfrac{2}{3}$ を満たす自然数 k の個数 A を調べて，$\dfrac{A}{2^n}$ が

求める確率になる。

ここで　　$\dfrac{2k-1}{2^{n+1}}<\dfrac{2}{3}$　　$k<\dfrac{1+\dfrac{2^{n+2}}{3}}{2}$　　$\therefore$　$k<\dfrac{1}{2}+\dfrac{2^{n+1}}{3}$

であるが，$2^{n+1}\equiv(-1)^{n+1}\ (\mathrm{mod}\ 3)$ だから

$$2^{n+1}=\begin{cases}3l+1 & (n\ \text{が奇数のとき})\\ 3l+2 & (n\ \text{が偶数のとき})\end{cases}\quad (l\ \text{は自然数})$$

と表せる。よって

・n が奇数のとき　　$k<\dfrac{1}{2}+\dfrac{2^{n+1}}{3}=\dfrac{1}{2}+\dfrac{3l+1}{3}=l+\dfrac{5}{6}$

　　これを満たす自然数 k の個数は　　$l=\dfrac{2^{n+1}-1}{3}$

・n が偶数のとき　　$k<\dfrac{1}{2}+\dfrac{2^{n+1}}{3}=\dfrac{1}{2}+\dfrac{3l+2}{3}=l+\dfrac{7}{6}$

　　これを満たす自然数 k の個数は　　$l+1=\dfrac{2^{n+1}-2}{3}+1=\dfrac{2^{n+1}+1}{3}$

以上より，求める確率は

　　n が奇数のとき，$P_n=\dfrac{2^{n+1}-1}{3\cdot2^n}$，　n が偶数のとき，$P_n=\dfrac{2^{n+1}+1}{3\cdot2^n}$

どの目も出る確率が $\dfrac{1}{6}$ のさいころを 1 つ用意し，次のように左から順に文字を書く。

　さいころを投げ，出た目が 1，2，3 のときは文字列 AA を書き，4 のときは文字 B を，5 のときは文字 C を，6 のときは文字 D を書く。さらに繰り返しさいころを投げ，同じ規則に従って，AA，B，C，D をすでにある文字列の右側につなげて書いていく。

　たとえば，さいころを 5 回投げ，その出た目が順に 2，5，6，3，4 であったとすると，得られる文字列は

　　　　AACDAAB

となる。このとき，左から 4 番目の文字が D，5 番目の文字は A である。

(1)　n を正の整数とする。n 回さいころを投げ，文字列を作るとき，文字列の左から n 番目の文字が A となる確率を求めよ。

(2)　n を 2 以上の整数とする。n 回さいころを投げ，文字列を作るとき，文字列の左から $n-1$ 番目の文字が A で，かつ n 番目の文字が B となる確率を求めよ。

（東京大）

　漸化式を「解く」「使う」「作る」という 3 つの要素のうち，「作る」技術が問われています。この問題では，n 番目から $n+1$ 番目へのつながりを考えて漸化式を作る方法と，最初に AA が出るか B，C，D が出るかで場合分けして漸化式を作る方法の 2 通りの方法が考えられます。どちらの方法でも漸化式を作れるようになっておきましょう。

　　　　漸化式の問題では，「使う」技術と「作る」技術を磨いておく

　どちらの方法を採用するかですが，n 番目から $n+1$ 番目へのつながりを考える方法では，n 番目が 1 個目の A なのか 2 個目の A なのかで場合分けをしなければならないので，〔解答〕では，最初に AA が出るか B，C，D が出るかで場合分けする方法を選びました。

　しかし，この方法では(2)につながらず，結局 n 番目から $n+1$ 番目へのつながりを考えるはめになり，二度手間になってしまいます。

　ただ，実際(2)のことまで考えて(1)を解く方法を選ぶことはできないので，(1)で(2)に

つながる方法を選ばなかったとしても，その場合はまた最初からやり直すのが現実的でしょう。意地になって(1)と(2)をつなげようとすると，時間の無駄になってしまいます。

解　答

(1) n 番目の文字が A である確率を p_n とする。

右図より

$$p_{n+2} = \frac{1}{2} p_n + \frac{1}{2} p_{n+1}$$

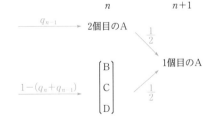

$$\therefore \begin{cases} p_{n+2} + \dfrac{1}{2} p_{n+1} = p_{n+1} + \dfrac{1}{2} p_n \\ p_{n+2} - p_{n+1} = -\dfrac{1}{2}(p_{n+1} - p_n) \end{cases}$$

これと $p_1 = \dfrac{1}{2}$，$p_2 = \dfrac{1}{2} + \dfrac{1}{2} \cdot \dfrac{1}{2} = \dfrac{3}{4}$ より

$$\begin{cases} p_{n+1} + \dfrac{1}{2} p_n = p_2 + \dfrac{1}{2} p_1 = \dfrac{3}{4} + \dfrac{1}{2} \cdot \dfrac{1}{2} = 1 \\ p_{n+1} - p_n = (p_2 - p_1) \cdot \left(-\dfrac{1}{2}\right)^{n-1} = \left(-\dfrac{1}{2}\right)^{n+1} \end{cases}$$

$$\therefore \quad p_n = \frac{2}{3}\left\{1 - \left(-\frac{1}{2}\right)^{n+1}\right\}$$

(2) A は必ず 2 個連続で出るので，n 番目が 1 個目の A である確率を q_n とする。

n 番目が 2 個目の A であるためには，$n-1$ 番目が 1 個目の A でなければならず，その確率は q_{n-1} だから，$p_n = q_n + q_{n-1}$ となる。

上図より

$$q_{n+1} = q_{n-1} \cdot \frac{1}{2} + \{1 - (q_n + q_{n-1})\} \cdot \frac{1}{2} \quad (n \geqq 2)$$

$$= \frac{1}{2} - \frac{1}{2} q_n \quad \cdots\cdots (\ast)$$

$q_1 = \dfrac{1}{2}$, $q_2 = \dfrac{1}{2} \cdot \dfrac{1}{2} = \dfrac{1}{4}$ だから，（＊）は $n=1$ のときも表す。

したがって，（＊）は

$$q_{n+1} - \frac{1}{3} = -\frac{1}{2}\left(q_n - \frac{1}{3}\right)$$

$$q_n - \frac{1}{3} = \left(q_1 - \frac{1}{3}\right)\left(-\frac{1}{2}\right)^{n-1} = -\frac{1}{3}\left(-\frac{1}{2}\right)^n$$

$$\therefore \quad q_n = \frac{1}{3} - \frac{1}{3}\left(-\frac{1}{2}\right)^n$$

$n-1$ 番目が 2 個目の A である確率は q_{n-2} $(n \geqq 3)$ だから，求める確率は

$$q_{n-2} \cdot \frac{1}{6} = \frac{1}{18}\left\{1 - \left(-\frac{1}{2}\right)^{n-2}\right\}$$

1 番目が 2 個目の A である確率は 0 $(= q_0)$ なので，これは $n=2$ のときも表す。

n^3-7n+9 が素数となるような整数 n をすべて求めよ。　　　　　　　（京都大）

整数 n の 3 次式が素数になる条件など，誰も知りません。ですから，問われている内容がどういうことなのかを調べてみます。決して「知りません」と言って諦めてはいけないのです。

　　　　　知らないことを問われたら，その意味を調べる効果的な方法を探す

　この問題では，n を 2 で割った余りで類別して考えてみると，n^3-7n+9 はいつでも奇数になり，次に，n を 3 で割った余りで類別して考えてみると，どうなるだろうかといった具合に，調べていくことで状況を把握することができます。

　3 で割った余りを調べてみると，n を 3 で割って割り切れるときも，3 で割って 1 余るときも，3 で割って 2 余るときも，どの場合も n^3-7n+9 が 3 の倍数になることがわかります。

　3 の倍数のうち素数は 3 しかありませんから，n^3-7n+9 が 3 になるような n を調べればよいことがわかります。これで方針が立ちました。

解答

$n \equiv 0 \pmod 3$ のとき　　$n^3-7n+9 \equiv 0 \pmod 3$

$n \equiv 1 \pmod 3$ のとき　　$n^3-7n+9 \equiv 0 \pmod 3$

$n \equiv 2 \pmod 3$ のとき　　$n^3-7n+9 \equiv 0 \pmod 3$

　いずれの場合も n^3-7n+9 は 3 の倍数になるが，3 の倍数のうち素数は 3 に限られる。よって

$$n^3-7n+9=3 \qquad n^3-7n+6=0$$
$$(n-1)(n-2)(n+3)=0$$

　したがって　　$n=1,\ 2,\ -3$

　実際，これは京大の問題としては簡単ですが，知識をアウトプットすることが問題を解くことだと思っている人にとっては難しいのです。

　まず，調べてみることにより状況を把握し，そして解答を作るという

　　　　　　「調べる」→「状況把握」→「一般化」

が解法のはじめであることを知りましょう。

n を 1 以上の整数とする。

(1) n^2+1 と $5n^2+9$ の最大公約数 d_n を求めよ。

(2) $(n^2+1)(5n^2+9)$ は整数の 2 乗にならないことを示せ。

(東京大)

144＝12^2＝$(2^2 \cdot 3)^2$＝$2^4 \cdot 3^2$ のように，整数の 2 乗の形で表される数を平方数と言い，各素因数の指数は偶数になります。

k，l を互いに素な整数とし，kl が平方数のとき，k も l も平方数になります。それはたとえば k が素因数 p をもったとすると，l は素因数 p をもたず，p の指数は偶数になるので，k がもつ素因数の指数はすべて偶数になるからです。

もう 1 点確認しておきます。

「素数 p で割ったときの余りについての議論が行き詰まれば，p^2，p^3，…で割った余りを考える」は重要事項です。実際には「奇数，偶数の議論が行き詰まれば，4 で割ったときの余りを考える」ということを知っていれば，ほぼ大丈夫です。4 で割ったときの余りが，1，3 になるのが奇数で，4 で割ったときの余りが 0，2 になるのが偶数です。つまり，奇数，偶数をそれぞれ 2 分割してより詳しく調べようとする作業が，4 で割ったときの余りを調べるという作業になっているということです。

解答

(1) $5n^2+9=5(n^2+1)+4$

と変形できるから，ユークリッドの互除法により，d_n は n^2+1 と 4 の最大公約数と等しい。

・n が偶数のとき，n^2+1 は奇数だから
$$d_n=1$$

・n が奇数のとき，$n=2k-1$（k は自然数）とおけて
$$n^2+1=(2k-1)^2+1=4(k^2-k)+2$$

と表されるので，n^2+1 は 2 の倍数ではあるが，4 の倍数ではない。

∴ $d_n=2$

以上より

$$d_n=\begin{cases} 2 & (n \text{ が奇数のとき}) \\ 1 & (n \text{ が偶数のとき}) \end{cases}$$

(2) $(n^2+1)(5n^2+9)$ が整数の2乗になるとする。

- n が偶数のとき

   n^2+1, $5n^2+9$ は互いに素だから，n^2+1 は平方数となり，$n^2+1=k^2$（k は自然数）と表される。

   このとき　　$k^2-n^2=1$　　$(k+n)(k-n)=1$

   $k+n$（$\geqq 2$）が1の約数になり矛盾。

- n が奇数のとき

   $d_n=2$ より，l, m を自然数として

   $$\begin{cases} n^2+1=2l^2 \\ 5n^2+9=2m^2 \end{cases}$$

   と表せる。n を消去して

   $$4=2m^2-10l^2 \qquad \therefore \quad 2=m^2-5l^2 \quad\cdots\cdots(*)$$

   ここで，$(2k)^2=4k^2$, $(2k-1)^2=4(k^2-k)+1$ より，m^2, l^2 を4で割った余りは0または1になり，これをどのように組み合せても m^2-5l^2 を4で割った余りは2にはならない。$(*)$ はこの結論と矛盾する。

   以上，いずれの場合も矛盾が生じるので，$(n^2+1)(5n^2+9)$ は整数の2乗にはならない。　　　　　　　　　　　　　　　　　　（証明終）

$(*)$ 以下は，5を法として考える方法もあります。

別解

   $2=m^2-5l^2$ より　　$m^2=5l^2+2$

   これより，m^2 を5で割ったときの余りは2になる。

   ところで，m^2 を5で割ったときの余りを実際に調べると

m	0	1	2	3	4
m^2	0	1	4	4	1

   のようになり，m^2 を5で割ったときの余りは2にはならない。これは矛盾である。

   （以下，〔解答〕と同じ）

演習編

素数 p, q を用いて
$$p^q + q^p$$
と表される素数をすべて求めよ。　　　　　　　　　　　　（京都大）

　もちろん「素数 p, q を用いて $p^q + q^p$ と表される素数」などは誰も知りません。だから調べる一手です。

「調べる」→「状況把握」→「一般化」

　まず，2以外の素数はすべて奇数ですから，p も q も2でないとすると，$p^q + q^p$ は偶数です。そうすると，$p^q + q^p$ は2より大きい偶数の素数だということになりますが，このようなことはないので，p, q のどちらか一方は2です。

　そこでまず $q=2$ としてみましょう。すると，$p^q + q^p = p^2 + 2^p$ が素数であるために，$p \neq 2$ ですから p は奇数です。そうすると，p が3でなければ，$p^2 + 2^p$ は3の倍数になってしまいます。3以外の素数はすべて $p \equiv \pm 1 \pmod 3$ であり，$p^2 \equiv 1$, $2^p \equiv 2 \pmod 3$ となるからです。これも適さないので，$p=3$ と確定します。

解答　　$p \neq 2$, $q \neq 2$ とすると，p, q はともに奇数になり，$p^q + q^p$ は偶数になる。偶数の素数は2に限られるので，$p^q + q^p = 2$ となる。しかし，$p^q + q^p > 2$ だから，これはありえない。

　よって，p, q のいずれかは2なので，まず $q=2$ として $p^2 + 2^p$ が素数になるための p の条件を考える。

　$p=2$ は，$2^2 + 2^2 = 8$ となり，不適。

　$p=3$ は，$3^2 + 2^3 = 17$ となり，条件を満たす。

　$p>3$ とすると，素数 p は3の倍数ではないので
$$p \equiv \pm 1 \pmod 3$$
このとき，$p^2 \equiv 1 \pmod 3$ となり，また p は奇数だから
$$2^p \equiv 2 \pmod 3$$
よって　　$p^2 + 2^p \equiv 0 \pmod 3$

　したがって，$p^2 + 2^p$ が素数になるのは $p^2 + 2^p = 3$ のときに限られるが，$p^2 + 2^p > 3$ より，これはありえない。

　結局，$p^2 + 2^p$ が素数になる p は3に限られる。

　以上より，求める素数は $3^2 + 2^3 = \mathbf{17}$ に限られる。

演習 **2-19**

実数 a に対して，a を超えない最大の整数を $[a]$ で表す。10000 以下の正の整数 n で $[\sqrt{n}]$ が n の約数となるものは何個あるか。　　　　　（東京工業大）

「$[\sqrt{n}]$ が n の約数となる」と言われても見当もつきません。ということは，調べる一手です。

具体的に調べてみる

$[\sqrt{1}]=1$ ……○
$[\sqrt{2}]=1$ ……○
$[\sqrt{3}]=1$ ……○
$[\sqrt{4}]=2$ ……○
$[\sqrt{5}]=2$ ……×
$[\sqrt{6}]=2$ ……○
$[\sqrt{7}]=2$ ……×
$[\sqrt{8}]=2$ ……○
$[\sqrt{9}]=3$ ……○
$\vdots$

このように調べていくと，$[\sqrt{k^2}]=k$ は k^2 の約数になっており，次に $[\sqrt{(k+1)^2}]$ $=k+1$ は $(k+1)^2$ の約数になっています。それでは k^2 と $(k+1)^2$ の間には条件を満たす整数がどのくらいあるのでしょうか。

$[\sqrt{9}]=3$ と $[\sqrt{16}]=4$ の間，つまり，$9<n<16$ では $[\sqrt{n}]=3$ ですから，3 が約数になる n，つまり，3 の倍数を探せばよく，12 と 15 が条件を満たします。

$[\sqrt{16}]=4$ と $[\sqrt{25}]=5$ の間，つまり，$16<n<25$ では 20，24 が条件を満たし，

$[\sqrt{25}]=5$ と $[\sqrt{36}]=6$ の間，つまり，$25<n<36$ では 30 と 35 が条件を満たします。

このように考えていくと，$k^2<n<(k+1)^2$ には k の倍数が 2 個しかないのではないかと予想されます。実際，k^2 の次の k の倍数は $k(k+1)$ であり，その次は $k(k+2)=k^2+2k<k^2+2k+1=(k+1)^2$ ですから，確かにそうなっていることがわかります。

$[\sqrt{n^2}]=n$ は n^2 の約数，つまり n^2 は n の倍数であり，

$[\sqrt{(n+1)^2}]=n+1$ は $(n+1)^2$ の約数，つまり $(n+1)^2$ は $n+1$ の倍数である。

ここで，$n^2<k<(n+1)^2$ のとき，$[\sqrt{k}]=n$ となるから，n^2 と $(n+1)^2$ の間にある n の倍数を考える。

$$n^2<n^2+n=n(n+1)<n(n+2)=n^2+2n<n^2+2n+1=(n+1)^2$$

であり

$$n(n+3)-(n+1)^2=n-1\geqq0$$

$$\therefore \quad (n+1)^2\leqq n(n+3)$$

であるから

$$n^2<n(n+1)<n(n+2)<(n+1)^2\leqq n(n+3)$$

よって，n^2 と $(n+1)^2$ の間にある n の倍数は $n(n+1)$，$n(n+2)$ の 2 つだけである。

以上より，$[\sqrt{1}]=[\sqrt{1^2}]$，$[\sqrt{2^2}]$，$[\sqrt{3^2}]$，$\cdots$，$[\sqrt{100^2}]=[\sqrt{10000}]$ の間に 2 個ずつ条件を満たす n があるので，求める個数は

$$100+2\cdot99=\mathbf{298}\ \text{個}$$

正の整数 n に対して

$$S_n = \sum_{k=1}^{n} \frac{1}{k}$$

とおき，1 以上 n 以下のすべての奇数の積を A_n とする。

(1) $\log_2 n$ 以下の最大の整数を N とするとき，$2^N A_n S_n$ は奇数の整数であることを示せ。

(2) $S_n = 2 + \dfrac{m}{20}$ となる正の整数の組 (n, m) をすべて求めよ。

(3) 整数 a と $0 \leqq b < 1$ を満たす実数 b を用いて
$$A_{20} S_{20} = a + b$$
と表すとき，b の値を求めよ。

(大阪大)

(1)では与えられている設定が複雑ですが，シグマの式を展開した式で書くなどして，見やすくしたうえで意味を探ることが大切です。

シグマの式は見にくい

また(2)では，一見して(2)の方程式を解くために(1)が関係しているとは思われないので，(1)とは無関係に解いていくことになります。もちろん，一般的には解けそうにないので，$n=1$ のとき，$n=2$ のとき，…と具体的に考えていきます。そうする中で，$n=6$ が唯一の答えだとわかりますが，$n \geqq 7$ では，$S_n = 2 + \dfrac{m}{20}$ を $20S_n = 40 + m$ と変形したときの $20S_n$ が整数にならないことを示すところが難しいのです。実は，(1)がこのための誘導だったわけですが，このことに気づかなければ相当の難問です。

小問の流れを読む

とはいえ，(3)は(1)，(2)と無関係の問題です。面倒ではあるものの，考えやすい問題なので，正確に処理したいところです。ただ，(2)で手こずると心理的に(3)には進みにくく，普段からこういった長い問題に慣れておく必要があります。

解答

(1) $\log_2 n$ 以下の最大の整数が N のとき
$$N \leqq \log_2 n < N+1 \qquad \therefore \quad 2^N \leqq n < 2^{N+1}$$
まず
- n が奇数のとき

$$2^N A_n S_n = 2^N \cdot 1 \cdot 3 \cdot 5 \cdot \cdots \cdot n \cdot \left(\frac{1}{1} + \frac{1}{2} + \frac{1}{3} + \cdots + \frac{1}{n} \right)$$

・n が偶数のとき

$$2^N A_n S_n = 2^N \cdot 1 \cdot 3 \cdot 5 \cdot \cdots \cdot (n-1) \cdot \left(\frac{1}{1} + \frac{1}{2} + \frac{1}{3} + \cdots + \frac{1}{n} \right)$$

である。

$1 \leq k \leq n$ として $2^N A_n \cdot \dfrac{1}{k}$ を考えると，k の 2 以外の素因数は A_n と

で約分される。

また，$k = 2^N$ のとき，$2^N A_n \cdot \dfrac{1}{k} = 2^N A_n \cdot \dfrac{1}{2^N} = A_n$ は奇数であるが，

2^N 以外の k のとき，k に含まれる素因数 2 の個数が $N-1$ 以下なので，

$2^N A_n \cdot \dfrac{1}{k}$ は偶数である。

よって，$2^N A_n S_n$ は奇数の整数である。　　　　　　　　　　　（証明終）

(2) $S_n = 2 + \dfrac{m}{20}$ つまり $20 \left(\dfrac{1}{1} + \dfrac{1}{2} + \cdots + \dfrac{1}{n} \right) = 40 + m$ の右辺は整数だか

ら，左辺が整数になるような n を考える。

・$n = 1$，2 のとき，左辺は整数になるが，$m < 0$ となり不適。

・$n = 3$ のとき，3 が 20 の約数ではないので左辺は整数にならず，$n = 4$，

5 のときも左辺は整数にならない。

・$n = 6$ のとき，$20 \left(\dfrac{1}{1} + \dfrac{1}{2} + \dfrac{1}{3} + \dfrac{1}{4} + \dfrac{1}{5} + \dfrac{1}{6} \right) = 49$ は整数。

　よって，$20 \cdot S_6 = 40 + m$ すなわち $49 = 40 + m$ を満たす m は 9 である。

・$n = 7$ のとき，左辺は $20 S_7 = 20 S_6 + \dfrac{20}{7}$ であり，$20 S_6$ が整数だから

$20 S_7$ は整数ではない。

　このように考えていくと，$n \geq 8$ では $20 S_n$ は整数にならない，すなわ

ち，$S_n = 2 + \dfrac{m}{20}$ が成立しないと推測される。以下，これを示す。

　$n \geq 8$ つまり $n \geq 2^3$ では $N \geq 3$ であるから，

$2^N A_n \left(2 + \dfrac{m}{20} \right) = 2^N A_n \left(2 + \dfrac{m}{2^2 \cdot 5} \right)$ は偶数である。

　一方，(1)より，$2^N A_n S_n$ は奇数であるから，$2^N A_n S_n \neq 2^N A_n \left(2 + \dfrac{m}{20} \right)$

つまり $S_n \neq 2 + \dfrac{m}{20}$ となる。

　以上より，求める組は $(n, m) = \mathbf{(6, 9)}$ に限られる。

(3) $x>0$ の小数部分を $\{x\}$ と表すことにする。

$$\{A_{20}S_{20}\}=\left\{1\cdot3\cdot5\cdot\cdots\cdot19\cdot\left(\frac{1}{1}+\frac{1}{2}+\frac{1}{3}+\frac{1}{4}+\cdots+\frac{1}{20}\right)\right\}$$

$$=\left\{1\cdot3\cdot5\cdot\cdots\cdot19\cdot\left(\frac{1}{2}+\frac{1}{4}+\cdots+\frac{1}{20}\right)\right\}$$

$$=\left\{\frac{1}{2}\cdot1\cdot3\cdot5\cdot\cdots\cdot19\cdot\left(\frac{1}{1}+\frac{1}{2}+\cdots+\frac{1}{10}\right)\right\}$$

$$=\left\{\frac{1}{2}\cdot1\cdot3\cdot5\cdot\cdots\cdot19\cdot\left(\frac{1}{1}+\frac{1}{3}+\frac{1}{5}+\frac{1}{7}+\frac{1}{9}\right)\right.$$

$$\left.+\frac{1}{2}\cdot1\cdot3\cdot5\cdot\cdots\cdot19\cdot\left(\frac{1}{2}+\frac{1}{4}+\frac{1}{6}+\frac{1}{8}+\frac{1}{10}\right)\right\}$$

ここで，$1\cdot3\cdot5\cdot\cdots\cdot19\cdot\left(\dfrac{1}{1}+\dfrac{1}{3}+\dfrac{1}{5}+\dfrac{1}{7}+\dfrac{1}{9}\right)$ は奇数だから

$$\left\{\frac{1}{2}\cdot1\cdot3\cdot5\cdot\cdots\cdot19\cdot\left(\frac{1}{1}+\frac{1}{3}+\frac{1}{5}+\frac{1}{7}+\frac{1}{9}\right)\right\}=\frac{1}{2}$$

$$\therefore\quad\{A_{20}S_{20}\}=\left\{\frac{1}{2}+\frac{1}{4}\cdot1\cdot3\cdot5\cdot\cdots\cdot19\cdot\left(\frac{1}{1}+\frac{1}{2}+\frac{1}{3}+\frac{1}{4}+\frac{1}{5}\right)\right\}$$

$$=\left\{\frac{1}{2}+\frac{1}{4}\cdot1\cdot3\cdot5\cdot\cdots\cdot19\cdot\left(\frac{1}{1}+\frac{1}{3}+\frac{1}{5}\right)\right.$$

$$\left.+\frac{1}{8}\cdot1\cdot3\cdot5\cdot\cdots\cdot19+\frac{1}{16}\cdot1\cdot3\cdot5\cdot\cdots\cdot19\right\}$$

$$=\left\{\frac{1}{2}+\frac{1}{4}\cdot7\cdot9\cdot11\cdot\cdots\cdot19\cdot(3\cdot5+5+3)\right.$$

$$\left.+\frac{1}{8}\cdot1\cdot3\cdot5\cdot\cdots\cdot19+\frac{1}{16}\cdot1\cdot3\cdot5\cdot\cdots\cdot19\right\}$$

ここで

$$7\cdot9\cdot11\cdot13\cdot15\cdot17\cdot19\cdot(3\cdot5+5+3)$$

$$\equiv(-1)\cdot1\cdot(-1)\cdot1\cdot(-1)\cdot1\cdot(-1)\cdot3\quad(\bmod\,4)$$

$$\equiv3\quad(\bmod\,4)$$

より $\left\{\dfrac{1}{4}\cdot7\cdot9\cdot11\cdot\cdots\cdot19\cdot(3\cdot5+5+3)\right\}=\dfrac{3}{4}$

$$1\cdot3\cdot5\cdot7\cdot9\cdot11\cdot13\cdot15\cdot17\cdot19\equiv3\quad(\bmod\,8)$$

より $\left\{\dfrac{1}{8}\cdot1\cdot3\cdot5\cdot\cdots\cdot19\right\}=\dfrac{3}{8}$

$$1\cdot3\cdot5\cdot7\cdot9\cdot11\cdot13\cdot15\cdot17\cdot19\equiv3\quad(\bmod\,16)$$

より $\left\{\dfrac{1}{16}\cdot1\cdot3\cdot5\cdot\cdots\cdot19\right\}=\dfrac{3}{16}$

よって $\{A_{20}S_{20}\}=\left\{\dfrac{1}{2}+\dfrac{3}{4}+\dfrac{3}{8}+\dfrac{3}{16}\right\}=\left\{\dfrac{29}{16}\right\}=\dfrac{13}{16}$ $\quad\therefore\ b=\dfrac{13}{16}$

演習 2-21

次の問に答えよ。

(1) n を正の整数, $a=2^n$ とする。3^a-1 は 2^{n+2} で割り切れるが 2^{n+3} では割り切れないことを示せ。

(2) m を正の偶数とする。3^m-1 が 2^m で割り切れるならば $m=2$ または $m=4$ であることを示せ。

(京都大)

(1)で「3^a-1 は素因数 2 をいくつもつか？」と問われたら必死で考えるしかありませんが，結論が与えられているので「確かにそうですね」と答えればよいのです。

　　　　　　　　結論が与えられているときは自ら作り出す必要はない

つまり，$3^{2^n}-1=2^{n+2}k$ （k は奇数）と表されることを数学的帰納法で示せばよいのです。

(2)では(1)を使うことを考えます。まず，m が偶数と書いてあるので，$m=2^n l$ （l は奇数）とおいてみましょう。次に，(1)の結論は $3^{2^n}-1=2^{n+2}k$ （k は奇数）と表されるということであり，これと(2)の条件を並べて書いてみましょう。

$$3^{2^n}-1=2^{n+2}k \quad (k \text{ は奇数})$$
$$3^{2^n l}-1 \text{ は } 2^{2^n l} \text{ (} l \text{ は奇数) で割り切れる}$$

すると，$a^n-b^n=(a-b)(a^{n-1}+a^{n-2}b+\cdots+ab^{n-2}+b^{n-1})$ の因数分解を用いて，(1)が使える形になることが見え，解決に近づきます。

　　　　　　　　与えられている条件と，目標を並べて書いてみる

解答

(1) $n=1$ のとき，$3^2-1=8$ は 2^3 で割り切れるが 2^4 では割り切れない。

また，ある n で $3^{2^n}-1=2^{n+2}k$ （k は奇数）と表されると仮定すると

$$3^{2^{n+1}}-1=(3^{2^n})^2-1=(2^{n+2}k+1)^2-1$$
$$=2^{2n+4}k^2+2^{n+3}k$$
$$=2^{n+3}(2^{n+1}k^2+k)$$

ここで，k は奇数なので，$2^{n+1}k^2+k$ も奇数である。

よって，$3^{2^{n+1}}-1$ は 2^{n+3} で割り切れるが 2^{n+4} では割り切れない。

したがって，数学的帰納法により，題意は示された。　　　（証明終）

(2) $m=2^n l$ （n, l は自然数で，l は奇数）とおくと

$$3^m-1=3^{2^n l}-1$$

$$= (3^{2^n} - 1)\{(3^{2^n})^{l-1} + (3^{2^n})^{l-2} + \cdots + 3^{2^n} + 1\}$$
$$= 2^{n+2} k\{(3^{2^n})^{l-1} + \cdots + 1\} \quad (k \text{ は奇数}) \quad (\because \ (1))$$

と表される。

ここで，$(3^{2^n})^{l-1} + \cdots + 1$ は，奇数を l（奇数）個足しているから奇数であり，$3^m - 1$ が $2^m \ (= 2^{2^n l})$ で割り切れるならば

$$n + 2 \geqq 2^n l \quad \cdots\cdots (*)$$

でなければならない。

- $n = 1,\ 2$ のとき，$l = 1$ として $(*)$ は成立する。
- $n = 3$ のとき，$2^3 l \geqq 2^3 > 5$ より，$n + 2 < 2^n l$ であり，3 以上のある n で $n + 2 < 2^n l$ であると仮定すると

$$2^{n+1} l - (n+3) = 2 \cdot 2^n l - n - 3$$
$$> 2(n+2) - n - 3 \quad (\because \ 仮定)$$
$$= n + 1 > 0$$

よって，数学的帰納法により，$n \geqq 3$ で $n + 2 < 2^n l$ である。

以上より，$(*)$ が成立するのは，$(n,\ l) = (1,\ 1),\ (2,\ 1)$，つまり $m = 2$，4 のときに限られることが示された。 （証明終）

a, b を自然数とし，不等式

$$\left| \frac{a}{b} - \sqrt{7} \right| < \frac{2}{b^4} \quad \cdots\cdots(A)$$

を考える。次の問いに答えよ。ただし，$2.645 < \sqrt{7} < 2.646$ であること，$\sqrt{7}$ が無理数であることを用いてよい。

(1) 不等式(A)を満たし $b \geqq 2$ である自然数 a，b に対して

$$\left| \frac{a}{b} + \sqrt{7} \right| < 6$$

であることを示せ。

(2) 不等式(A)を満たす自然数 a，b の組のうち，$b \geqq 2$ であるものをすべて求めよ。

（大阪大）

$b \geqq 2$ のとき，$\dfrac{2}{b^4}$ は正の小さな数ですから，$\left| \dfrac{a}{b} - \sqrt{7} \right| < \dfrac{2}{b^4}$ $\cdots\cdots(A)$ を満たすとき，

$\dfrac{a}{b}$ は $\sqrt{7}$ 付近の数です。$\left| \dfrac{a}{b} + \sqrt{7} \right| < 6$ を満たすというのが(1)であり，この誘導に乗って，(A)と(1)を使って(2)を考えることになります。

小問の流れを読む

使い方は

$$\frac{2a}{b} = \left| \left(\frac{a}{b} - \sqrt{7} \right) + \left(\frac{a}{b} + \sqrt{7} \right) \right| \leqq \left| \frac{a}{b} - \sqrt{7} \right| + \left| \frac{a}{b} + \sqrt{7} \right| < \frac{2}{b^4} + 6$$

や

$$\left| \left(\frac{a}{b} \right)^2 - 7 \right| = \left| \frac{a}{b} - \sqrt{7} \right| \left| \frac{a}{b} + \sqrt{7} \right| < \frac{2}{b^4} \cdot 6 \quad \cdots\cdots(*)$$

のように，$\sqrt{7}$ の根号がなくなるような方法が有力ですが，このままではいずれのやり方も決定打になりません。そこで，$(*)$ の両辺に b^2 をかけて

$$|a^2 - 7b^2| < \frac{12}{b^2}$$

とすれば，左辺は整数で右辺は小さい正の数なので，条件が絞られることが期待できます。

(1) (A)を満たし，$b \geqq 2$ のとき

$$\left| \frac{a}{b} - \sqrt{7} \right| < \frac{2}{b^4} \leqq \frac{1}{8}$$

$$\therefore \quad \sqrt{7} - \frac{1}{8} < \frac{a}{b} < \sqrt{7} + \frac{1}{8} < 2.646 + 0.125 < 3$$

これより　$\left| \dfrac{a}{b} + \sqrt{7} \right| = \dfrac{a}{b} + \sqrt{7} < 3 + 2.646 < 6$

よって，示された。　　　　　　　　　　　　　　　　　　（証明終）

(2) $\left| \dfrac{a}{b} - \sqrt{7} \right| < \dfrac{2}{b^4}$ より

$$|a - \sqrt{7}\,b| < \frac{2}{b^3} \quad \cdots\cdots①$$

これを満たし，$b \geqq 2$ のとき

$$\left| \frac{a}{b} + \sqrt{7} \right| < 6 \quad (\because \ (1))$$

$$\therefore \quad |a + \sqrt{7}\,b| < 6b \quad \cdots\cdots②$$

①，②より

$$|a - \sqrt{7}\,b||a + \sqrt{7}\,b| < \frac{2}{b^3} \cdot 6b$$

$$\therefore \quad |a^2 - 7b^2| < \frac{12}{b^2}$$

・$b = 2$ のとき

$$|a^2 - 28| < 3 \quad \therefore \quad 25 < a^2 < 31$$

これを満たす自然数 a は存在しない。

・$b = 3$ のとき

$$|a^2 - 63| < \frac{4}{3}$$

$a^2 - 63$ は整数なので

$$|a^2 - 63| \leqq 1 \quad \therefore \quad 62 \leqq a^2 \leqq 64$$

これを満たす自然数 a は 8 に限られる。

・$b \geqq 4$ のとき

$$|a^2 - 7b^2| < \frac{12}{b^2} \leqq \frac{3}{4}$$

$a^2 - 7b^2$ は整数なので　$|a^2 - 7b^2| = 0$

つまり，$a^2 = 7b^2$ に限られるが，素因数 7 の個数に注目すると，左辺には 7 が偶数個含まれ，右辺には 7 が奇数個含まれる。これは素因数分

解の一意性に矛盾するから，$a^2 = 7b^2$ を満たす自然数 a, b は存在しない。
以上より，求める a, b は $(a, b) = (8, 3)$ に限られる。

注意事項です。$(8 + 3\sqrt{7})^n = a_n + b_n\sqrt{7}$ （a_n, b_n は自然数）とおくと，
$(8 - 3\sqrt{7})^n = a_n - b_n\sqrt{7}$ と表せて，この両辺を b_n で割ると

$$\frac{a_n}{b_n} - \sqrt{7} = \frac{(8 - 3\sqrt{7})^n}{b_n} = \frac{1}{b_n(8 + 3\sqrt{7})^n}$$

であり

$$\lim_{n \to \infty} \frac{1}{b_n(8 + 3\sqrt{7})^n} = 0$$

ですから，$\dfrac{a_n}{b_n}$ は，いくらでも $\sqrt{7}$ のよい近似になりうるという話は，$p.55$ のペル
方程式のところで説明しました。与えられた式の形を見て，それと関係があるように
思えます。

しかし，$\dfrac{a_n}{b_n} - \sqrt{7} = \dfrac{1}{b_n(8 + 3\sqrt{7})^n} = \dfrac{1}{b_n(a_n + b_n\sqrt{7})}$ が 0 に収束するより，$\dfrac{2}{b_n{}^4}$ の
方がもっと速いスピードで 0 に収束するので，$b \geqq 2$ で(A)を満たす a, b が限定されて
いたのです。すなわち，$\left| \dfrac{a}{b} - \sqrt{7} \right| < （小さい数）$ を満たす a, b なら無数に選べる
のですが，不等式の右辺も動いていて，しかも b の増加に伴いすごい勢いで 0 に近づ
いていくという状況下では a, b が限定されるという話だったのです。

知識は必要ですが，それに結びつけようとする発想は思考を限定してしまうおそれ
があるので，できるだけ素直に問題を読むことを心がけてください。

k を正の実数とする。座標空間において，原点 O を中心とする半径 1 の球面上の 4 点 A，B，C，D が次の関係式を満たしている。

$$\overrightarrow{OA} \cdot \overrightarrow{OB} = \overrightarrow{OC} \cdot \overrightarrow{OD} = \frac{1}{2},$$

$$\overrightarrow{OA} \cdot \overrightarrow{OC} = \overrightarrow{OB} \cdot \overrightarrow{OC} = -\frac{\sqrt{6}}{4},$$

$$\overrightarrow{OA} \cdot \overrightarrow{OD} = \overrightarrow{OB} \cdot \overrightarrow{OD} = k$$

このとき，k の値を求めよ。ただし，座標空間の点 X，Y に対して，$\overrightarrow{OX} \cdot \overrightarrow{OY}$ は，$\overrightarrow{OX}$ と $\overrightarrow{OY}$ の内積を表す。 （京都大）

与えられている条件を一目見ただけでは，状況が把握できません。とすれば，調べる一手です。

まず，$\overrightarrow{OA} \cdot \overrightarrow{OB} = \overrightarrow{OC} \cdot \overrightarrow{OD} = \frac{1}{2}$ より，$\angle \mathrm{AOB} = \angle \mathrm{COD} = \frac{\pi}{3}$ がわかります。

次に，$\overrightarrow{OA} \cdot \overrightarrow{OC} = \overrightarrow{OB} \cdot \overrightarrow{OC} = -\frac{\sqrt{6}}{4}$ より，$\angle \mathrm{AOC} = \angle \mathrm{BOC}$ であることと，これらが鈍角であることがわかりますが，これは一体何を意味しているのでしょうか。

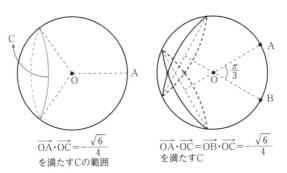

$\overrightarrow{OA} \cdot \overrightarrow{OC} = -\dfrac{\sqrt{6}}{4}$
を満たす C の範囲

$\overrightarrow{OA} \cdot \overrightarrow{OC} = \overrightarrow{OB} \cdot \overrightarrow{OC} = -\dfrac{\sqrt{6}}{4}$
を満たす C

見やすい方向から見る

図を描いて考えることになりますが，4 点に動かれると困るので，最初にするべきことは A，B を固定することです。できるだけシンプルに $\angle \mathrm{AOB} = \frac{\pi}{3}$ となるように設定しましょう。たとえば，A，B を xy 平面上に x 軸対称にとるのはいいアイデアです。これに対して

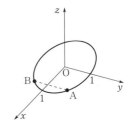

∠AOC＝∠BOC を満たすように C を決めようとすると，C が xz 平面上にあることが見えてきます。

そこで，再度 $\overrightarrow{OA}\cdot\overrightarrow{OC}=\overrightarrow{OB}\cdot\overrightarrow{OC}$ を見れば，

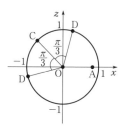

$(\overrightarrow{OA}-\overrightarrow{OB})\cdot\overrightarrow{OC}=0$ すなわち，C が AB の垂直二等分平面上の点であることが確認できます。

$\overrightarrow{OA}\cdot\overrightarrow{OD}=\overrightarrow{OB}\cdot\overrightarrow{OD}$ より，D も xz 平面上の点であり，これと $\overrightarrow{OA}\cdot\overrightarrow{OC}=-\dfrac{\sqrt{6}}{4}$，$\angle COD=\dfrac{\pi}{3}$ から C，D が決められそうです。

解答　$\overrightarrow{OA}\cdot\overrightarrow{OB}=\dfrac{1}{2}$ より

$$|\overrightarrow{OA}||\overrightarrow{OB}|\cos\angle AOB=\dfrac{1}{2}\qquad\therefore\quad \cos\angle AOB=\dfrac{1}{2}$$

よって，$\angle AOB=\dfrac{\pi}{3}$ であるから，$A\left(\dfrac{\sqrt{3}}{2},\ \dfrac{1}{2},\ 0\right)$，$B\left(\dfrac{\sqrt{3}}{2},\ -\dfrac{1}{2},\ 0\right)$ とおく。

$\overrightarrow{OA}\cdot\overrightarrow{OC}=\overrightarrow{OB}\cdot\overrightarrow{OC}$ より

$$(\overrightarrow{OA}-\overrightarrow{OB})\cdot\overrightarrow{OC}=0\qquad\therefore\quad \overrightarrow{BA}\cdot\overrightarrow{OC}=0$$

これより，C は AB の垂直二等分平面上，すなわち xz 平面上にあるので，$C(x,\ 0,\ z)$ とおく。

$\overrightarrow{OA}\cdot\overrightarrow{OC}=-\dfrac{\sqrt{6}}{4}$ より

$$\dfrac{\sqrt{3}}{2}x=-\dfrac{\sqrt{6}}{4}\qquad\therefore\quad x=-\dfrac{\sqrt{2}}{2}$$

また，$|\overrightarrow{OC}|=1$ より　　$z=\pm\dfrac{\sqrt{2}}{2}$

$z=\dfrac{\sqrt{2}}{2}$ のときで考えてよく　　$C\left(-\dfrac{\sqrt{2}}{2},\ 0,\ \dfrac{\sqrt{2}}{2}\right)$

$\overrightarrow{OA}\cdot\overrightarrow{OD}=\overrightarrow{OB}\cdot\overrightarrow{OD}$ より，D も xz 平面上にあり，$\overrightarrow{OC}\cdot\overrightarrow{OD}=\dfrac{1}{2}$ より，$\angle COD=\dfrac{\pi}{3}$ となるから，D は xz 平面上で C を原点の周りに $\dfrac{\pi}{3}$ または $-\dfrac{\pi}{3}$ 回転した点になる。さらに $\overrightarrow{OA}\cdot\overrightarrow{OD}=k>0$ より，後者であることがわかる。

複素数平面と対応させ，$C = -\dfrac{\sqrt{2}}{2} + \dfrac{\sqrt{2}}{2}i$ とおくと

$$D = \left(-\dfrac{\sqrt{2}}{2} + \dfrac{\sqrt{2}}{2}i\right)\left(\dfrac{1}{2} - \dfrac{\sqrt{3}}{2}i\right) = \dfrac{\sqrt{2}}{4}\{-1 + \sqrt{3} + (1 + \sqrt{3})i\}$$

$$= \dfrac{-\sqrt{2} + \sqrt{6}}{4} + \dfrac{\sqrt{2} + \sqrt{6}}{4}i$$

よって　$D = \left(\dfrac{-\sqrt{2} + \sqrt{6}}{4},\ 0,\ \dfrac{\sqrt{2} + \sqrt{6}}{4}\right)$

$$\therefore\quad k = \overrightarrow{OA} \cdot \overrightarrow{OD} = \dfrac{\sqrt{3}}{2} \cdot \dfrac{-\sqrt{2} + \sqrt{6}}{4} = \dfrac{-\sqrt{6} + 3\sqrt{2}}{8}$$

　ベクトルの回転は次のようにすることもできます。C は

$$\left(-\dfrac{\sqrt{2}}{2},\ 0,\ \dfrac{\sqrt{2}}{2}\right) = \left(\cos\dfrac{3\pi}{4},\ 0,\ \sin\dfrac{3\pi}{4}\right)$$

とおけて，D は

$$\left(\cos\left(\dfrac{3\pi}{4} - \dfrac{\pi}{3}\right),\ 0,\ \sin\left(\dfrac{3\pi}{4} - \dfrac{\pi}{3}\right)\right)$$

$$= \left(\cos\dfrac{3\pi}{4}\cos\dfrac{\pi}{3} + \sin\dfrac{3\pi}{4}\sin\dfrac{\pi}{3},\ 0,\ \sin\dfrac{3\pi}{4}\cos\dfrac{\pi}{3} - \cos\dfrac{3\pi}{4}\sin\dfrac{\pi}{3}\right)$$

$$= \left(-\dfrac{\sqrt{2}}{2} \cdot \dfrac{1}{2} + \dfrac{\sqrt{2}}{2} \cdot \dfrac{\sqrt{3}}{2},\ 0,\ \dfrac{\sqrt{2}}{2} \cdot \dfrac{1}{2} + \dfrac{\sqrt{2}}{2} \cdot \dfrac{\sqrt{3}}{2}\right)$$

$$= \left(\dfrac{-\sqrt{2} + \sqrt{6}}{4},\ 0,\ \dfrac{\sqrt{2} + \sqrt{6}}{4}\right)$$

　一般に，$(a,\ b) = r(\cos\alpha,\ \sin\alpha)$ を原点の周りに θ 回転すると

$$r(\cos(\alpha + \theta),\ \sin(\alpha + \theta))$$

$$= r(\cos\alpha\cos\theta - \sin\alpha\sin\theta,\ \sin\alpha\cos\theta + \cos\alpha\sin\theta)$$

$$= (a\cos\theta - b\sin\theta,\ a\sin\theta + b\cos\theta)$$

となります。

　これは $a(\cos\theta,\ \sin\theta) + b(-\sin\theta,\ \cos\theta)$ と変形することができ，$(\cos\theta,\ \sin\theta)$，$(-\sin\theta,\ \cos\theta)$ は，それぞれ $(1,\ 0)$，$(0,\ 1)$ を原点のまわりに θ 回転したベクトルです。つまり，$(a,\ b) = a(1,\ 0) + b(0,\ 1)$ を考えるときの x 軸，y 軸を形成する基本ベクトル $(1,\ 0)$，$(0,\ 1)$ 自体を θ 回転しているということです。

　また，$D(p,\ 0,\ q)$ とおき，$\overrightarrow{OC} \cdot \overrightarrow{OD} = \dfrac{1}{2}$，$|\overrightarrow{OD}| = 1$ より，$-\dfrac{\sqrt{2}}{2}p + \dfrac{\sqrt{2}}{2}q = \dfrac{1}{2}$，$p^2 + q^2 = 1$ として，これを解いても大した計算ではありません。

平面上に原点 O を外心とする △ABC があり

$$7\overrightarrow{OA}+x\overrightarrow{OB}+y\overrightarrow{OC}=\vec{0}$$

が成り立っているとする。ただし $x>0$, $y>0$ とする。点 A を通り直線 OA に垂直な直線を l とする。直線 l は直線 BC と交わるとし，その交点を D とする。このとき点 C は線分 BD 上にあるとする。∠ADB の 2 等分線と辺 AB，辺 AC との交点をそれぞれ P，Q とする。

(1)　AP＝AQ であることを証明せよ。

(2)　△APQ が正三角形となる整数 x, y の組をすべて求めよ。

(3)　△ABC と △APQ の面積をそれぞれ S_1，S_2 とする。(2)で求めた x, y のうち，$x+y$ が最大になるものについて，$\dfrac{S_2}{S_1}$ を求めよ。

（京都府立医科大）

(1)では，「AP＝AQ とは ∠APQ＝∠AQP＝∠CQD つまり △DAP∽△DCQ」と，結論に働きかけることが大切です。

迎えに来てもらう

(2)では，すでに △APQ が二等辺三角形であることがわかっているので，この三角形が正三角形であるための条件は ∠PAQ＝$\dfrac{\pi}{3}$ ですが，与えられている条件から $\overrightarrow{OB}$ と $\overrightarrow{OC}$ の内積が求められるので，∠PAQ＝$\dfrac{\pi}{3}$ を ∠BOC＝$\dfrac{2\pi}{3}$ と書きかえれば解決です。

ここまででもかなりの計算量になっているので，(3)は(1)，(2)を使って簡単に処理できるのではないかと期待させられてしまいます。ところがそうではなく，さらに相当な量の計算が要求されます。

ただ，S_1，S_2 の比を求めるには線分の比を求めるしかなく，それには D が l と BC の交点である条件を使うしかありません。その他に，接弦定理や方べきの定理といった幾何の知識を使うことにも心理的負担があるかもしれませんが，「目標」と「使える条件」を整理しつつ対応してください。

幾何の知識を錆びないようにしておくとともに，処理すべき計算の分量が多い問題にもめげない精神的タフさを養っておきましょう。

解答

(1) △DAP と △DCQ について，接弦定理より

$$\angle DAP = \angle DCQ$$

PD は ∠ADB の二等分線だから

$$\angle ADP = \angle CDQ$$

よって，△DAP∽△DCQ であり

$$\angle APD = \angle CQD$$

つまり，∠APQ=∠AQP であるから，AP=AQ である。(証明終)

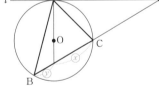

(2) △APQ が正三角形となるとき

$$\angle PAQ = \frac{\pi}{3} \qquad \therefore \quad \angle BOC = \frac{2\pi}{3}$$

$7\overrightarrow{OA} + x\overrightarrow{OB} + y\overrightarrow{OC} = \vec{0}$ より $\qquad x\overrightarrow{OB} + y\overrightarrow{OC} = -7\overrightarrow{OA}$

両辺の絶対値の 2 乗を考えて

$$x^2|\overrightarrow{OB}|^2 + y^2|\overrightarrow{OC}|^2 + 2xy\overrightarrow{OB}\cdot\overrightarrow{OC} = 49|\overrightarrow{OA}|^2$$

以下，$|\overrightarrow{OA}| = |\overrightarrow{OB}| = |\overrightarrow{OC}| = 1$ として考えてよく

$$x^2 + y^2 + 2xy\cos\frac{2\pi}{3} = 49$$

すなわち $\qquad x^2 + y^2 - xy = 49 \qquad \therefore \quad x(x-y) + y^2 = 49 \quad \cdots\cdots ①$

ここで，$7\overrightarrow{OA} + x\overrightarrow{OB} + y\overrightarrow{OC} = \vec{0}$ より

$$\frac{x\overrightarrow{OB} + y\overrightarrow{OC}}{x + y} = -\frac{7\overrightarrow{OA}}{x + y}$$

よって，AO の延長と BC との交点が BC を内分する比は $y:x$ となり，線分 BD 上に C があることより

$$x > y$$

よって，$x(x-y) > 0$ だから，① より，$y = 1,\ 2,\ 3,\ 4,\ 5,\ 6$ に限られる。

- $y=1$ とすると $\qquad x(x-1) = 48$ $\qquad$ これを満たす整数 x は存在しない。
- $y=2$ とすると $\qquad x(x-2) = 45$ $\qquad$ これを満たす整数 x は存在しない。
- $y=3$ とすると $\qquad x(x-3) = 40$ $\qquad \therefore \quad x=8$
- $y=4$ とすると $\qquad x(x-4) = 33$ $\qquad$ これを満たす整数 x は存在しない。
- $y=5$ とすると $\qquad x(x-5) = 24$ $\qquad \therefore \quad x=8$
- $y=6$ とすると $\qquad x(x-6) = 13$ $\qquad$ これを満たす整数 x は存在しない。

以上より $\qquad (x,\ y) = (8,\ 3),\ (8,\ 5)$

(3) $x+y$ が最大になるのは，$(x, y)=(8, 5)$ のときである。

$\dfrac{S_2}{S_1}=\dfrac{\mathrm{AP}}{\mathrm{AB}}\cdot\dfrac{\mathrm{AQ}}{\mathrm{AC}}$ であるが，P，Q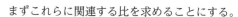
は $\angle\mathrm{ADB}$ の二等分線上の点である
から

$$\dfrac{\mathrm{AP}}{\mathrm{BP}}=\dfrac{\mathrm{AD}}{\mathrm{BD}}, \quad \dfrac{\mathrm{AQ}}{\mathrm{CQ}}=\dfrac{\mathrm{AD}}{\mathrm{CD}}$$

まずこれらに関連する比を求めることにする。

$\overrightarrow{\mathrm{OD}}=(1-t)\overrightarrow{\mathrm{OB}}+t\overrightarrow{\mathrm{OC}}$ とおくとき，$\overrightarrow{\mathrm{OD}}\cdot\overrightarrow{\mathrm{OA}}=|\overrightarrow{\mathrm{OA}}|^2=1$ より

$$\{(1-t)\overrightarrow{\mathrm{OB}}+t\overrightarrow{\mathrm{OC}}\}\cdot\overrightarrow{\mathrm{OA}}=1$$

$\therefore \quad (1-t)\overrightarrow{\mathrm{OA}}\cdot\overrightarrow{\mathrm{OB}}+t\overrightarrow{\mathrm{OA}}\cdot\overrightarrow{\mathrm{OC}}=1$ ……②

ここで，$7\overrightarrow{\mathrm{OA}}+8\overrightarrow{\mathrm{OB}}+5\overrightarrow{\mathrm{OC}}=\vec{0}$ より

$$\overrightarrow{\mathrm{OA}}=-\dfrac{8\overrightarrow{\mathrm{OB}}+5\overrightarrow{\mathrm{OC}}}{7}$$

これを②に代入して

$$-(1-t)\cdot\dfrac{8\overrightarrow{\mathrm{OB}}+5\overrightarrow{\mathrm{OC}}}{7}\cdot\overrightarrow{\mathrm{OB}}-t\cdot\dfrac{8\overrightarrow{\mathrm{OB}}+5\overrightarrow{\mathrm{OC}}}{7}\cdot\overrightarrow{\mathrm{OC}}=1$$

これを整理して

$$-(1-t)\Big(8-\dfrac{5}{2}\Big)-t(-4+5)=7$$

$$\Big(\because \quad |\overrightarrow{\mathrm{OB}}|=|\overrightarrow{\mathrm{OC}}|=1, \ \overrightarrow{\mathrm{OB}}\cdot\overrightarrow{\mathrm{OC}}=1\cdot1\cdot\cos\dfrac{2\pi}{3}=-\dfrac{1}{2}\Big)$$

すなわち $\quad -11(1-t)-2t=14 \qquad t=\dfrac{25}{9}$

$\therefore \quad \overrightarrow{\mathrm{OD}}=\dfrac{-16\overrightarrow{\mathrm{OB}}+25\overrightarrow{\mathrm{OC}}}{9}$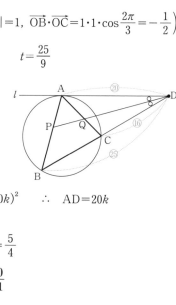

これより

$$\mathrm{BD}:\mathrm{CD}=25:16$$

よって，$(\mathrm{BD}, \mathrm{CD})=(25k, 16k)$
とおけて，方べきの定理より

$$\mathrm{AD}^2=\mathrm{BD}\cdot\mathrm{CD}=25\cdot16k^2=(20k)^2 \qquad \therefore \quad \mathrm{AD}=20k$$

以上より

$$\dfrac{\mathrm{AP}}{\mathrm{BP}}=\dfrac{20}{25}=\dfrac{4}{5}, \quad \dfrac{\mathrm{AQ}}{\mathrm{CQ}}=\dfrac{20}{16}=\dfrac{5}{4}$$

$\therefore \quad \dfrac{S_2}{S_1}=\dfrac{\mathrm{AP}}{\mathrm{AB}}\cdot\dfrac{\mathrm{AQ}}{\mathrm{AC}}=\dfrac{4}{9}\cdot\dfrac{5}{9}=\dfrac{\mathbf{20}}{\mathbf{81}}$

原点 O を中心とする 1 つの円周上に相異なる 4 点 A_0, B_0, C_0, D_0 をとる。A_0, B_0, C_0, D_0 の位置ベクトルをそれぞれ $\vec{a}$, $\vec{b}$, $\vec{c}$, $\vec{d}$ と書く。

(1) $\triangle B_0C_0D_0$, $\triangle C_0D_0A_0$, $\triangle D_0A_0B_0$, $\triangle A_0B_0C_0$ の重心をそれぞれ A_1, B_1, C_1, D_1 とする。このとき，この 4 点は同一円周上にあることを示し，その円の中心 P_1 の位置ベクトル $\overrightarrow{OP_1}$ を $\vec{a}$, $\vec{b}$, $\vec{c}$, $\vec{d}$ で表せ。

(2) 4 点 A_1, B_1, C_1, D_1 に対し上と同様に A_2, B_2, C_2, D_2 を定め，A_2, B_2, C_2, D_2 を通る円の中心を P_2 とする。以下，同様に P_3, P_4, … を定める。$\overrightarrow{P_nP_{n+1}}$ を $\vec{a}$, $\vec{b}$, $\vec{c}$, $\vec{d}$ で表せ。

(3) $\lim_{n\to\infty}|P_nQ|=0$ を満たす点 Q の位置ベクトルを $\vec{a}$, $\vec{b}$, $\vec{c}$, $\vec{d}$ で表せ。ただし，$|P_nQ|$ は線分 P_nQ の長さである。

(京都大)

演習編

(1)で $\overrightarrow{OP_1}=\dfrac{\vec{a}+\vec{b}+\vec{c}+\vec{d}}{3}$ が見えるということが何よりも大事です。

見える範囲を広げる

(2)ではまず，「O を中心とする円周上に A_0, B_0, C_0, D_0 があり，このうちの 3 点でできる三角形の重心 A_1, B_1, C_1, D_1 は P_1 を中心とする同一円周上にあること」と，「P_1 を中心とする円周上に A_1, B_1, C_1, D_1 があり，このうちの 3 点でできる三角形の重心 A_2, B_2, C_2, D_2 は P_2 を中心とする同一円周上にあること」は同様の内容であると気づく必要があります。したがって，$\overrightarrow{OP_1}=\dfrac{\overrightarrow{OA_0}+\overrightarrow{OB_0}+\overrightarrow{OC_0}+\overrightarrow{OD_0}}{3}$ であるならば，$\overrightarrow{P_1P_2}=\dfrac{\overrightarrow{P_1A_1}+\overrightarrow{P_1B_1}+\overrightarrow{P_1C_1}+\overrightarrow{P_1D_1}}{3}$ です。

次に，$\overrightarrow{OP_1}$ と $\overrightarrow{P_1P_2}$ の関係は一般化できること，つまり，この関係は $\overrightarrow{P_nP_{n+1}}$ と $\overrightarrow{P_{n+1}P_{n+2}}$ の関係と同じであることが見えなければなりません。

解答 (1) $\overrightarrow{OA_1}=\dfrac{\vec{b}+\vec{c}+\vec{d}}{3}$, $\overrightarrow{OB_1}=\dfrac{\vec{a}+\vec{c}+\vec{d}}{3}$, $\overrightarrow{OC_1}=\dfrac{\vec{a}+\vec{b}+\vec{d}}{3}$,

$\overrightarrow{OD_1}=\dfrac{\vec{a}+\vec{b}+\vec{c}}{3}$ であり，はじめの円の半径を r とおくと

$$\left|\frac{\vec{a}+\vec{b}+\vec{c}+\vec{d}}{3}-\overrightarrow{OA_1}\right|=\left|\frac{\vec{a}}{3}\right|=\frac{r}{3}$$

等となるから，$\overrightarrow{OP_1}=\dfrac{\vec{a}+\vec{b}+\vec{c}+\vec{d}}{3}$ と

なる P_1 をとれば，A_1，B_1，C_1，D_1 は

P_1 を中心とする半径 $\dfrac{r}{3}$ の円周上にあ

る。　　　　　　　　　　　　　　（証明終）

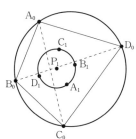

(2)　(1)と同様にして

$$\overrightarrow{P_1P_2}=\dfrac{\overrightarrow{P_1A_1}+\overrightarrow{P_1B_1}+\overrightarrow{P_1C_1}+\overrightarrow{P_1D_1}}{3}$$

$$=\dfrac{1}{3}\left(\overrightarrow{OA_1}+\overrightarrow{OB_1}+\overrightarrow{OC_1}+\overrightarrow{OD_1}-4\overrightarrow{OP_1}\right)$$

$$=\dfrac{1}{3}\left(\vec{a}+\vec{b}+\vec{c}+\vec{d}-4\overrightarrow{OP_1}\right)$$

$$=-\dfrac{1}{3}\overrightarrow{OP_1}$$

$O=P_0$ とおくと，$\overrightarrow{P_1P_2}=-\dfrac{1}{3}\overrightarrow{P_0P_1}$ となる

が，この関係は一般に成り立つので

$$\overrightarrow{P_{n+1}P_{n+2}}=-\dfrac{1}{3}\overrightarrow{P_nP_{n+1}}$$

$$\therefore\ \ \overrightarrow{P_nP_{n+1}}=\left(-\dfrac{1}{3}\right)^n\overrightarrow{P_0P_1}=-\left(-\dfrac{1}{3}\right)^{n+1}(\vec{a}+\vec{b}+\vec{c}+\vec{d})$$

(3)　　　$\overrightarrow{OP_n}=\overrightarrow{OP_1}+\overrightarrow{P_1P_2}+\cdots+\overrightarrow{P_{n-1}P_n}$

$$=\left\{1-\dfrac{1}{3}+\left(-\dfrac{1}{3}\right)^2+\cdots+\left(-\dfrac{1}{3}\right)^{n-1}\right\}\overrightarrow{OP_1}$$

$$=\dfrac{1-\left(-\dfrac{1}{3}\right)^n}{1+\dfrac{1}{3}}\overrightarrow{OP_1}=\dfrac{3}{4}\left\{1-\left(-\dfrac{1}{3}\right)^n\right\}\overrightarrow{OP_1}$$

$$\therefore\ \ \lim_{n\to\infty}\overrightarrow{OP_n}=\dfrac{3}{4}\overrightarrow{OP_1}$$

ここで，$\lim\limits_{n\to\infty}|P_nQ|=0$ を満たすとき

$$\lim_{n\to\infty}|\overrightarrow{OQ}-\overrightarrow{OP_n}|=0$$

すなわち，$\overrightarrow{OQ}=\lim\limits_{n\to\infty}\overrightarrow{OP_n}$ となるので

$$\overrightarrow{OQ}=\dfrac{3}{4}\overrightarrow{OP_1}=\dfrac{\vec{a}+\vec{b}+\vec{c}+\vec{d}}{4}$$

演習 2-26

　xyz 空間内の原点 O$(0,\ 0,\ 0)$ を中心とし，点 A$(0,\ 0,\ -1)$ を通る球面を S とする。S の外側にある点 P$(x,\ y,\ z)$ に対し，OP を直径とする球面と S との交わりとして得られる円を含む平面を L とする。点 P と点 A から平面 L へ下ろした垂線の足をそれぞれ Q，R とする。このとき，

$$\text{PQ} \leqq \text{AR}$$

であるような点 P の動く範囲 V を求め，V の体積は 10 より小さいことを示せ。

（東京大）

まず空間座標について復習をしておきましょう。

直線のベクトル方程式

(ⅰ)　**点 A を通り，$\vec{b}$ と平行な直線**
$$\vec{p} = \vec{a} + t\vec{b}$$

(ⅱ)　**相異なる 2 点 A，B を通る直線**
$$\overrightarrow{\text{OP}} = s\overrightarrow{\text{OA}} + t\overrightarrow{\text{OB}} \quad (s+t=1)$$

(ⅲ)　**点 A を通り，$\vec{n}$ と垂直な直線**
$$\vec{n} \cdot (\vec{p} - \vec{a}) = 0$$

(ⅰ) 　(ⅱ) 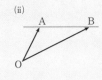　(ⅲ)

(ⅲ)を成分表示すると，直線の一般型が出てきます。
$\vec{n} = (a,\ b)$, $\vec{p} = (x,\ y)$, $\vec{a} = (k,\ l)$ とおくと

$$(a,\ b) \cdot (x-k,\ y-l) = 0 \qquad \therefore \quad a(x-k) + b(y-l) = 0$$

平面についても同様です。

平面のベクトル方程式

(ⅰ)　**点 A を通り，$\vec{b}$ と $\vec{c}$ で張られる平面**
$$\vec{p} = \vec{a} + s\vec{b} + t\vec{c} \quad (\vec{b} \nparallel \vec{c})$$

(ⅱ)　**一直線上にない 3 点 A，B，C を通る平面**
$$\overrightarrow{\text{OP}} = s\overrightarrow{\text{OA}} + t\overrightarrow{\text{OB}} + u\overrightarrow{\text{OC}} \quad (s+t+u=1)$$

(ⅲ)　**点 A を通り，$\vec{n}$ と垂直な平面**
$$\vec{n} \cdot (\vec{p} - \vec{a}) = 0$$

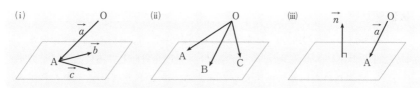

(iii)を成分表示すると，平面の方程式が得られます。

$\vec{n}=(a,\ b,\ c),\ \vec{p}=(x,\ y,\ z),\ \vec{a}=(k,\ l,\ m)$ とおくと

$$(a,\ b,\ c)\cdot(x-k,\ y-l,\ z-m)=0$$

$$\therefore\quad a(x-k)+b(y-l)+c(z-m)=0$$

ちなみに，内積は余弦定理のベクトル表現です。

$a^2=b^2+c^2-2bc\cos A$ より，$bc\cos A=\dfrac{b^2+c^2-a^2}{2}$ であり，こ

の $bc\cos A$ を $bc\cos A=\overrightarrow{\mathrm{AB}}\cdot\overrightarrow{\mathrm{AC}}$ と表しているのです。

一般化すると

$$\vec{p}\cdot\vec{q}=\dfrac{|\vec{p}|^2+|\vec{q}|^2-|\vec{p}-\vec{q}|^2}{2}$$

これを成分表示すると，$\vec{p}=(x,\ y,\ z),\ \vec{q}=(k,\ l,\ m)$ とおいて

$$(x,\ y,\ z)\cdot(k,\ l,\ m)$$

$$=\dfrac{(x^2+y^2+z^2)+(k^2+l^2+m^2)-\{(x-k)^2+(y-l)^2+(z-m)^2\}}{2}$$

$$=xk+yl+zm$$

さらに，次のように対応しています。

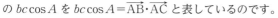

点と直線の距離の公式

点A$(p,\ q)$ から直線 $l:ax+by+c=0$ に下ろした垂線の足を H として

$$\overrightarrow{\mathrm{AH}}=-\dfrac{ap+bq+c}{a^2+b^2}(a,\ b)\qquad \mathrm{AH}=\dfrac{|ap+bq+c|}{\sqrt{a^2+b^2}}$$

ですが，これの空間版が次のようになります。

点と平面の距離の公式

点A$(p,\ q,\ r)$ から平面 $\alpha:ax+by+cz+d=0$ に下ろした垂線の足を H として

$$\overrightarrow{\mathrm{AH}}=-\dfrac{ap+bq+cr+d}{a^2+b^2+c^2}(a,\ b,\ c)\qquad \mathrm{AH}=\dfrac{|ap+bq+cr+d|}{\sqrt{a^2+b^2+c^2}}$$

また

　このように，空間ベクトルが平面ベクトルの自然な拡張であることがわかります。これらを理解していれば，この問題はいきなり空間座標で処理すればよいと思います。

空間ベクトルは平面ベクトルの自然な拡張である

　ところで，2 円 $(x-a)^2+(y-b)^2=r^2$，$(x-c)^2+(y-d)^2=R^2$ が 2 交点をもつとき，この 2 交点を通る円は
$$(x-a)^2+(y-b)^2-r^2+k\{(x-c)^2+(y-d)^2-R^2\}=0$$
と表されます。これは 2 交点を $(x_1,\ y_1)$, $(x_2,\ y_2)$ などとおいて確認することができ，特に $k=-1$ とすることにより，2 交点を通る直線（半径無限大の円）の方程式が得られます。つまり，2 円の方程式の辺々を引けば，2 交点を通る直線の方程式が得られるということです。

　同様に，2 つの球が交わるとき，球面の方程式の辺々を引けば，交わりの円を含む平面の方程式が得られます。

　このようなことをどの程度記述するかは迷うところですが，解答は解説ではないので，2 つの球面の方程式を①，②として，「①－②より，平面 L は…」のように書いてよいと思います。

解答

　球面 S は　　$X^2+Y^2+Z^2=1$　……①
　OP を直径とする球面は
$$X(X-x)+Y(Y-y)+Z(Z-z)=0 \quad ……②$$
　①－②より，平面 L は
$$xX+yY+zZ=1$$
　PQ≦AR より

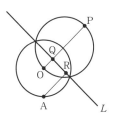

$$\frac{|x^2+y^2+z^2-1|}{\sqrt{x^2+y^2+z^2}} \leqq \frac{|-z-1|}{\sqrt{x^2+y^2+z^2}}$$

$\therefore\ x^2+y^2+z^2-1\leqq|z+1|$　（$\because$　P は S の外側の点）

- $z<-1$ のとき

$$x^2+y^2+z^2-1\leqq-z-1$$

$$\therefore\ x^2+y^2+\left(z+\frac{1}{2}\right)^2\leqq\frac{1}{4}$$

これは P が S の外側の点であることに反する。

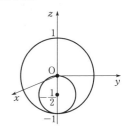

- $z\geqq-1$ のとき

$$x^2+y^2+z^2-1\leqq z+1$$

$$\therefore\ x^2+y^2+\left(z-\frac{1}{2}\right)^2\leqq\frac{9}{4}$$

以上より，V は

$$\boldsymbol{x^2+y^2+z^2>1,}$$

$$\boldsymbol{x^2+y^2+\left(z-\frac{1}{2}\right)^2\leqq\frac{9}{4}}$$

この体積は

$$\frac{4\pi}{3}\cdot\left(\frac{3}{2}\right)^3-\frac{4\pi}{3}\cdot1^3=\frac{19\pi}{6}<\frac{19\times3.15}{6}<3.17\times3.15=9.9855<10$$

よって，示された。　　　　　　　　　　　　　　　　　（証明終）

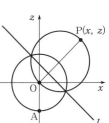

　P が PQ$\leqq$AR を満たすとき，P を z 軸のまわりに回転した点 P′ も P′Q$\leqq$AR を満たすので，P が xz 平面上にあるときで考えると，平面ベクトルの問題になります。すると

S は　　$X^2+Z^2=1$　……③

OP を直径とする円は　　$X(X-x)+Z(Z-z)=0$　……④

③－④より，L は　　$xX+zZ=1$

以下，〔解答〕と同様に進めると，$x^2+\left(z-\dfrac{1}{2}\right)^2\leqq\dfrac{9}{4}$ が得られるので，V は

$x^2+y^2+\left(z-\dfrac{1}{2}\right)^2\leqq\dfrac{9}{4}$，$x^2+y^2+z^2>1$ となります。

> xyz 空間において xy 平面上に円板 A があり xz 平面上に円板 B があって以下
> の 2 条件を満たしているものとする。
>
> (a) A，B は原点からの距離が 1 以下の領域に含まれる。
>
> (b) A，B は一点 P のみを共有し，P はそれぞれの円周上にある。
>
> このような円板 A と B の半径の和の最大値を求めよ。ただし，円板とは円の
> 内部と円周をあわせたものを意味する。 (東京大)

まず

・大きめの図を描く

・見やすい方向から見る

です。つまり，全体的状況をつかむために少し斜めの方向から見てみたり，A を見
るときは z 軸の正の方向から，B を見るときは y 軸の正の方向から見てみたりする
ということです。

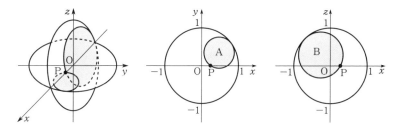

「A，B は x 軸上の一点 P のみを共有する」ということは，たとえば P$(t, 0, 0)$ と
してみて，A，B の一方は x 軸上の $-1 \le x \le t$ の部分でのみ x 軸と共有点をもち，
他方は $t \le x \le 1$ の部分でのみ x 軸と共有点をもつということです。図形の対称性に
より，どちらがどちらにあってもよいので，$t \ge 0$ として A が $t \le x \le 1$ の部分でのみ
共有点をもつ場合で考えてよいことがわかります。状況がわかったら変数を決めます。
そして，変数は定義域がシンプルになるように選びます。

変数を選ぶときは定義域がシンプルになるようにする

たとえば，A の半径 r を考えるとき，図 1 のように θ を定めると，θ の定義域は
$0 \le \theta \le \dfrac{\pi}{2}$ ですが，図 2 のように θ を定めると，$0 \le \theta \le \alpha$（α は図 3 を満たす）のよ
うに表されます。

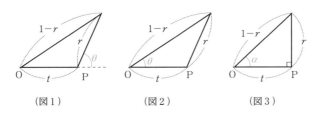

(図1)　　　　　　　　（図2）　　　　　　　　（図3）

　図1の場合の方が定義域がシンプルになるので，このように θ を定めるのが基本です。

解答

　まず，P は x 軸上にあり，これを固定して考える。図形の対称性により，P$(t, 0, 0)$ $(0 \leq t < 1)$ として考えてよく，A，B の一方は x 軸の $t \leq x \leq 1$ の部分のみと共有点をもち，他方は x 軸の $-1 \leq x \leq t$ の部分のみと共有点をもつ。

　したがって，A が x 軸の $t \leq x \leq 1$ の部分のみと共有点をもつ場合で考えてよい。

　また，A，B の半径の和を最大にするために，A，B それぞれが原点を中心とする半径1の球に接する場合で考えてよい。

　A の半径 r について，次図のように θ を定めると，$0 \leq \theta \leq \dfrac{\pi}{2}$ としてよい。

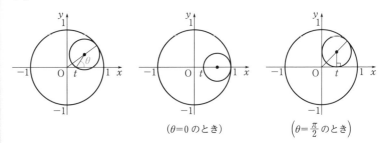

($\theta = 0$ のとき)　　　　$\left(\theta = \dfrac{\pi}{2} \text{ のとき}\right)$

余弦定理を用いて

$$(1-r)^2 = r^2 + t^2 - 2rt\cos(\pi - \theta)$$

$$1 - 2r = t^2 + 2rt\cos\theta$$

$$\therefore \quad r = \frac{1-t^2}{2(1 + t\cos\theta)} \leq \frac{1-t^2}{2} \quad \left(\because \quad 0 \leq \theta \leq \frac{\pi}{2} \text{ のとき, } 0 \leq \cos\theta \leq 1\right)$$

次に，B の半径 R について，次図のように θ を定めると，$0 \leq \theta \leq \dfrac{\pi}{2}$ と

してよい。

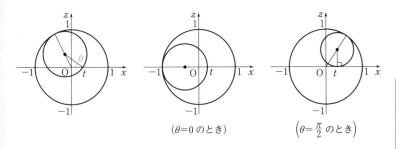

$(\theta=0\,のとき)$ $\left(\theta=\dfrac{\pi}{2}\,のとき\right)$

余弦定理を用いて

$$(1-R)^2=R^2+t^2-2Rt\cos\theta$$

$$1-2R=t^2-2Rt\cos\theta$$

$$\therefore\quad R=\frac{1-t^2}{2(1-t\cos\theta)}\leqq\frac{1-t^2}{2(1-t)}\quad(\because\quad 0\leqq\cos\theta\leqq1)$$

$$=\frac{1+t}{2}$$

よって

$$r+R\leqq\frac{1-t^2}{2}+\frac{1+t}{2}=\frac{-t^2+t+2}{2}=\frac{-\left(t-\dfrac{1}{2}\right)^2+\dfrac{9}{4}}{2}\leqq\frac{9}{8}$$

したがって，求める最大値は　$\dfrac{9}{8}$

図2のように θ を定めた場合も考えておきます。

別 解

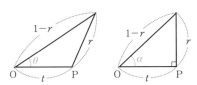

まず，$0\leqq\theta\leqq\alpha$ と表され，α の条件は次のようになる。

$$(1-r)^2=r^2+t^2\qquad 1-2r=t^2$$

$$\therefore\quad r=\frac{1-t^2}{2}$$

よって

$$\cos\alpha = \frac{t}{1-r} = \frac{t}{1-\dfrac{1-t^2}{2}} = \frac{2t}{1+t^2}$$

よって，定義域は　　$0 \leqq \theta \leqq \alpha$　　$\left(\cos\alpha = \dfrac{2t}{1+t^2}\right)$

また，余弦定理を用いて

$$r^2 = (1-r)^2 + t^2 - 2(1-r)t\cos\theta$$
$$0 = 1 - 2r + t^2 - 2(1-r)t\cos\theta$$
$$\therefore \quad r = \frac{t^2 - 2t\cos\theta + 1}{2(1-t\cos\theta)} = 1 - \frac{1-t^2}{2(1-t\cos\theta)}$$
$$\leqq 1 - \frac{1-t^2}{2(1-t\cos\alpha)} = 1 - \frac{1-t^2}{2\left(1 - \dfrac{2t^2}{1+t^2}\right)} = \cdots = \frac{1-t^2}{2}$$

（以下，〔解答〕と同じ）

　〔解答〕と比べると随分損をしているのがわかると思います。実際，本番では複数の方法を試してみる余裕がないので，仮に損なやり方でも決めた方法を貫くしかないという面があります。しかし，変数を選ぶ際に複数の方法があるとすれば「定義域がシンプルになるのはどちらか？」と考えてみることに時間はかからないので，そのチェックをしてください。

n は自然数とする。

(1) すべての実数 θ に対し
$$\cos n\theta = f_n(\cos\theta), \quad \sin n\theta = g_n(\cos\theta)\sin\theta$$
を満たし，係数がともにすべて整数である n 次式 $f_n(x)$ と $n-1$ 次式 $g_n(x)$ が存在することを示せ。

(2) $f_n{}'(x) = ng_n(x)$ であることを示せ。

(3) p を 3 以上の素数とするとき，$f_p(x)$ の $p-1$ 次以下の係数はすべて p で割り切れることを示せ。

(京都大)

ここから 4 問は，**チェビシェフの多項式**の問題です。

(2)，(3)の内容は，もちろん誰も知りませんので，問題の流れの中にヒントがあると考えて探っていくことが大切です。

小問の流れを読む

解答

(1) 題意に加えて，$f_n(x)$ の x^n の係数と $g_n(x)$ の x^{n-1} の係数が正であることも証明する。

これは，$f_1(x) = x$，$g_1(x) = 1$ として，$n=1$ で成り立つ。

また，ある n で成り立つと仮定すると
$$\begin{aligned}\cos(n+1)\theta &= \cos n\theta\cos\theta - \sin n\theta\sin\theta\\ &= f_n(\cos\theta)\cos\theta - \sin^2\theta g_n(\cos\theta)\\ &= f_n(\cos\theta)\cos\theta - (1-\cos^2\theta)g_n(\cos\theta)\end{aligned}$$
$$\begin{aligned}\sin(n+1)\theta &= \sin n\theta\cos\theta + \cos n\theta\sin\theta\\ &= \sin\theta\{g_n(\cos\theta)\cos\theta + f_n(\cos\theta)\}\end{aligned}$$
と表され，$\cos(n+1)\theta$ は，整数を係数とする $\cos\theta$ の $n+1$ 次多項式（$\cos^{n+1}\theta$ の係数は正）であり，$\sin(n+1)\theta$ は，$\sin\theta\times$（整数を係数とする $\cos\theta$ の n 次多項式（$\cos^n\theta$ の係数は正））となっているから，数学的帰納法により示された。 (証明終)

(2) $\cos n\theta = f_n(\cos\theta)$ の両辺を θ で微分して
$$-n\sin n\theta = -\sin\theta f_n{}'(\cos\theta)$$
$$\therefore \quad ng_n(\cos\theta)\sin\theta = \sin\theta f_n{}'(\cos\theta)$$

これがすべての θ で成り立つので
$$ng_n(\cos\theta)=f_n{}'(\cos\theta)$$
$\cos\theta=x$ とおいて
$$f_n{}'(x)=ng_n(x)$$
よって，示された。 （証明終）

(3) (2)より
$$f_p{}'(x)=pg_p(x)=p(a_{p-1}x^{p-1}+a_{p-2}x^{p-2}+\cdots+a_1x+a_0)$$
$$(a_k \text{ は整数})$$

とおける。よって
$$f_p(x)=a_{p-1}x^p+\frac{pa_{p-2}}{p-1}x^{p-1}+\cdots+\frac{pa_{k-1}}{k}x^k+\cdots+\frac{pa_1}{2}x^2$$
$$+pa_0x+C \quad (C \text{ は定数})$$

ここで，$f(x)$ は整数係数の多項式だから，$\dfrac{pa_{k-1}}{k}$ $(1\leqq k\leqq p-1)$ は整数であり，p と k は互いに素だから，a_{k-1} が k の倍数になっている。

したがって，$\dfrac{pa_{k-1}}{k}$ は p で割り切れる。また
$$C=f_p(0)=f_p\Big(\cos\frac{\pi}{2}\Big)=\cos\frac{\pi p}{2}=0$$
$$(\because \quad p \text{ は 3 以上の素数だから奇数})$$
以上より，示された。 （証明終）

　知識で処理できるのは(1)だけですが，(1)でエネルギーを使っているようでは，(2)，(3)が大変になります。

　なお，$\cos n\theta$ が $\cos\theta$ の n 次多項式で表されることに関しては，〔解答〕のようにコサインとサインの両方を用いる方法と，$\cos(n+2)\theta+\cos n\theta=2\cos(n+1)\theta\cos\theta$ を用いる方法の 2 通りがありますが，コサインとサインを両方用いる方法を採用した場合は，$\cos(n+1)\theta$ を $\cos\theta$ で表した式で $\cos^{n+1}\theta$ の項が 2 つに分かれるので，次数が落ちないことを確認するために，「$f_n(x)$ の x^n の係数と $g_n(x)$ の x^{n-1} の係数は正であることを加えて証明する」という工夫が必要です。

(1) 自然数 $n=1, 2, 3, \cdots$ に対して，ある多項式 $p_n(x)$, $q_n(x)$ が存在して
$$\sin n\theta = p_n(\tan\theta)\cos^n\theta$$
$$\cos n\theta = q_n(\tan\theta)\cos^n\theta$$
と書けることを示せ。

(2) このとき，$n>1$ ならば次の等式が成立することを証明せよ。
$$p_n{}'(x) = nq_{n-1}(x)$$
$$q_n{}'(x) = -np_{n-1}(x)$$

(東京大)

チェビシェフの多項式の問題だとわかりますが，$\tan\theta$ で表されるという，見たことがない表現になっています。こういう場合，決して「すみません，知らないです」というメンタリティーになってはいけません。出題者側も知っているかどうかを問うているわけではないので，「どういうことでしょうか？」と逆に問い返すくらいの姿勢で，調べていくことが重要です。

それから，(1)でも(2)でも結果が与えられているので，自ら作り出す必要はありません。たとえば，(2)では「$p_n{}'(x)$ を $q_{n-1}(x)$ で表せ」と書いてあるわけではなく，「$p_n{}'(x)=nq_{n-1}(x)$ を示せ」となっているということです。

結論が与えられているときは自ら作り出す必要はない

こういう場合，問われていることに対して「確かにそうです」と言えればよく，数学的帰納法で示せばよいのです。

解答

(1) $\sin\theta = \tan\theta\cos\theta$, $\cos\theta = 1\cdot\cos\theta$ より，$p_1(x)=x$, $q_1(x)=1$ として，$n=1$ で成立する。

また，ある n で成立すると仮定すると
$$\begin{aligned}
\sin(n+1)\theta &= \sin n\theta\cos\theta + \cos n\theta\sin\theta \\
&= p_n(\tan\theta)\cos^{n+1}\theta + q_n(\tan\theta)\cos^n\theta\sin\theta \\
&= \{p_n(\tan\theta) + q_n(\tan\theta)\tan\theta\}\cos^{n+1}\theta \\
\cos(n+1)\theta &= \cos n\theta\cos\theta - \sin n\theta\sin\theta \\
&= q_n(\tan\theta)\cos^{n+1}\theta - p_n(\tan\theta)\cos^n\theta\sin\theta \\
&= \{q_n(\tan\theta) - p_n(\tan\theta)\tan\theta\}\cos^{n+1}\theta
\end{aligned}$$

よって，数学的帰納法により題意は示された。 (証明終)

(2) (1)より

$$p_{n+1}(x) = p_n(x) + xq_n(x), \quad q_{n+1}(x) = q_n(x) - xp_n(x)$$

$$\therefore \quad p_2(x) = 2x, \quad q_2(x) = -x^2 + 1$$

よって，$p_2{}'(x) = 2$，$q_2{}'(x) = -2x$ となるから，$n=2$ で題意は成立する。

また，ある n $(n \geqq 2)$ で成立すると仮定すると

$$\begin{aligned}
p_{n+1}{}'(x) &= p_n{}'(x) + xq_n{}'(x) + q_n(x) \\
&= nq_{n-1}(x) - nxp_{n-1}(x) + q_n(x) \quad (\because \quad \text{仮定}) \\
&= nq_n(x) + q_n(x) \\
&= (n+1)q_n(x)
\end{aligned}$$

$$\begin{aligned}
q_{n+1}{}'(x) &= -p_n(x) - xp_n{}'(x) + q_n{}'(x) \\
&= -p_n(x) - nxq_{n-1}(x) - np_{n-1}(x) \quad (\because \quad \text{仮定}) \\
&= -p_n(x) - np_n(x) \\
&= -(n+1)p_n(x)
\end{aligned}$$

よって，数学的帰納法により題意は示された。　　　　　　　　（証明終）

(2)の漸化式は

$$\sin(n+1)\theta = \{p_n(\tan\theta) + q_n(\tan\theta)\tan\theta\}\cos^{n+1}\theta$$

より

$$p_{n+1}(\tan\theta)\cos^{n+1}\theta = \{p_n(\tan\theta) + q_n(\tan\theta)\tan\theta\}\cos^{n+1}\theta$$

これが任意の θ で成り立つので

$$p_{n+1}(\tan\theta) = p_n(\tan\theta) + q_n(\tan\theta)\tan\theta$$

$\tan\theta = x$ とおいて　　　$p_{n+1}(x) = p_n(x) + xq_n(x)$

のように作っています。これを作ることは(1)，(2)の流れから考えて当然です。

次の問いに答えよ。

(1) $\sin 5\theta$ を $\sin\theta\cdot g(\cos\theta)$ ($g(x)$ は x の多項式) の形で表せ。

(2) $16x^4-12x^2+1=0$ は $-1<x<1$ の範囲に 4 つの実数解をもつことを示せ。

(3) $16x^4-12x^2+1=0$ の解を $\cos\theta$ の形で表せ。

$\sin n\theta=\sin\theta\cdot g_n(\cos\theta)$ ($g_n(\cos\theta)$ は $\cos\theta$ の $n-1$ 次多項式) と表され，$g_n(x)$ は チェビシェフの多項式 $f_n(x)$ と同じ形の漸化式，すなわち $g_{n+2}(x)=2xg_{n+1}(x)-g_n(x)$ を満たします。その $g_5(x)$ を，この問題では $g(x)$ と表して問題にしています。

ですから，(2)の $16x^4-12x^2+1=0$ は当然，$g(x)=0$ のことだと気づくべきですし，(3)も(1)と関連付けて考えることになります。

小問の流れを読む

解答

(1) $\sin\theta=\sin\theta\cdot1$, $\sin2\theta=\sin\theta\cdot2\cos\theta$,

$\sin(n+2)\theta+\sin n\theta=2\sin(n+1)\theta\cos\theta$ より

$$\sin3\theta=2\sin\theta\cdot2\cos\theta\cos\theta-\sin\theta$$
$$=\sin\theta(4\cos^2\theta-1)$$
$$\sin4\theta=2\sin\theta(4\cos^2-1)\cos\theta-\sin\theta\cdot2\cos\theta$$
$$=\sin\theta(8\cos^3\theta-4\cos\theta)$$
$$\therefore\quad\sin5\theta=2\sin\theta(8\cos^3\theta-4\cos\theta)\cos\theta-\sin\theta(4\cos^2\theta-1)$$
$$=\boldsymbol{\sin\theta(16\cos^4\theta-12\cos^2\theta+1)}$$

(2) $g(x)=16x^4-12x^2+1$ とおくと

$$g'(x)=64x^3-24x=8x(8x^2-3)$$

x	$\cdots$	$-\sqrt{\dfrac{3}{8}}$	$\cdots$	0	$\cdots$	$\sqrt{\dfrac{3}{8}}$	$\cdots$
$g'(x)$	$-$	0	$+$	0	$-$	0	$+$
$g(x)$	$\searrow$		$\nearrow$		$\searrow$		$\nearrow$

また

$$g(\pm1)=5>0,\ g\left(\pm\sqrt{\dfrac{3}{8}}\right)=-\dfrac{5}{4}<0,\ g(0)=1>0$$

より，$y=g(x)$ のグラフは，$-1<x<-\sqrt{\dfrac{3}{8}}$, $-\sqrt{\dfrac{3}{8}}<x<0$,

$0 < x < \sqrt{\dfrac{3}{8}}$, $\sqrt{\dfrac{3}{8}} < x < 1$ の範囲に x 軸と 1 個ずつ交点をもつ。

よって，$g(x)=0$ も上の範囲に 1 個ずつ実数解をもち，$-1 < x < 1$ の範囲に計 4 個の実数解をもつ。 (証明終)

(3) $g(x)=0$ は 4 次方程式だから，高々 4 つの実数解をもち，(2)の $-1 < x < 1$ の 4 つがすべての実数解を表す。よって，

$x = \cos\theta \, (0 < \theta < \pi)$ とおけて

$$g(\cos\theta) = 0$$

$0 < \theta < \pi$ より，$\sin\theta \neq 0$ だから

$$\sin\theta \cdot g(\cos\theta) = 0 \quad \text{つまり} \quad \sin 5\theta = 0$$

よって

$$5\theta = \pi,\ 2\pi,\ 3\pi,\ 4\pi \quad \text{つまり} \quad \theta = \frac{\pi}{5},\ \frac{2\pi}{5},\ \frac{3\pi}{5},\ \frac{4\pi}{5}$$

したがって，求める解は

$$x = \cos\frac{\pi}{5},\ \cos\frac{2\pi}{5},\ \cos\frac{3\pi}{5},\ \cos\frac{4\pi}{5}$$

(2)では $x^2 = t$ とおき，t の 2 次方程式が $0 < t < 1$ の範囲に相異なる 2 実数解をもつことを示す方法もあります。

演習 **2-31**

> n を 2 以上の整数とする。
>
> (1) $n-1$ 次多項式 $P_n(x)$ と n 次多項式 $Q_n(x)$ ですべての実数 θ に対して
> $$\sin 2n\theta = n\sin 2\theta P_n(\sin^2\theta)$$
> $$\cos 2n\theta = Q_n(\sin^2\theta)$$
> を満たすものが存在することを帰納法を用いて示せ。
>
> (2) $k=1,\ 2,\ \cdots,\ n-1$ に対して $\alpha_k = \left(\sin\dfrac{\pi k}{2n}\right)^{-2}$ とおくと，
> $P_n(x) = (1-\alpha_1 x)(1-\alpha_2 x)\cdots(1-\alpha_{n-1}x)$ となることを示せ。
>
> (3) $\displaystyle\sum_{k=1}^{n-1}\alpha_k = \dfrac{2n^2-2}{3}$ を示せ。
>
> (東京工業大)

$\sin n\theta = \sin\theta g_n(\cos\theta),\ \cos n\theta = f_n(\cos\theta)$ の θ に 2θ を代入すると
$$\sin 2n\theta = \sin 2\theta g_n(\cos 2\theta),\ \cos 2n\theta = f_n(\cos 2\theta)$$
となりますが，$\cos 2\theta = 1-2\sin^2\theta$ ですから
$$\sin 2n\theta = n\sin 2\theta P_n(\sin^2\theta),\ \cos 2n\theta = Q_n(\sin^2\theta)$$
と表されます。$\sin 2n\theta = n\sin 2\theta P_n(\sin^2\theta)$ の右辺のはじめに n がかかっていますが，これは係数を調整しているだけです。

(2)では，(1)との関わり，(3)では，(2)との関わりを正確に把握することが大切です。

小問の流れを読む

また，(3)では，$\displaystyle\sum_{k=1}^{n-1}\alpha_k$ を計算せよと要求されているわけではありません。結果が与えられているので，数学的帰納法で示せばよいのです。

結論が与えられているときは自ら作り出す必要はない

解答

(1) $P_1(x)=1,\ Q_1(x)=1-2x$ として，$n=1$ で成立。
$$\sin 2\cdot 2\theta = 2\sin 2\theta(1-2\sin^2\theta)$$
$$\cos 2\cdot 2\theta = 2\cos^2 2\theta - 1 = 2(1-2\sin^2\theta)^2 - 1$$
より，$P_2(x)=1-2x,\ Q_2(x)=2(1-2x)^2-1$ として，$n=2$ で成立。
また，ある $n,\ n+1$ で成立すると仮定すると
$$\sin 2(n+2)\theta + \sin 2n\theta = 2\sin 2(n+1)\theta\cos 2\theta \ \text{より}$$
$$\sin 2(n+2)\theta$$

● 演習 2-31 **189** ————

$$=2(n+1)\sin 2\theta P_{n+1}(\sin^2\theta)(1-2\sin^2\theta)-n\sin 2\theta P_n(\sin^2\theta)$$

$$=(n+2)\sin 2\theta\left\{\frac{2(n+1)}{n+2}P_{n+1}(\sin^2\theta)(1-2\sin^2\theta)-\frac{n}{n+2}P_n(\sin^2\theta)\right\}$$

$\cos 2(n+2)\theta+\cos 2n\theta=2\cos 2(n+1)\theta\cos 2\theta$ より

$$\cos 2(n+2)\theta=2Q_{n+1}(\sin^2\theta)(1-2\sin^2\theta)-Q_n(\sin^2\theta)$$

よって

$$\begin{cases} P_{n+2}(x)=\dfrac{2(n+1)}{n+2}P_{n+1}(x)(1-2x)-\dfrac{n}{n+2}P_n(x) \quad\cdots\cdots(*)\\ Q_{n+2}(x)=2Q_{n+1}(x)(1-2x)-Q_n(x) \end{cases}$$

と表されるので，$n+2$ のときも成立。

したがって，数学的帰納法により題意は示された。 （証明終）

(2) $1\leqq k\leqq n-1$ のとき，$0<\dfrac{\pi k}{2n}<\dfrac{\pi}{2}$ であるから，$\dfrac{1}{\alpha_k}$ は相異なる $n-1$

個の値であり，$n\sin\dfrac{\pi k}{n}P_n\left(\sin^2\dfrac{\pi k}{2n}\right)=\sin\pi k=0$，$n\sin\dfrac{\pi k}{n}\neq 0$ だから

$$P_n\left(\sin^2\dfrac{\pi k}{2n}\right)=0 \quad\text{つまり}\quad P_n\left(\dfrac{1}{\alpha_k}\right)=0$$

これより，$\dfrac{1}{\alpha_k}$ は $P_n(x)=0$ の相異なる $n-1$ 個の実数解である。

ところが，$P_n(x)$ は $n-1$ 次の多項式だから，$\dfrac{1}{\alpha_k}$ が $P_n(x)=0$ のすべ

ての解を表す。

また，$P_1(x)$，$P_2(x)$ の定数項は 1 であり，$P_n(x)$，$P_{n+1}(x)$ の定数項

が 1 であると仮定すると，$(*)$により，$P_{n+2}(x)$ の定数項も 1 になるか

ら，数学的帰納法により，$P_n(x)$ の定数項は 1 である。

よって，$P_n(x)=(1-\alpha_1 x)(1-\alpha_2 x)\cdots(1-\alpha_{n-1}x)$ と因数分解される。

（証明終）

(3) (2)より，$P_n(x)=(1-\alpha_1 x)(1-\alpha_2 x)\cdots(1-\alpha_{n-1}x)$ の x の係数 a_n が

$-(\alpha_1+\alpha_2+\cdots+\alpha_{n-1})=-\displaystyle\sum_{k=1}^{n-1}\alpha_k$ であるから，$a_n=-\dfrac{2n^2-2}{3}$ を示せば

よい。

$a_1=0$，$a_2=-2$ より，$a_n=-\dfrac{2n^2-2}{3}$ は $n=1$，2 で成立。

また，ある n，$n+1$ で成立すると仮定すると，

$P_{n+2}(x)=\dfrac{2(n+1)}{n+2}P_{n+1}(x)(1-2x)-\dfrac{n}{n+2}P_n(x)$ と $P_n(x)$ の定数項が 1

であることより

$$a_{n+2}=\frac{2(n+1)}{n+2}\left\{-\frac{2(n+1)^2-2}{3}-2\right\}+\frac{n}{n+2}\cdot\frac{2n^2-2}{3}$$

$$=\frac{2(n+1)}{n+2}\cdot\frac{-2(n+1)^2-4}{3}+\frac{2n^3-2n}{3(n+2)}$$

$$=\frac{-4(n+1)^3-8(n+1)+2n^3-2n}{3(n+2)}=\frac{-2(n^3+6n^2+11n+6)}{3(n+2)}$$

$$=\frac{-2(n+2)(n^2+4n+3)}{3(n+2)}=-\frac{2(n+2)^2-2}{3}$$

よって，数学的帰納法により，$a_n=-\dfrac{2n^2-2}{3}$ が示された。

（証明終）

　正の整数 n に対して，$(1+\sqrt{2}\,)^n = x_n + y_n\sqrt{2}$ が成り立つように整数 x_n, y_n を定める。

(1)　x_{n+1}, y_{n+1} を x_n, y_n で表せ。

(2)　n が偶数なら $x_n{}^2 - 2y_n{}^2 = 1$，n が奇数なら $x_n{}^2 - 2y_n{}^2 = -1$ であることを証明せよ。

(3)　任意の n に対して，$\dfrac{x_{n+1}}{y_{n+1}}$ は $\dfrac{x_n}{y_n}$ よりも $\sqrt{2}$ のよい近似値であることを証明せよ。

(一橋大)

　ここから 4 問は，ペル方程式の問題です。

　通常，$(1+\sqrt{2}\,)^n = x_n + y_n\sqrt{2}$ と $(1-\sqrt{2}\,)^n = x_n - y_n\sqrt{2}$ から，$x_n{}^2 - 2y_n{}^2 = (-1)^n$ を作りますが，(2)で $x_n{}^2 - 2y_n{}^2 = (-1)^n$ を先に作るように誘導されていますから，(3)ではそれを用いて，$(1-\sqrt{2}\,)^n = x_n - y_n\sqrt{2}$ を導く形の解答にしています。

解答

(1)　
$$x_{n+1} + y_{n+1}\sqrt{2} = (1+\sqrt{2}\,)^{n+1} = (1+\sqrt{2}\,)^n(1+\sqrt{2}\,)$$
$$= (x_n + y_n\sqrt{2})(1+\sqrt{2}\,) = x_n + 2y_n + (x_n + y_n)\sqrt{2}$$

∴　$\boldsymbol{x_{n+1} = x_n + 2y_n,\ \ y_{n+1} = x_n + y_n}$　（∵　x_n, y_n は整数）

(2)　
$$x_{n+1}{}^2 - 2y_{n+1}{}^2 = (x_n + 2y_n)^2 - 2(x_n + y_n)^2 = -(x_n{}^2 - 2y_n{}^2)$$

∴　$x_n{}^2 - 2y_n{}^2 = (x_1{}^2 - 2y_1{}^2)(-1)^{n-1} = (-1)^n$　（∵　$x_1 = y_1 = 1$）

よって，題意は示された。　　　　　　　　　　　　　　　　（証明終）

(3)　$x_n{}^2 - 2y_n{}^2 = (-1)^n$ より
$$(x_n + y_n\sqrt{2})(x_n - y_n\sqrt{2}) = (1+\sqrt{2}\,)^n(1-\sqrt{2}\,)^n$$

∴　$x_n - y_n\sqrt{2} = (1-\sqrt{2}\,)^n$　（∵　$x_n + y_n\sqrt{2} = (1+\sqrt{2}\,)^n \neq 0$）

$$\left| \frac{x_n}{y_n} - \sqrt{2} \right| = \left| \frac{(1-\sqrt{2}\,)^n}{y_n} \right|$$

ここで，$x_1 = y_1 = 1 > 0$ であり，$x_n > 0$，$y_n > 0$ と仮定すると，$x_{n+1} = x_n + 2y_n > 0$，$y_{n+1} = x_n + y_n > 0$ となるから，数学的帰納法により，$x_n > 0$，$y_n > 0$ である。

　よって，$y_{n+1} = x_n + y_n > y_n > 0$ となるから，$\left| \dfrac{x_n}{y_n} - \sqrt{2} \right| = \dfrac{(\sqrt{2}-1)^n}{y_n}$

は n に伴い単調に減少する。（$\because$ $0<\sqrt{2}-1<1$）

よって，題意は示された。 （証明終）

$x_n{}^2-2y_n{}^2=(-1)^n$ より

$$|x_n{}^2-2y_n{}^2|=|(-1)^n|=1 \qquad \left|\left(\frac{x_n}{y_n}\right)^2-\sqrt{2}^{\,2}\right|=\frac{1}{y_n{}^2}$$

したがって，$\left|\left(\dfrac{x_n}{y_n}\right)^2-\sqrt{2}^{\,2}\right|$ は n に伴い単調に減少する。よって，$\left|\dfrac{x_n}{y_n}-\sqrt{2}\right|$ も

n に伴い単調に減少する。

という解答はダメです。

$\left(\dfrac{x_{n+1}}{y_{n+1}}\right)^2$ の方が $\left(\dfrac{x_n}{y_n}\right)^2$ よりも 2 に近かったとしても，

右図のように，$\dfrac{x_{n+1}}{y_{n+1}}$ の方が $\dfrac{x_n}{y_n}$ よりも $\sqrt{2}$ に近いとは

限らないからです。

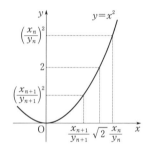

自然数 n に対して，a_n と b_n を
$$(3+2\sqrt{2}\,)^n = a_n + b_n\sqrt{2}$$
を満たす自然数とする。このとき，以下の問いに答えよ。

(1) $n \geqq 2$ のとき，a_n および b_n を a_{n-1} と b_{n-1} を用いて表せ。

(2) $a_n{}^2 - 2b_n{}^2$ を求めよ。

(3) (2)を用いて，$\sqrt{2}$ を誤差 $\dfrac{1}{10000}$ 未満で近似する有理数を 1 つ求めよ。

(名古屋大)

「$(3+2\sqrt{2}\,)^n = a_n + b_n\sqrt{2}$ について問われたら，$(3-2\sqrt{2}\,)^n = a_n - b_n\sqrt{2}$ についても考える」ことは常識にしておきましょう。

解答

(1)
$$
\begin{aligned}
a_n + b_n\sqrt{2} &= (3+2\sqrt{2}\,)^n = (3+2\sqrt{2}\,)^{n-1}(3+2\sqrt{2}\,) \\
&= (a_{n-1} + b_{n-1}\sqrt{2}\,)(3+2\sqrt{2}\,) \\
&= 3a_{n-1} + 4b_{n-1} + (2a_{n-1} + 3b_{n-1})\sqrt{2}
\end{aligned}
$$
$\therefore$ $\boldsymbol{a_n = 3a_{n-1} + 4b_{n-1}}$，$\boldsymbol{b_n = 2a_{n-1} + 3b_{n-1}}$ （$\because$ a_n, b_n は自然数）

(2) $(a_1,\ b_1) = (3,\ 2)$ だから，$a_1{}^2 - 2b_1{}^2 = 1$ であり，

ある n で $a_n{}^2 - 2b_n{}^2 = 1$ であると仮定すると
$$a_{n+1}{}^2 - 2b_{n+1}{}^2 = (3a_n + 4b_n)^2 - 2(2a_n + 3b_n)^2 - a_n{}^2 - 2b_n{}^2 = 1$$

よって，数学的帰納法により，$a_n{}^2 - 2b_n{}^2 = 1$ である。

(3) $a_n{}^2 - 2b_n{}^2 = 1$ つまり $(a_n + b_n\sqrt{2}\,)(a_n - b_n\sqrt{2}\,) = 1$

$\therefore$ $a_n - b_n\sqrt{2} = \dfrac{1}{a_n + b_n\sqrt{2}}$ つまり $\dfrac{a_n}{b_n} - \sqrt{2} = \dfrac{1}{b_n(a_n + b_n\sqrt{2}\,)}$

ここで

n	1	2	3
a_n	3	17	99
b_n	2	12	70

だから
$$0 < \frac{a_3}{b_3} - \sqrt{2} = \frac{1}{70(99 + 70\sqrt{2}\,)} < \frac{1}{70 \cdot (90 + 70)} = \frac{1}{11200} < \frac{1}{10000}$$

よって，求める有理数の 1 つに $\dfrac{99}{70}$ がある。

次の問に答えよ。

(1) 等式 $(x^2-ny^2)(z^2-nt^2)=(xz+nyt)^2-n(xt+yz)^2$ を示せ。

(2) $x^2-2y^2=-1$ の自然数解 (x, y) が無限組あることを示し，$x>100$ となる解を一組求めよ。

（お茶の水女子大）

　ペル方程式の問題であることはすぐにわかると思いますが，(1)が与えられているので，(2)ではそれをどのように使うのかを考えます。

小問の流れを読む

解答

(1)
$$(x^2-ny^2)(z^2-nt^2)=x^2z^2+n^2y^2t^2-n(x^2t^2+y^2z^2)$$
$$=(xz+nyt)^2-n(xt+yz)^2$$

よって，示された。 （証明終）

(2) $1^2-2\cdot1^2=-1$ より，$(x_1, y_1)=(1, 1)$ は解であるが，$3^2-2\cdot2^2=1$ だから，(x_k, y_k) が解であるとすると
$$(x_k{}^2-2y_k{}^2)(3^2-2\cdot2^2)=(3x_k+4y_k)^2-2(2x_k+3y_k)^2=-1$$
より，$(x_{k+1}, y_{k+1})=(3x_k+4y_k, 2x_k+3y_k)$ も解になる。

$(x_k, y_k$ は自然数だから，$3x_k+4y_k$，$2x_k+3y_k$ も自然数）

　上の手順により定まる (x_k, y_k) は，$x^2-2y^2=-1$ の自然数解であるが，$x_{k+1}=3x_k+4y_k>x_k$ より，これらの解は k によりすべて異なる。

　よって，$x^2-2y^2=-1$ の自然数解は無限組ある。 （証明終）

　また，(x_k, y_k) を求めると，右のようになるから，$x>100$ となる組の1つに
$(x, y)=(\mathbf{239}, \mathbf{169})$ がある。

k	1	2	3	4
x_k	1	7	41	239
y_k	1	5	29	169

　[解答] では，$x^2-2y^2=1$ となる $(x, y)=(3, 2)$ を見つけて，$x^2-2y^2=-1$ を満たす $(x, y)=(x_k, y_k)$ を作りましたが，$(3, 2)$ の代わりに $(x_1, y_1)=(1, 1)$ を (z, t) に代入する方法もあります。すなわち
$$(x_k{}^2-2y_k{}^2)(1^2-2\cdot1^2)=(x_k+2y_k)^2-2(x_k+y_k)^2=(-1)^2$$
より，$(x_1, y_1)=(1, 1)$，$(x_{k+1}, y_{k+1})=(x_k+2y_k, x_k+y_k)$ で定まる (x_k, y_k) を考えると，これは k が奇数のときに $x^2-2y^2=-1$ を満たす (x, y) になっています。

$(1+\sqrt{2}\,)^{500}$ の小数点以下 150 位の数を求めよ。

「$(1+\sqrt{2}\,)^{500}$ について問われたら，$(1-\sqrt{2}\,)^{500}$ についても考える」ことは常識ですが，それをどう使うかが難しいです。

「両者をかけてペル方程式を作る」のがよくある流れですが，この問題では「両者を足す」ことによって解決します。

解答

$(1+\sqrt{2}\,)^{n}=a_n+b_n\sqrt{2}$ $(a_n,\ b_n$ は自然数) とおくことができ

$$a_{n+1}+b_{n+1}\sqrt{2}=(1+\sqrt{2}\,)^{n+1}=(1+\sqrt{2}\,)^{n}(1+\sqrt{2}\,)$$
$$=(a_n+b_n\sqrt{2}\,)(1+\sqrt{2}\,)$$
$$=a_n+2b_n+(a_n+b_n)\sqrt{2}$$

$\therefore\ \ a_{n+1}=a_n+2b_n,\ \ b_{n+1}=a_n+b_n$

ここで，$1-\sqrt{2}=a_1-b_1\sqrt{2}$ であり，ある n で $(1-\sqrt{2}\,)^{n}=a_n-b_n\sqrt{2}$ であると仮定すると

$$(1-\sqrt{2}\,)^{n+1}=(1-\sqrt{2}\,)^{n}(1-\sqrt{2}\,)=(a_n-b_n\sqrt{2}\,)(1-\sqrt{2}\,)$$
$$=a_n+2b_n-(a_n+b_n)\sqrt{2}$$
$$=a_{n+1}-b_{n+1}\sqrt{2}$$

となるから，数学的帰納法により，$(1-\sqrt{2}\,)^{n}=a_n-b_n\sqrt{2}$ と表せる。

よって，$(1+\sqrt{2}\,)^{n}=a_n+b_n\sqrt{2}$，$(1-\sqrt{2}\,)^{n}=a_n-b_n\sqrt{2}$ の辺々を足して

$$(1+\sqrt{2}\,)^{n}+(1-\sqrt{2}\,)^{n}=2a_n$$

これより

$$(1+\sqrt{2}\,)^{500}+(1-\sqrt{2}\,)^{500}=2a_{500}：自然数$$

ところが，$(1-\sqrt{2}\,)^{500}=(\sqrt{2}-1)^{500}<\left(\dfrac{1}{2}\right)^{500}=\left(\dfrac{1}{2^{10}}\right)^{50}<10^{-150}$ より，

$0<(1-\sqrt{2}\,)^{500}<10^{-150}$ であるから，$(1-\sqrt{2}\,)^{500}$ は少なくとも小数点以下150 位まではすべて 0 が続く。

したがって，$(1+\sqrt{2}\,)^{500}$ の小数点以下 150 位の数は **9** である。

正四面体を，底面に平行な $(n-1)$ 枚の平面で高さを n 等分するように切る。
残りの面に関しても同様に切ると正四面体はいくつの部分に分かれるか，個数を
求めよ。 （東京工業大）

技術の精度を上げる

をテーマに，ここから 7 問は四面体について学ぶことにします。

　$n=2$ のときは，斜めから正四面体を見た図を描いて，正四
面体 4 つと正八面体 1 つの計 5 つの部分に分かれるという状況
をつかむことができます。

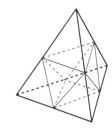

　しかし，$n \geqq 3$ になると急にそれが難しくなるので，別の方
法を探さなければなりません。

　見たいところを取り出すということと，見やすい方向から見
るということです。

　まず，$n=1$ すなわち無分割の状態から，$n=2$ への状況を考
えるとき，下に 1 段増やすと見てよく，そうすると $n=1$ から
$n=2$ で 4 つの部分が増えますが，この増える部分に注目して
みましょう。

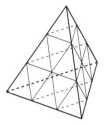

　次に，どの方向から見れば見やすいかを考えます。真上から
見た図を描いてみれば，これと斜めから見た図を合わせて，な
ぜ 4 つの部分が増えるのかがわかります。

　右図の実線が $n=2$ のときの底面で，破線が $n=1$ のときの
底面ですが，$n=2$ の底面の 4 つの正三角形のうちの 3 つと，

$n=1$ の底面の正三角形の頂点 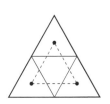 により，正四面体が 3 つ

増え，$n=2$ の底面の真ん中の正三角形と $n=1$ の底面の正三

角形 により，正八面体が 1 つ増え，計 4 つの部分が増

えることがわかります。

　この考察をもとに，$n=2$ から $n=3$ への変化でいくつの部
分が増えるかを考えてみましょう。

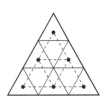

　やはり 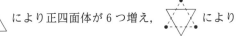 により正四面体が 6 つ増え， により

正八面体が 3 つ増えることがわかりますが，さらに により逆向きの正四面体が 1 つ増えることも確認できます。

結局，$n=2$ から $n=3$ への変化で増える部分の個数は，$n=2$ のときの底面にできた小さな正三角形の個数と，その頂点の個数に対応していることがわかり，解決します。

解 答

まず，$n=2$ のときは右図のような 4 つの正四面体と 1 つの正八面体の計 5 つの部分に分かれる。

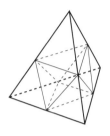

これを上から 1 段目に 1 つ，2 段目に 4 つの部分があると考え，1 段目に 2 段目を加えることで，どのように 4 つの部分が増えるのかを考察する。

n 段目の底面は，各辺に平行な $n-1$ 本の線分によって小さな正三角形の集まりとして区別されている。ここで，2 段目の底面の上に 1 段目の底面を点線で重ねて描くと，右図のようになる。これを見ると，1 段目の小さな正三角形の頂点とその下にある 2 段目の小さな正三角形とで正四面体が作られ，1 段目の小さな正三角形と 2 段目の小さな正三角形の重心が一致するところでは正八面体が作られることがわかる。

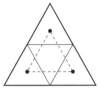

この考察を続けて，2 段目に 3 段目を加えるとき，いくつの部分が増えるかを考える。これはほぼ上と同様であるが，新たに，2 段目の小さな正三角形と 3 段目の小さな正三角形の頂点とで正四面体が作られる場合が加わる。

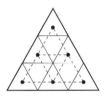

結局，k 段目を加えることで増える部分は，次の 3 通りである。

- $k-1$ 段目の小さな正三角形の頂点とその下にある k 段目の小さな正三角形で作られる正四面体

- $k-1$ 段目の小さな正三角形 とその下にある k 段目の小さな正三角形で作られる正八面体

- $k-1$ 段目の小さな正三角形 とその下にある k 段目の小さな正

三角形の頂点とで作られる正四面体

すなわち，この個数は $k-1$ 段目の小さな正三角形の個数とその頂点の個数と一致する。よって，k 段目を加えることで増える部分の個数は

$$\{1+3+5+\cdots+2(k-1)-1\}+\{1+2+3+\cdots+k\}$$

$$=\frac{(k-1)(1+2k-3)}{2}+\frac{k(k+1)}{2}$$

$$=\frac{2(k-1)^2+k(k+1)}{2}$$

$$=\frac{3k^2-3k+2}{2}$$

したがって，求める個数は

$$\sum_{k=1}^{n}\frac{3k^2-3k+2}{2}=\frac{3}{2}\cdot\frac{n(n+1)(2n+1)}{6}+\frac{1}{2}\cdot\frac{n(-1-3n+2)}{2}$$

$$=\frac{n(n^2+1)}{2}$$

　空間内に四面体 ABCD を考える。このとき，4つの頂点 A，B，C，D を同時に通る球面が存在することを示せ。 (京都大)

　状況はわかりやすく，示すべき内容もほぼ当たり前のことですが，それをどのように示すかと，どこまで示すかが悩ましいところです。

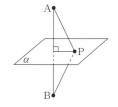

　〔解答〕では，平面上で AB の垂直二等分線 l を引くと，l 上の任意の点 P について PA＝PB であることと，空間において AB の垂直二等分平面 α を考えると，α 上の任意の点 P について PA＝PB であることは，自明として使っています。

　要するに，幾何の知識を用いて解答を作ったということですが，ベクトルを用いたり，空間座標を導入したり，いくつかの選択肢の中で適切な方法を選ぶことも重要です。

「四面体の問題→ベクトル」と決め打ちしてはいけない

　この問題の場合，△ABC の外心をベクトルで表すことが簡単ではなく，$\overrightarrow{AP}=k\overrightarrow{AB}+l\overrightarrow{AC}+m\overrightarrow{AD}$ と表される点 P について，$|\overrightarrow{AP}|=|\overrightarrow{BP}|=|\overrightarrow{CP}|=|\overrightarrow{DP}|$ となる k, l, m が存在する条件を考えるのも，処理が大変そうです。結局ベクトルを用いるのは損で，空間座標を導入するのも，文字が多すぎて得策とは思えません。

解答

　△ABC において，AB ∦ AC だから AB の垂直二等分線 l と AC の垂直二等分線 m も平行ではなく，したがって l, m は交点 O をもつ。

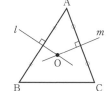

　O は l 上の点だから

　　OA＝OB　……①

　O は m 上の点でもあるから

　　OA＝OC　……②

　①，②より　　OA＝OB＝OC

　これより，△ABC は外接円をもち，その中心は O である。

　ここで，O を通り，△ABC を含む平面 α に垂直な直線 n を考えると，n 上の任意の点 P について PA＝PB＝PC である。

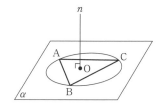

したがって，AD の垂直二等分平面 β が
n と交わることを示せば，β と n の交点を
P として PA＝PD となるから，この P を
中心にして A，B，C，D を同時に通る球
面が存在する。

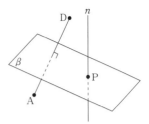

　以下，β が n と交わることを示す。D は α
上の点ではないので，AD は n と垂直には
ならない。つまり，β は n と平行ではないの
で，β は n と交わる。

　以上により，示された。　　　　（証明終）

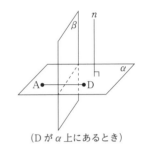

（D が α 上にあるとき）

> 四面体 OABC が次の条件を満たすならば，それは正四面体であることを示せ。
>
> 　　条件：頂点 A，B，C からそれぞれの対面を含む平面へ下ろした垂線は
> 　　　　　　対面の外心を通る。
>
> 　ただし，四面体のある頂点の対面とは，その頂点を除く他の 3 つの頂点がなす
> 三角形のことをいう。　　　　　　　　　　　　　　　　　　　　　　（京都大）

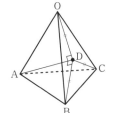

　ベクトルで解くべきか幾何で解くべきかと考える前に，まず
図を描いてみましょう。

　三角形の外心は，「各辺の垂直二等分線の交点」であり，「各
頂点までの距離が等しい点」ですが，これらを使って四面体の
辺の長さが等しいことを示せないかと考えます。

迎えに来てもらう

　すなわち，「四面体の辺の長さが等しいことを示す」という
目標を強く意識することが大切です。

　もう 1 つ重要なことは，平面の法線の性質です。

平面の法線

- **「平面上の平行でない 2 つのベクトルのどちらにも垂直」という条件で決定される。**
- **平面上の $\vec{0}$ でないすべてのベクトルと垂直。**

　△OBC の外心を D とすると，OD＝BD＝CD であり，∠ADO＝∠ADB＝∠ADC
＝90° であることに気づけば解決です。

解答　　　△OBC の外心を D とすると　　　OD＝BD＝CD

　　　　　D は A から △OBC に下ろした垂線の足でもあるので

　　　　　　　　∠ADO＝∠ADB＝∠ADC＝90°

　　　　　これより，△ADO≡△ADB≡△ADC となるので

　　　　　　　　AO＝AB＝AC

　　　　　同様に，△OCA の外心を E として考えると，BO＝BA＝BC であるこ
　　　　　とがわかり，△OAB の外心を F として考えると，CO＝CA＝CB である
　　　　　ことがわかるので，四面体 OABC の辺の長さはすべて等しい。

　　　　　つまり，四面体 OABC は正四面体である。　　　　　　　（証明終）

演習 2-39

四面体 ABCD は AC＝BD，AD＝BC を満たすとし，辺 AB の中点を P，辺 CD の中点を Q とする。

(1) 辺 AB と線分 PQ は垂直であることを示せ。
(2) 線分 PQ を含む平面 α で四面体 ABCD を切って 2 つの部分に分ける。このとき，2 つの部分の体積は等しいことを示せ。

（京都大）

まず，大きめの図を描くことが重要です。

大きめの図を描く

すると，三角形 ACD と三角形 BDC の合同が見えますから，AQ＝BQ です。つまり，三角形 QAB は二等辺三角形ですから，辺 AB と線分 PQ が垂直であることがわかります。

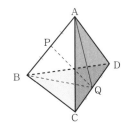

このような問題の場合，「垂直：内積が 0」と反射的に考えて，ベクトルで処理する人が多いのです。もちろんそれでもよいですが，この場合は幾何で考える方が得策です。

問題は(2)ですが，結論部分の「2 つの部分の体積は等しい」は，明確なようで明確ではありません。切り口がどのようになるのか，切った後の 2 つの部分がどのような形になるのかを調べてみなければなりません。そのための方法は複数の図を描くことで，その中で状況を把握していきます。

複数の図を描く

まず，α と AC との交点 E が A に近い場合の図を描いてみましょう。

このとき，α と BD との交点 G がどうなっているのかが問題になります。そこで，PE と BC の交点を F とし，FQ と BD の交点が G になることを確認したら，比を求めます。

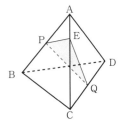
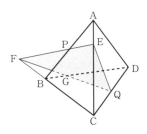

三角形 ABC を FE が切っていると考えてメネラウスの定理を使い，BF：FC の比を求めた後，今度は三角形 BCD を FQ が切っていると考えてメネラウスの定理を使い，BG：GD を求めます。

　AE：EC$=t$：$1-t$ として

$$\frac{\text{CE}}{\text{EA}}\cdot\frac{\text{AP}}{\text{PB}}\cdot\frac{\text{BF}}{\text{FC}}=1$$

$$\frac{1-t}{t}\cdot\frac{1}{1}\cdot\frac{\text{BF}}{\text{FC}}=1 \qquad \therefore \quad \frac{\text{BF}}{\text{FC}}=\frac{t}{1-t}$$

$$\frac{\text{CQ}}{\text{QD}}\cdot\frac{\text{DG}}{\text{GB}}\cdot\frac{\text{BF}}{\text{FC}}=1$$

$$\frac{1}{1}\cdot\frac{\text{DG}}{\text{GB}}\cdot\frac{t}{1-t}=1 \qquad \therefore \quad \frac{\text{DG}}{\text{GB}}=\frac{1-t}{t}$$

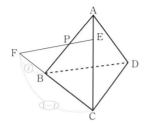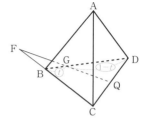

　ここで，AE：EC$=$BG：GD になっていることに気づきます。これは大きな気づきで，E が AC の中点になっているときは，α で分けられた 2 つの部分の形状が全く同じであることは明らかですから，その他の場合も α で分けられた 2 つの部分の形状は同じになっているのではないかと推測できます。

　そこで，その 2 つの部分の対応する辺 AD と BC，AP と BP，AE と BG，DQ と CQ，DG と CE などの長さを確認すれば，確かにそうなっていることがわかります。

　ただ，立体が同じ形状であることを示すにはどうすればよいのかという問題が残ります。三角形の合同を示すのであれば簡単ですが，立体の合同を示すのは面倒です。

　ですから，〔解答〕では α で分けられた一方の部分の体積が全体の半分であることを示しました。つまり，α で分けられた 2 つの部分のうち B を含む側について，四角錐 EBCQG と四面体 EBGP の 2 つの部分に分けて，全体に対する体積の比を計算して $\frac{1}{2}$ であることを示しました。

　さらに，E が C に近いときも，AC の中点になるときも同様の議論になることと，E が A および C と一致する場合の考察を加えてできあがりです。

（1）　△ACD≡△BDC より　　　AQ＝BQ

　　　よって，△QAB は二等辺三角形になり，

　　　P はその底辺 AB の中点だから

　　　　　AB⊥PQ　　　　　　　　（証明終）

（2）　α と AC の交点を E とし，

　　　AE：EC＝$t:1-t$ とする。また，PE と

　　　BC の交点を F，FQ と BD の交点を G とす

　　　る。

　　・$0<t<\dfrac{1}{2}$ のとき

　　　　メネラウスの定理より

　　　　　$\dfrac{\mathrm{CE}}{\mathrm{EA}}\cdot\dfrac{\mathrm{AP}}{\mathrm{PB}}\cdot\dfrac{\mathrm{BF}}{\mathrm{FC}}=1$

　　　　　$\dfrac{1-t}{t}\cdot\dfrac{1}{1}\cdot\dfrac{\mathrm{BF}}{\mathrm{FC}}=1$　　　∴　$\dfrac{\mathrm{BF}}{\mathrm{FC}}=\dfrac{t}{1-t}$

　　　　　$\dfrac{\mathrm{CQ}}{\mathrm{QD}}\cdot\dfrac{\mathrm{DG}}{\mathrm{GB}}\cdot\dfrac{\mathrm{BF}}{\mathrm{FC}}=1$

　　　　　$\dfrac{1}{1}\cdot\dfrac{\mathrm{DG}}{\mathrm{GB}}\cdot\dfrac{t}{1-t}=1$　　　∴　$\dfrac{\mathrm{DG}}{\mathrm{GB}}=\dfrac{1-t}{t}$

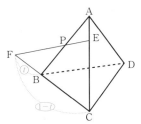
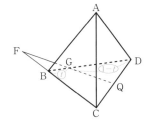

　　・$\dfrac{1}{2}<t<1$ のとき

　　　　メネラウスの定理より

　　　　　$\dfrac{\mathrm{BP}}{\mathrm{PA}}\cdot\dfrac{\mathrm{AE}}{\mathrm{EC}}\cdot\dfrac{\mathrm{CF}}{\mathrm{FB}}=1$

　　　　　$\dfrac{1}{1}\cdot\dfrac{t}{1-t}\cdot\dfrac{\mathrm{CF}}{\mathrm{FB}}=1$　　　∴　$\dfrac{\mathrm{CF}}{\mathrm{FB}}=\dfrac{1-t}{t}$

　　　　　$\dfrac{\mathrm{BG}}{\mathrm{GD}}\cdot\dfrac{\mathrm{DQ}}{\mathrm{QC}}\cdot\dfrac{\mathrm{CF}}{\mathrm{FB}}=1$

　　　　　$\dfrac{\mathrm{BG}}{\mathrm{GD}}\cdot\dfrac{1}{1}\cdot\dfrac{1-t}{t}=1$　　　∴　$\dfrac{\mathrm{BG}}{\mathrm{GD}}=\dfrac{t}{1-t}$

演習編

解答

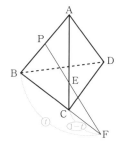
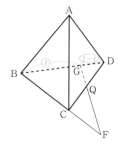

いずれの場合も BG：GD＝t：$1-t$ となる。

これらのとき，α で分けられた 2 つの部分のうち，B を含む側を四角錐 EBCQG と四面体 EBGP に分けて，この体積の四面体 ABCD の体積に対する比を考える。

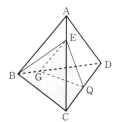
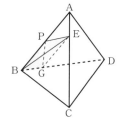

それぞれ，四角形 BCQG，三角形 BGP を底面と考えて

$$\left\{1-(1-t)\cdot\frac{1}{2}\right\}(1-t)+\frac{1}{2}\cdot t\cdot t=\frac{(1+t)(1-t)}{2}+\frac{t^2}{2}=\frac{1}{2}$$

よって，α で分けられた 2 つの部分の体積は等しい。

この議論は $t=\dfrac{1}{2}$ のときにも適用できる。

また，$t=0$ のとき α による切り口は $\triangle ABQ$ となり，$t=1$ のときの切り口は $\triangle CDP$ となるが，これらの場合も α で分けられた 2 つの部分の体積は等しいのは明らかである。

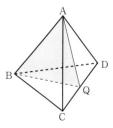
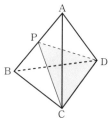

（$t=0$ のとき）　　　　（$t=1$ のとき）

以上により，示された。 （証明終）

この問題では，α で四面体を切るという「条件」が明確ではないので，「結論」がぼかされていました。

ちなみに，予備校が出している解答例を見てみると，PQ を軸に 180 度回転すると 2 つの部分のうちの一方が他方に重なるから同じ形であると議論されていました。(1) はそのための誘導だったのです。「そうだったのか！」と感動しましたが，これに気づくのはかなりハードルが高いのではないかと思います。私が勧める方法はいわゆる「エレガントな解答」ではありませんが，確実性の高い方法です。

ただ，体積比を求めるところがわかりにくいかもしれないので，基本事項を確認しておきます。

左下図の網かけ部分の面積は全体の $\dfrac{1}{2}$ 倍です。その $\dfrac{1}{3}$ が右下図の網かけ部分の面積なので，この部分の面積は全体の $\dfrac{1}{2} \cdot \dfrac{1}{3} = \dfrac{1}{6}$ 倍です。

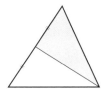
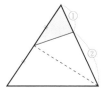

一般に，左下図の網かけ部分の面積は全体の st 倍です。同様に，右下図の四面体 APQR の体積は四面体 ABCD の体積の stu 倍です。

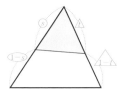
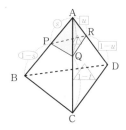

半径 1 の球 4 つが，どの球も他の 3 つの球と外接している。

(1) これに外接する正四面体で，各面に上の 4 つの球のうちの 3 つが接するものを考える。正四面体の 1 辺の長さを求めよ。

(2) 4 つの球に外接する円錐で，4 つの球のうちの 3 つが底面に接し，側面には 4 つの球が接しているものを考える。円錐の底面の半径を求めよ。

・見やすい方向から見る

・見たいところを取り出す

につきます。

解答　(1)　正四面体を ABCD とし，BC の中点を E，A から △BCD に下ろした垂線の足を F とすると，F は △BCD の重心だから

$$DF : FE = 2 : 1 \quad \therefore \quad AE : EF = 3 : 1$$

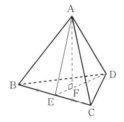

4 つの球のうちの 1 つは AF 上に中心をもち，AE に接する。この球の中心を G，AE との接点を H とすると

$$△AEF \backsim △AGH$$

$$\therefore \quad AH = 2\sqrt{2}$$

よって，右図より，求める 1 辺の長さは

$$AB = 2 + 2\sqrt{6}$$

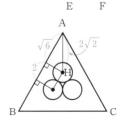

(2) 2つの球に接する母線 AB，AC，AD は，2つの球の中心を結ぶ線分と平行であり，A の真上から見て △BCD が正三角形になるのは明らかである。

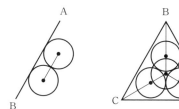

ここで，4つの球の中心を結ぶと正四面体ができるので，四面体 ABCD も正四面体である。

CD の中点を E，A から △BCD に下ろした垂線の足を F とすると，△ABF の辺の比は下図のようになる。

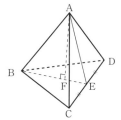

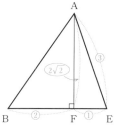

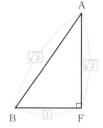

AB に接し AF 上に中心がある球と，それに外接し AB，BE に接する球を考える。

このとき

$$AF = \sqrt{3} + 2 \cdot \frac{\sqrt{2}}{\sqrt{3}} + 1$$

よって，求める底面の半径は

$$BF = \frac{1}{\sqrt{2}}\left(\sqrt{3} + 2 \cdot \frac{\sqrt{2}}{\sqrt{3}} + 1\right)$$
$$= \frac{\sqrt{6}}{2} + \frac{2\sqrt{3}}{3} + \frac{\sqrt{2}}{2}$$

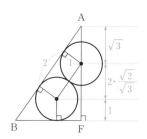

四面体 ABCD において，AB＝CD，AC＝BD，AD＝BC のとき，適当な P，Q，R，S をとって直方体 APBQ-RCSD を作ることができるか。

四面体 ABCD において AB＝CD，AC＝BD，AD＝BC のとき，4 つの面は合同な三角形になりますが，この三角形が鋭角三角形であることを示す入試問題もありました。その場合は次のように示すことができます。

証明 直方体 APBQ-RCSD を作ることができ，
AP＝x，AQ＝y，AR＝z とおくと

$$\begin{cases} AB^2＝x^2＋y^2 \\ BC^2＝y^2＋z^2 \\ CA^2＝z^2＋x^2 \end{cases}$$

よって

$$AB^2＋BC^2＝z^2＋x^2＋2y^2＞z^2＋x^2＝CA^2$$

となるから，$AB^2＋BC^2＞CA^2$ となり，$\angle ABC＜90°$ である。

同様に，$\angle BCA＜90°$，$\angle CAB＜90°$ も示されるから，△ABC は鋭角三角形である。

他の面も鋭角三角形であることが同様に示されるから，題意は示された。

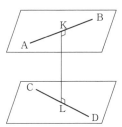

このように AB＝CD，AC＝BD，AD＝BC であるような四面体 ABCD から直方体 APBQ-RCSD を作ることができることは，有名な事実であり，上の証明ではこれを既知のこととして使いました。しかし，この事実は「自明です」と言えるほど簡単ではありません。

AB，CD はねじれの位置にあるので，AB に平行で CD を含む平面，および CD に平行で AB を含む平面を考えると，状況が把握しやすくなります。

AB，CD がねじれの位置にあれば，AB 上に K，CD 上に L をとり，KL⊥AB，KL⊥CD となるような K，L が存在します。そしてこの KL がねじれの位置にある 2 直線の距離を与え，これが上に定めた 2 つの補助平面の距離にもなっています。

ここで，AB＝CD，AC＝BD，AD＝BC である四面体
ABCD においては，AB の中点を K，CD の中点を L と
して，KL⊥AB，KL⊥CD となっています。

それは △ACD≡△BDC より，AL＝BL となり，
△ALK≡△BLK となるから，KL⊥AB であり，
KL⊥CD についても同様です。

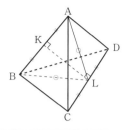

- ねじれの位置にある 2 直線については補助平面を考えてみる。
- AB＝CD，AC＝BD，AD＝BC であるような四面体 ABCD においては，
  AB の中点を K，CD の中点を L として，KL⊥AB，KL⊥CD となっている。

このあたりを基礎知識として，元の問題を見てみると，
K が L に一致するように AB を平行移動したものと，L
が K に一致するように CD を平行移動したものを作れば，
直方体 APBQ-RCSD を作ることができることが見えて
きます。

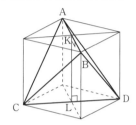

解答 AB の中点を K，CD の中点を L とする。K が L に一致するように
AB を平行移動したものを RS とし，L が K に一致するように CD を平
行移動したものを PQ とする。

このとき，四角形 APBQ，RCSD は対
角線が互いに他を二等分するので，平行四
辺形であり，かつ，AB＝CD より，2 つ
の対角線の長さが等しいので長方形である。

また，これらの長方形は合同なので，
$\overrightarrow{AP}=\overrightarrow{RC}=\overrightarrow{QB}=\overrightarrow{DS}$ となり，四角形
APCR，QBSD は平行四辺形で両者は合
同である。よって，BD＝PR となり，
AC＝BD と合わせて，AC＝PR である。
つまり，これらの平行四辺形は対角線の長
さが等しいので，長方形である。

同様に，四角形 AQDR，PBSC も長方
形であることが確認できるので，直方体
APBQ-RCSD を作ることができるとわかる。

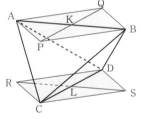

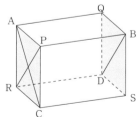

四面体の 4 つの面のうち，どの 2 つの面のなす角も等しいとき，この四面体は正四面体といえるか。

2 平面のなす角は，交線に垂直な方向を考えるか，法線ベクトルどうしのなす角を考えます。

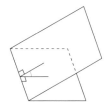

前者で考えると，1 つの頂点から底面に下ろした垂線の足が底面の内心になっていることが，底面と側面のなす角が等しくなるための条件であることを突き止めた段階で，この四面体が正四面体になることが見えますが，計算の処理が大変です。

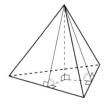

また，後者で考えると，内接球と各面との接点が正四面体を作ることがわかりますが，そこに至る発想が容易ではありません。

いずれにせよ，相当の難問です。前者で考えると，〔解答〕のようになります。

解答

4 つの面のうち，どの 2 つの面のなす角も等しい四面体 OABC において，O から △ABC に垂線の足 I を下ろし，O から AB，AC に垂線の足 D，E を下ろすと，三垂線の定理により

ID⊥AB，IE⊥AC

∠IDO＝∠IEO だから　　△IDO≡△IEO

∴　ID＝IE

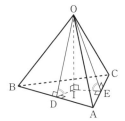

同様に，I から BC までの距離も等しいことがわかるので，I は △ABC の内心である。

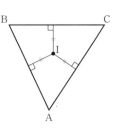

つまり，底面と側面のなす角が等しいとき，底面の内心が，残る頂点から底面に下ろした垂線の足になる。

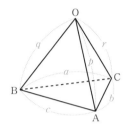

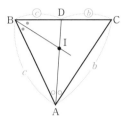

上図のように辺の長さを定めて，△ABC の内心 I を考える。∠BAC の二等分線と BC の交点を D とすると

$$BD : DC = c : b \qquad BD = a \cdot \frac{c}{b+c}$$

$$AI : ID = c : \frac{ac}{b+c} = b+c : a$$

$$\therefore \quad \overrightarrow{OI} = \frac{a\overrightarrow{OA} + (b+c) \cdot \dfrac{b\overrightarrow{OB} + c\overrightarrow{OC}}{b+c}}{b+c+a} = \frac{a\overrightarrow{OA} + b\overrightarrow{OB} + c\overrightarrow{OC}}{a+b+c}$$

OI が △ABC に垂直であるための条件は

$$\begin{cases} \overrightarrow{OI} \cdot \overrightarrow{AB} = 0 \\ \overrightarrow{OI} \cdot \overrightarrow{AC} = 0 \end{cases}$$

ここで，$\overrightarrow{OI} \cdot \overrightarrow{AB} = 0$ より

$$(a\overrightarrow{OA} + b\overrightarrow{OB} + c\overrightarrow{OC}) \cdot (\overrightarrow{OB} - \overrightarrow{OA}) = 0$$

すなわち

$$-a|\overrightarrow{OA}|^2 + b|\overrightarrow{OB}|^2 + (a-b)\overrightarrow{OA} \cdot \overrightarrow{OB} - c\overrightarrow{OA} \cdot \overrightarrow{OC} + c\overrightarrow{OB} \cdot \overrightarrow{OC} = 0$$

$$-ap^2 + bq^2 + (a-b) \cdot \frac{p^2+q^2-c^2}{2} - c \cdot \frac{p^2+r^2-b^2}{2} + c \cdot \frac{q^2+r^2-a^2}{2} = 0$$

$$a(-p^2+q^2-c^2) + b(-p^2+q^2+c^2) + c(-p^2+q^2-a^2+b^2) = 0$$

$$\cdots\cdots ①$$

$\overrightarrow{OI} \cdot \overrightarrow{AC} = 0$ より

$$a(-p^2+r^2-b^2)+c(-p^2+r^2+b^2)+b(-p^2+r^2-a^2+c^2)=0$$

$$\cdots\cdots②$$

①$-$② より

$$(b-c)a^2+a(q^2-r^2+b^2-c^2)+(b+c)(q^2-r^2)=0$$

$$\{a(b-c)+q^2-r^2\}(a+b+c)=0$$

$a+b+c\neq0$ だから

$$a(b-c)+q^2-r^2=0 \quad\cdots\cdots③$$

同様に，A から △OBC に下ろした垂線の足が △OBC の内心になる条件より

$$a(q-r)+b^2-c^2=0 \quad\cdots\cdots④$$

③$\times a-$④$\times(q+r)$ より

$$a^2(b-c)-(b^2-c^2)(q+r)=0$$

$$(b-c)\{a^2-(b+c)(q+r)\}=0$$

$a<b+c,\ a<q+r$ より

$$a^2<(b+c)(q+r) \quad\therefore\quad b=c$$

これを④に代入して $\quad q=r$

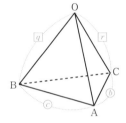

O から垂線を下ろした場合と，A から垂線を下ろした場合を連立させて，$b=c$, $q=r$ の結論を得たが，他の連立の仕方を考えることにより，$a=b=c=p=q=r$ が確認できる。

よって，四面体 OABC は正四面体である。

つまり，四面体の 4 つの面のうち，どの 2 つの面のなす角も等しいとき，この四面体は正四面体である。

法線ベクトルどうしのなす角を考えて解くと，次のような別解になります。

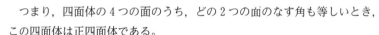

まず，四面体に内接球が存在することを確認する。

2つの面から等距離にある点の集合は，図①，②の網かけ部分のように
なるから，3つの側面から等距離にあるような点の集合は，図③の青い線
分のようになる。

① 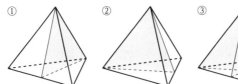 ② ③ ④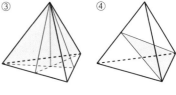

底面と1つの側面からの距離が等しい点の集合は図④の網かけ部分のよ
うになり，これと図③の青い線分がただ1つの交点をもつのは明らかであ
る。この交点から4つの面までの距離は等しいので，四面体には内接球が
存在する。

内接球の中心を I，半径を r，4つの面との接点を P，Q，R，S とすると，
IP＝IQ＝IR＝IS＝r であり，4つの面のうち，どの2つの面のなす角も等
しいとき，その法線どうしのなす角も等しく，それを θ とおくと

$$PQ^2 = |\overrightarrow{IQ} - \overrightarrow{IP}|^2 = |\overrightarrow{IQ}|^2 - 2\overrightarrow{IQ}\cdot\overrightarrow{IP} + |\overrightarrow{IP}|^2$$
$$= 2r^2 - 2r^2\cos\theta$$
$$PR^2 = |\overrightarrow{IR} - \overrightarrow{IP}|^2 = |\overrightarrow{IR}|^2 - 2\overrightarrow{IR}\cdot\overrightarrow{IP} + |\overrightarrow{IP}|^2$$
$$= 2r^2 - 2r^2\cos\theta = PQ^2$$

よって，PQ＝PR であり，同様にして四面体 PQRS の各辺の長さは等し
いことが確認できるから，四面体 PQRS は正四面体である。

元の四面体を ABCD として，IP は △QRS を
含む平面と △BCD を含む平面に垂直であるから，
この両平面は平行である。

同様に，△PQR を含む平面と △ABC を含む
平面も平行だから　　QR∥BC

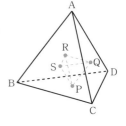

QS∥BD，RS∥CD も確認できるから

　　　△QRS∞△BCD

よって，△BCD は正三角形である。

四面体 ABCD の他の面も正三角形であることがわかるので，四面体
ABCD は正四面体である。

次の問いに答えよ。

(1) 複素数平面上で，原点 O を中心とする半径 1 の円周上に z_1, z_2, z_3, z_4 の順にある 4 つの複素数によってできる四角形の対角線が直交する条件は，$z_1z_3 + z_2z_4 = 0$ であることを証明せよ。

(2) n が奇数のとき，正 n 角形の 2 つの対角線が直交することはありえないことを証明せよ。

ここからの 2 問を通して，1 の n 乗根についての理解を深めておくことにしましょう。

技術の精度を上げる

(1)が(2)の準備になっています。これをどのように使うかを考えます。

まず 1 の n 乗根について，復習しておきましょう。

$z^n = 1$ を解くために，$z = r(\cos\theta + i\sin\theta)$ （r は正の実数）とおくと

$$r^n(\cos\theta + i\sin\theta)^n = 1 \qquad \therefore \quad r^n(\cos n\theta + i\sin n\theta) = 1$$

よって　　$r^n = 1$, $n\theta = 2\pi k$ （k は整数）

すなわち　　$r = 1$, $\theta = \dfrac{2\pi k}{n}$

したがって，$z^n = 1$ を満たす z は

$$z = \cos\frac{2\pi k}{n} + i\sin\frac{2\pi k}{n} - \left(\cos\frac{2\pi}{n} + i\sin\frac{2\pi}{n}\right)^k$$

と表されます。ここで，$k = np + q$ （p, q は整数で $0 \leqq q < n$）とおくと

$$\left(\cos\frac{2\pi}{n} + i\sin\frac{2\pi}{n}\right)^k = \left(\cos\frac{2\pi}{n} + i\sin\frac{2\pi}{n}\right)^{np+q}$$

$$= (\cos 2\pi + i\sin 2\pi)^p\left(\cos\frac{2\pi}{n} + i\sin\frac{2\pi}{n}\right)^q$$

$$= \left(\cos\frac{2\pi}{n} + i\sin\frac{2\pi}{n}\right)^q$$

ですから，結局 $z^n = 1$ を満たす z は n 個あり

$$z = \cos\frac{2\pi k}{n} + i\sin\frac{2\pi k}{n} \quad (k = 0,\ 1,\ 2,\ \cdots,\ n-1)$$

と表されます。

また，$z_1 = \cos\dfrac{2\pi}{n} + i\sin\dfrac{2\pi}{n}$ を 1 の原始 n 乗根と呼び，これを使うと，1 の n 乗根
は $z=1,\ z_1,\ z_1{}^2,\ \cdots,\ z_1{}^{n-1}$ と表すことができます。

さらに，$z^n=1$ は，$(z-1)(z^{n-1}+z^{n-2}+\cdots+z+1)=0$ と書き換えることもできる
ので，$z_1,\ z_1{}^2,\ \cdots,\ z_1{}^{n-1}$ は

$$z^{n-1}+z^{n-2}+\cdots+z+1=0$$

の解になっており，これを円分方程式と呼びます。したがって

$$z^{n-1}+z^{n-2}+\cdots+z+1=(z-z_1)(z-z_1{}^2)\cdots(z-z_1{}^{n-1})$$

と因数分解することもできます。

解答

(1) 単位円周上の 4 点 $z_1,\ z_2,\ z_3,\ z_4$ でできる四角形の対角線が直交するとき

$$\arg\frac{z_1-z_3}{z_2-z_4}=\pm90° \quad \text{よって} \quad \frac{z_1-z_3}{z_2-z_4}+\frac{\overline{z_1}-\overline{z_3}}{\overline{z_2}-\overline{z_4}}=0$$

$|z_1|=|z_2|=|z_3|=|z_4|=1$ より

$$z_1\overline{z_1}=z_2\overline{z_2}=z_3\overline{z_3}=z_4\overline{z_4}=1$$

よって

$$\frac{z_1-z_3}{z_2-z_4}+\frac{\dfrac{1}{z_1}-\dfrac{1}{z_3}}{\dfrac{1}{z_2}-\dfrac{1}{z_4}}=0 \qquad \frac{z_1-z_3}{z_2-z_4}+\frac{z_2z_4}{z_1z_3}\cdot\frac{z_3-z_1}{z_4-z_2}=0$$

$$\frac{z_1-z_3}{z_2-z_4}\left(1+\frac{z_2z_4}{z_1z_3}\right)=0$$

$\dfrac{z_1-z_3}{z_2-z_4}\neq0$ だから，$1+\dfrac{z_2z_4}{z_1z_3}=0$ すなわち $z_1z_3+z_2z_4=0$ である。

この議論は逆にもたどることができるので，題意は示された。

(証明終)

(2) 正 n 角形が単位円に内接する場合で考えてよく，

$z=\cos\dfrac{2\pi}{n}+i\sin\dfrac{2\pi}{n}$ として頂点は $1,\ z,\ z^2,\ \cdots,\ z^{n-1}$ と表せる。

直交する対角線があったとして，その頂点を $1,\ z^k,\ z^l,\ z^m$
$(1\leq k<l<m<n)$ とすると，(1)より

$$1\cdot z^l+z^kz^m=0$$

$$\therefore\quad z^l=-z^{k+m} \quad\cdots\cdots(*)$$

$k+m=np+q$（$p,\ q$ は整数で $0\leq q<n$）とおくと，
$z^{k+m}=z^{np+q}=z^q$ となるから，$(*)$は

$$z^l = -z^q$$

これより，正 n 角形の頂点で原点対称のものが存在することになるが，これは n が奇数であることに矛盾する。

よって，直交する対角線は存在しない。　　　　　　　　（証明終）

(2)を1の n 乗根を使わずに解くと，次のような別解になります。

別解

(2)　正 n 角形が単位円に内接するときで考えてよく，正 n 角形の頂点を z_1, z_2, $\cdots$, z_n とする。

・$n = 3$ のとき，対角線がないので題意は成立する。

・$n \geqq 5$ のとき

$1 < k < l < m \leqq n$ として，四角形 $z_1 z_k z_l z_m$ の対角線が直交したとすると
$$z_1 z_l + z_k z_m = 0 \quad (\because \quad (1))$$

すなわち　　$z_1 z_l = -z_k z_m$　　……(＊＊)

正 n 角形で考えているので，z_1, z_k, z_l, z_m を1つずつ隣りの頂点と重なるように回転していくと，(＊＊)と同様の方程式が n 個作れることがわかる。

ここで，z_i の添字 i に注目すると，上の n 個の方程式の両辺それぞれに1から n の各添字が2回ずつ現れるので，n 個の方程式の辺々をかけると
$$z_1{}^2 z_2{}^2 \cdots z_n{}^2 = (-1)^n z_1{}^2 z_2{}^2 \cdots z_n{}^2$$

n は奇数だから，$(-1)^n = -1$ であり　　$z_1{}^2 z_2{}^2 \cdots z_n{}^2 = 0$

これは $|z_1 z_2 \cdots z_n| = 1$ と矛盾する。

よって，n が奇数のとき，正 n 角形の対角線が直交することはない。

（証明終）

半径 1 の円に内接する正 n 角形の 1 つの頂点と，他の $n-1$ 個の頂点を結んでできる $n-1$ 個の線分の長さの積は，n になることを示せ。

複素数平面上で考えます。すると，1 の原始 n 乗根を z_1 として，n 個の頂点は 1，z_1，$z_1{}^2$，$\cdots$，$z_1{}^{n-1}$ と表され，求める $n-1$ 個の線分の長さの積は，$|1-z_1||1-z_1{}^2|\cdots|1-z_1{}^{n-1}|$ となりますが，この値がどうして n になるのでしょうか。

これを処理するには，1 の n 乗根についての理解が必要です。

解答 複素数平面上で考える。$\alpha=\cos\dfrac{2\pi}{n}+i\sin\dfrac{2\pi}{n}$ として，求める積 l は

$$l=|1-\alpha||1-\alpha^2||1-\alpha^3|\cdots|1-\alpha^{n-1}|$$
$$=|(1-\alpha)(1-\alpha^2)(1-\alpha^3)\cdots(1-\alpha^{n-1})|$$

ここで，α, α^2, α^3, $\cdots$, α^{n-1} は，$z^n=1$ の 1 でない解であり，$z^n=1$ $\iff$ $(z-1)(z^{n-1}+z^{n-2}+\cdots+z+1)=0$ だから，α, α^2, α^3, $\cdots$, α^{n-1} は $z^{n-1}+z^{n-2}+\cdots+z+1=0$ の解である。

よって，$z^{n-1}+z^{n-2}+\cdots+z+1=(z-\alpha)(z-\alpha^2)\cdots(z-\alpha^{n-1})$ と因数分解され，$z=1$ とすると，$(1-\alpha)(1-\alpha^2)\cdots(1-\alpha^{n-1})=n$ となる。

したがって，$l=|(1-\alpha)(1-\alpha^2)\cdots(1-\alpha^{n-1})|=n$ である。 （証明終）

なお，幾何的に処理しようとすれば次のようになりますが，やはり複素数平面を導入しなければ計算を進めるのが難しそうです。

別解 正 n 角形の一辺の長さは $2\sin\dfrac{\pi}{n}$ と表される。

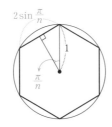
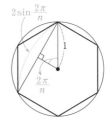

1 つ飛びの頂点を結んだ線分の長さは $2\sin\dfrac{2\pi}{n}$ となり，以下同様に考

えて，求める線分の積 l は

$$l = 2\sin\frac{\pi}{n} \cdot 2\sin\frac{2\pi}{n} \cdot 2\sin\frac{3\pi}{n} \cdot \cdots \cdot 2\sin\frac{(n-1)\pi}{n}$$

と表される。

ここで，$\alpha = \cos\dfrac{\pi}{n} + i\sin\dfrac{\pi}{n}$ とおくと

$$2\sin\frac{\pi}{n} = \frac{\alpha - \overline{\alpha}}{i}, \quad 2\sin\frac{2\pi}{n} = \frac{\alpha^2 - \overline{\alpha^2}}{i}, \quad \cdots,$$

$$2\sin\frac{(n-1)\pi}{n} = \frac{\alpha^{n-1} - \overline{\alpha^{n-1}}}{i}$$

したがって

$$l = \frac{\alpha - \overline{\alpha}}{i} \cdot \frac{\alpha^2 - \overline{\alpha^2}}{i} \cdot \cdots \cdot \frac{\alpha^{n-1} - \overline{\alpha^{n-1}}}{i}$$

$$= \left| \left(\alpha - \frac{1}{\alpha}\right)\left(\alpha^2 - \frac{1}{\alpha^2}\right)\cdots\left(\alpha^{n-1} - \frac{1}{\alpha^{n-1}}\right) \right|$$

$$\left(\because \quad \alpha^k = \left(\cos\frac{\pi}{n} + i\sin\frac{\pi}{n}\right)^k = \cos\frac{k\pi}{n} + i\sin\frac{k\pi}{n} \text{ より,} \right.$$

$$\left. |\alpha^k| = 1 \qquad \therefore \quad \alpha^k \cdot \overline{\alpha^k} = 1 \right)$$

$$= \left| \frac{\alpha^2 - 1}{\alpha} \cdot \frac{\alpha^4 - 1}{\alpha^2} \cdot \cdots \cdot \frac{\alpha^{2(n-1)} - 1}{\alpha^{n-1}} \right|$$

$$= |(\alpha^2 - 1)(\alpha^4 - 1)\cdots(\alpha^{2(n-1)} - 1)|$$

ここで，$\alpha^2 = \cos\dfrac{2\pi}{n} + i\sin\dfrac{2\pi}{n} = z_1$ とおくと

$$l = |(z_1 - 1)(z_1^2 - 1)\cdots(z_1^{n-1} - 1)|$$

（以下，〔解答〕と同じ）

　a を $1<a<3$ を満たす実数とし，座標空間内の 4 点 $P_1(1, 0, 1)$，$P_2(1, 1, 1)$，$P_3(1, 0, 3)$，$Q(0, 0, a)$ を考える。直線 P_1Q，P_2Q，P_3Q と xy 平面の交点をそれぞれ R_1，R_2，R_3 として，三角形 $R_1R_2R_3$ の面積を $S(a)$ とする。$S(a)$ を最小にする a と，そのときの $S(a)$ の値を求めよ。　　　　　（東京大）

　ある程度大きく見やすい図を描いて，状況を把握することが大切です。

　　　　・大きめの図を描く
　　　　・見やすい方向から見る

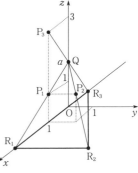

　そうすると R_1，R_3 は x 軸上にあることがわかりますから，相似関係に注目して座標を出すことができます。

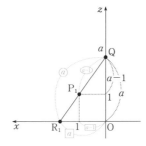
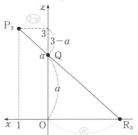

　R_2 については，P_2 を xz 平面に射影して考えれば，x 座標が R_1 と同じになることがわかり，yz 平面に射影して考えれば，y 座標もそれと同じになることがわかります。

　もちろん
　　　　$\overrightarrow{OR_1}=\overrightarrow{OQ}+t\overrightarrow{QP_1}$　（t は実数）
とおいて
　　　　$(x, y, 0)=(0, 0, a)+t(1, 0, 1-a)$
　　　　$\begin{cases} x=t \\ y=0 \\ 0=a+t(1-a) \end{cases}$

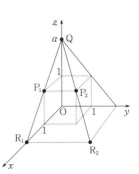

$$\therefore \quad t=\frac{a}{a-1}, \quad x=\frac{a}{a-1}, \quad y=0$$

よって　　$R_1\left(\dfrac{a}{a-1},\ 0,\ 0\right)$

のように求めてもよいと思います。

解　答　相似関係により

$$R_1\left(\frac{a}{a-1},\ 0,\ 0\right),\ R_3\left(-\frac{a}{3-a},\ 0,\ 0\right)$$

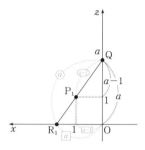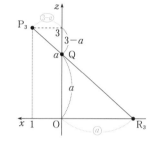

同様に考えて　　$R_2\left(\dfrac{a}{a-1},\ \dfrac{a}{a-1},\ 0\right)$

したがって

$$S(a)=\frac{1}{2}\left(\frac{a}{a-1}+\frac{a}{3-a}\right)\cdot\frac{a}{a-1}=\frac{a^2}{(a-1)^2(3-a)}$$

$$S'(a)=\frac{2a(-a^3+5a^2-7a+3)-a^2(-3a^2+10a-7)}{(a-1)^4(3-a)^2}$$

$$=\frac{a(a^3-7a+6)}{(a-1)^4(3-a)^2}$$

$$=\frac{a(a-1)(a+3)(a-2)}{(a-1)^4(3-a)^2}$$

$$=\frac{a(a+3)(a-2)}{(a-1)^3(3-a)^2}$$

よって，$S(a)$ は右のように増減するので，$S(a)$ を最小にする a は **2** で，そのとき　$S(a)=$ **4**

a	1	$\cdots$	2	$\cdots$	3
$S'(a)$		$-$	0	$+$	
$S(a)$		$\searrow$		$\nearrow$	

座標空間において，xy 平面内で不等式 $|x|\leqq1$，$|y|\leqq1$ により定まる正方形 S の 4 つの頂点を A$(-1,\ 1,\ 0)$，B$(1,\ 1,\ 0)$，C$(1,\ -1,\ 0)$，D$(-1,\ -1,\ 0)$ とする。正方形 S を，直線 BD を軸として回転させてできる立体を V_1，直線 AC を軸として回転させてできる立体を V_2 とする。

(1) $0\leqq t<1$ を満たす実数 t に対し，平面 $x=t$ による V_1 の切り口の面積を求めよ。

(2) V_1 と V_2 の共通部分の体積を求めよ。

（東京大）

・大きめの図を描く

・見やすい方向から見る

ことが大事です。V_1 を考えるとき，円錐が斜めになっていて見にくくならないように，見やすい方向から図を描きます。

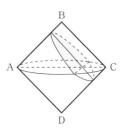

知っておくべき知識は，円錐を母線に平行な平面で切った切り口は放物線になるということです。そうすると，頂点の座標がわかっているので，もう 1 つ通る点の座標がわかれば方程式が得られます。ここでも，見やすい方向から見ることが大事です。

以下，計算量はあるものの誘導に従っていけば自然に答えにたどり着けます。ところで，「円錐を平面で切る」という設定は，東大では何度も出題されており，円錐の軸と母線の角度が一定であることに注目して方程式を立てるという方法を知っておいた方がよいかもしれません。

つまり，$x=t$ による切り口の境界上の点を P$(t,\ y,\ z)$ とおくと，$\overrightarrow{\mathrm{BO}}\cdot\overrightarrow{\mathrm{BP}}=|\overrightarrow{\mathrm{BO}}||\overrightarrow{\mathrm{BP}}|\cos45°$ より

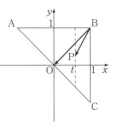

$$(-1,\ -1,\ 0)\cdot(t-1,\ y-1,\ z)$$
$$=\sqrt{2}\ \sqrt{(t-1)^2+(y-1)^2+z^2}\cdot\frac{1}{\sqrt{2}}$$
$$-(t-1)-(y-1)=\sqrt{(t-1)^2+(y-1)^2+z^2}$$

2 乗して

$$2(t-1)(y-1)=z^2 \quad \therefore \quad y=-\frac{1}{2(1-t)}z^2+1$$

といったやり方で V_1 の B の側の切り口の方程式が得られます。

(1) V_1 は円錐を2つ合わせた立体になり，$x=t$ は母線に平行な平面なので，切り口は放物線になる。

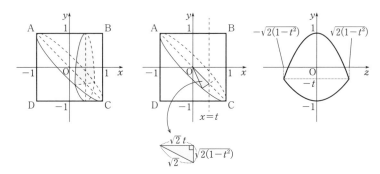

以下，zy 平面に射影して考えて，円錐の B 側の切り口は，$(0, 1)$ が頂点で，$(\sqrt{2(1-t^2)}, -t)$ を通るから，$y=-az^2+1$ とおけて

$$-t=-a\cdot 2(1-t^2)+1 \qquad \therefore \quad a=\frac{1}{2(1-t)}$$

よって $\qquad y=-\dfrac{1}{2(1-t)}z^2+1 \quad \cdots\cdots①$

円錐の D 側の切り口は，$(0, -1)$ が頂点で，$(\sqrt{2(1-t^2)}, -t)$ を通るから，$y=az^2-1$ とおけて

$$-t=a\cdot 2(1-t^2)-1 \qquad \therefore \quad a=\frac{1}{2(1+t)}$$

よって $\qquad y=\dfrac{1}{2(1+t)}z^2-1 \quad \cdots\cdots②$

したがって，切り口は①，②で囲まれる部分になり，面積は

$$\int_{-\sqrt{2(1-t^2)}}^{\sqrt{2(1-t^2)}}\left\{-\frac{1}{2(1-t)}z^2+1+t\right\}dz$$
$$+\int_{-\sqrt{2(1-t^2)}}^{\sqrt{2(1-t^2)}}\left\{-t-\frac{1}{2(1+t)}z^2+1\right\}dz$$

$$=-\frac{1}{2(1-t)}\int_{-\alpha}^{\alpha}(z+\alpha)(z-\alpha)dz-\frac{1}{2(1+t)}\int_{-\alpha}^{\alpha}(z+\alpha)(z-\alpha)dz$$
$$\qquad\qquad\qquad\qquad\qquad (\alpha=\sqrt{2(1-t^2)})$$

$$=\left\{\frac{1}{2(1-t)}+\frac{1}{2(1+t)}\right\}\cdot\frac{(2\alpha)^3}{6}$$

$$=\frac{1}{(1-t)(1+t)}\cdot\frac{4\cdot 2(1-t^2)\sqrt{2(1-t^2)}}{3}=\frac{8\sqrt{2(1-t^2)}}{3}$$

(2) V_2 を $x=t$ で切った切り口は，(1)と同様の考察により，V_1 を $x=t$ で切った切り口を z 軸に関して折り返したものになる。

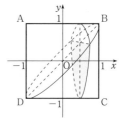

これらの切り口を同時に図示すると，下図のようになる。

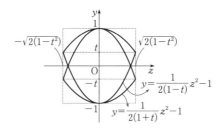

ところで，$y=\dfrac{1}{2(1+t)}z^2-1$ と

$y=\dfrac{1}{2(1-t)}z^2-1$ は，同じ頂点をもつ放物線であるが，z^2 の係数が大きい方が上方にあるのは明らかなので，V_1，V_2 の共通部分の $x=t$ による切り口は右のようになる。

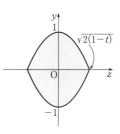

この面積は

$$2\times\int_{-\sqrt{2(1-t)}}^{\sqrt{2(1-t)}}\left\{-\frac{1}{2(1-t)}z^2+1\right\}dz=-\frac{1}{1-t}\int_{-\beta}^{\beta}(z+\beta)(z-\beta)dz$$

$$(\beta=\sqrt{2(1-t)}\,)$$

$$=\frac{(2\beta)^3}{6(1-t)}$$

$$=\frac{4\cdot2(1-t)\sqrt{2(1-t)}}{3(1-t)}$$

$$=\frac{8\sqrt{2(1-t)}}{3}$$

よって，求める体積は

$$2\int_0^1\frac{8\sqrt{2(1-t)}}{3}dx=2\int_0^1\frac{8\sqrt{2(1-t)}}{3}dt\quad(x=t)$$

$$=\frac{16\sqrt{2}}{3}\left[-\frac{2}{3}(1-t)^{\frac{3}{2}}\right]_0^1=\frac{32\sqrt{2}}{9}$$

演習編

　a を正の実数とし，空間内の2つの円板

$$D_1=\{(x,\ y,\ z)\,|\,x^2+y^2\leqq1,\ z=a\},$$
$$D_2=\{(x,\ y,\ z)\,|\,x^2+y^2\leqq1,\ z=-a\}$$

を考える。D_1 を y 軸の回りに 180° 回転して D_2 に重ねる。ただし回転は z 軸の正の部分を x 軸の正の方向に傾ける向きとする。この回転の間に D_1 が通る部分を E とする。E の体積を $V(a)$ とし，E と $\{(x,\ y,\ z)\,|\,x\geqq0\}$ との共通部分の体積を $W(a)$ とする。

(1)　$W(a)$ を求めよ。

(2)　$\displaystyle\lim_{a\to\infty}V(a)$ を求めよ。

（東京大）

　回転軸を含む平面上にはない円の回転によりどのような立体が得られるかは，このままではわかりにくいです。まず，ある y で円を切れば線分になり，これを y 軸のまわりに回転させます。

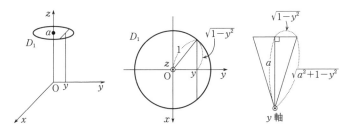

　見やすい方向から見ることが重要で，そうすると，この線分を 180° 回転させたときの通過部分が右図の網かけ部分のようになることがわかります。

見やすい方向から見る

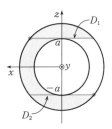

(1)は，この $x \geqq 0$ の部分の面積を考えて，y について積分すればできあがりです。

(2)については，$V(a) - W(a)$ の部分を計算するのが非常に難しいですが，これを計算せよとは書いてありません。そもそも(1)の結果は，$W(a) = \dfrac{2\pi}{3}$ と a によらない一定値になりますが，そのこと自体が不思議で，それは一体どういう意味なのかを考えるところに解法の糸口があります。

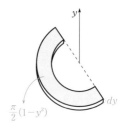

まず，$V(a) - W(a)$ の部分は，左下図の網かけ部分の面積を y について積分したものになり，結局，右下図の網かけ部分の面積を y について積分したものになります。

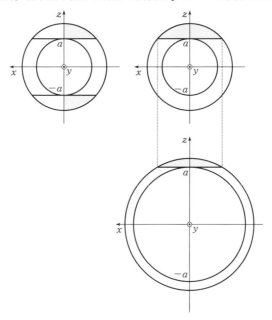

この部分は a が大きくなればどんどん薄くなっていくことがわかります。同心円で囲まれている部分もどんどん薄くなっていきますから，a が大きくなっても $W(a)$ が一定になったのです。ということで，$V(a) - W(a)$ は，a を大きくすれば 0 に収束するはずです。これを示すことにしましょう。

まず，右図のように θ を定めて，網かけ部分の面積を表してみます。

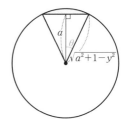

$$\frac{1}{2}\sqrt{a^2+1-y^2}^2\cdot2\theta-a\sqrt{1-y^2}$$

$$=(a^2+1-y^2)\theta-a\sqrt{1-y^2}$$

この式は θ が邪魔で，y で積分するのが大変です。「この面積を多少大きくしても，0 に収束することを示す」という目標を意識しながら，θ を y で表す方法はないかと考えます。$\theta\fallingdotseq0$ では $\theta\fallingdotseq\sin\theta$ ですが，それでは $\theta\geqq\sin\theta$ となり，うまくいきません。$\theta\leqq\tan\theta=\dfrac{\sqrt{1-y^2}}{a}$ で解決です。

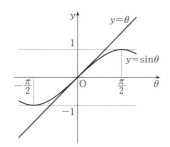
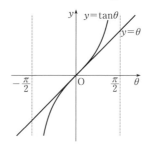

解答

(1) $-1\leqq y\leqq1$ のある y で D_1 を切ると長さ $2\sqrt{1-y^2}$ の線分になり，これを y 軸のまわりに回転させると，半径 a と半径 $\sqrt{a^2+1-y^2}$ の同心円で囲まれた図形になる。

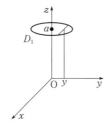
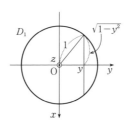
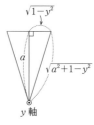

　180° 回転の場合は，この線分の通過する部分は，右図の網かけ部分のようになる。

　このうち $x\geqq0$ の部分の面積は

$$\frac{\pi}{2}(\sqrt{a^2+1-y^2}^2-a^2)=\frac{\pi}{2}(1-y^2)$$

よって

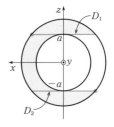

$$W(a)=\int_{-1}^{1}\frac{\pi}{2}(1-y^2)dy=\pi\int_{0}^{1}(1-y^2)dy$$

$$=\pi\left[y-\frac{y^3}{3}\right]_{0}^{1}=\boldsymbol{\frac{2\pi}{3}}$$

(2) $V(a)-W(a)$ を考える。$-1\leqq y\leqq 1$ のある y における切り口は右図のようになる。

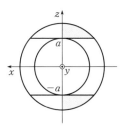

この面積は，右図のように θ を定めて

$$\frac{1}{2}\sqrt{a^2+1-y^2}^{2}\cdot 2\theta-a\sqrt{1-y^2}$$

$$=(a^2+1-y^2)\theta-a\sqrt{1-y^2}$$

ここで，$0\leqq\theta<\dfrac{\pi}{2}$ では $\theta\leqq\tan\theta=\dfrac{\sqrt{1-y^2}}{a}$

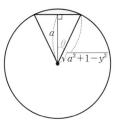

だから

$$(a^2+1-y^2)\theta-a\sqrt{1-y^2}\leqq(a^2+1-y^2)\cdot\frac{\sqrt{1-y^2}}{a}-a\sqrt{1-y^2}$$

$$=\frac{(1-y^2)^{\frac{3}{2}}}{a}$$

$$\leqq\frac{1}{a}$$

したがって

$$0\leqq V(a)-W(a)\leqq\int_{-1}^{1}\frac{1}{a}dy=\frac{2}{a}$$

ここで，$\displaystyle\lim_{a\to\infty}\frac{2}{a}=0$ であるから

$$\lim_{a\to\infty}\{V(a)-W(a)\}=0$$

よって $\displaystyle\lim_{a\to\infty}V(a)=W(a)=\frac{2\pi}{3}$

> 1辺の長さ1の立方体 ABCD-EFGH を対角線 AG のまわりに1回転して得られる立体の体積を求めよ。

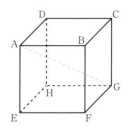

ここからの3問を通して,「数学Ⅲ」における興味深いテーマを学んでおくことにしましょう。

技術の精度を上げる

回転軸 AG と同一平面上にある線分 AB, CG を回転すると,それぞれ円錐になることがわかりますが,BC は AG とねじれの位置にあり,簡単ではありません。

たとえば,A(1, 0, 0) と B(0, 1, 1) を結ぶ線分と z 軸の距離を考えてみます。A と z 軸の距離は1で,線分 AB 上を A から B に移動すると,z 軸との距離はしだいに短くなり,AB の中点を超えると今度はしだいに長くなり,B まで来ると再び1になります。

したがって,AB を z 軸のまわりに回転して得られる立体は,右下図のようになります。

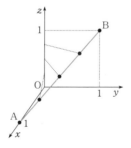
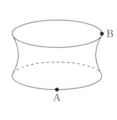

結局,この立体の体積を求めるには,AB 上の各点と z 軸との距離を調べて積分を用いることになります。具体的には,AB 上の点を P として

$$\overrightarrow{OP}=\overrightarrow{OA}+t\overrightarrow{AB}=(1,\ 0,\ 0)+t(-1,\ 1,\ 1)=(1-t,\ t,\ t)$$

P と z 軸の距離を r とすると

$$r^2=(1-t)^2+t^2$$

よって,体積は次のようになります。

$$\int_0^1 \pi r^2 dz=\pi\int_0^1\{(1-t)^2+t^2\}dt\quad (z=t)$$

$$=\pi\left[-\frac{(1-t)^3}{3}+\frac{t^3}{3}\right]_0^1=\pi\left(\frac{1}{3}+\frac{1}{3}\right)=\frac{2\pi}{3}$$

これは，底面が半径 1 の円で高さが 1 の円柱の体積の $\dfrac{2}{3}$ 倍
になっています。

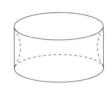

解答 立体は，AG のまわりに折れ線 A-B-C-G を
回転したものになる。

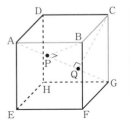

AB，CG を回転したものは，それぞれ円錐
になり，AB を回転したものの底面の半径は，
右図の BP の長さで

$$\sqrt{2} \cdot \dfrac{\sqrt{3}}{2} \cdot \dfrac{2}{3} = \dfrac{\sqrt{6}}{3}$$

また

$$\overrightarrow{\mathrm{AG}} = \overrightarrow{\mathrm{AB}} + \overrightarrow{\mathrm{AD}} + \overrightarrow{\mathrm{AE}}$$
$$= 3 \cdot \dfrac{\overrightarrow{\mathrm{AB}} + \overrightarrow{\mathrm{AD}} + \overrightarrow{\mathrm{AE}}}{3}$$
$$= 3\overrightarrow{\mathrm{AP}}$$

より，高さは $\quad \mathrm{AP} = \dfrac{\mathrm{AG}}{3} = \dfrac{\sqrt{3}}{3}$

CG を回転したものについても同様であり，これらの体積は

$$2 \times \dfrac{1}{3} \cdot \pi \left(\dfrac{\sqrt{6}}{3} \right)^2 \cdot \dfrac{\sqrt{3}}{3} = \dfrac{4\sqrt{3}\,\pi}{27}$$

BC は AG とねじれの位置にあり，右図
のような座標をとって考える。

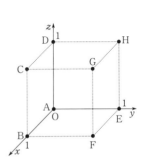

P は $\dfrac{1}{3}(1,\ 1,\ 1)$, Q は $\dfrac{2}{3}(1,\ 1,\ 1)$ で
あり，PQ 上の点を

$$t(1,\ 1,\ 1) \quad \left(\dfrac{1}{3} \le t \le \dfrac{2}{3} \right)$$

と表す。

また，BC 上の点を

$$(1,\ 0,\ 0)+s(0,\ 0,\ 1)=(1,\ 0,\ s)\quad(0\leqq s\leqq1)$$

とおき，ここから PQ に垂線の足を下ろす。

$(1,\ 0,\ s)-t(1,\ 1,\ 1)\perp(1,\ 1,\ 1)$ より

$$(1-t,\ -t,\ s-t)\cdot(1,\ 1,\ 1)=0$$

$$1-t-t+s-t=0$$

$\therefore\quad s=3t-1$

このとき，垂線の長さを r として

$$r^2=(1-t)^2+(-t)^2+(3t-1-t)^2$$

$$=6t^2-6t+2$$

AG を新たな座標軸 u と考えると，$t(1,\ 1,\ 1)$ の u 座標は

$$u=\sqrt{3}\,t\quad\left(\frac{1}{3}\leqq t\leqq\frac{2}{3}\right)$$

よって，BC を AG のまわりに回転して得られる立体の体積は

$$\int_{\frac{\sqrt{3}}{3}}^{\frac{2\sqrt{3}}{3}}\pi r^2\,du=\pi\int_{\frac{1}{3}}^{\frac{2}{3}}(6t^2-6t+2)\sqrt{3}\,dt$$

$$=2\sqrt{3}\,\pi\left[t^3-\frac{3t^2}{2}+t\right]_{\frac{1}{3}}^{\frac{2}{3}}$$

$$=2\sqrt{3}\,\pi\left(\frac{7}{27}-\frac{3}{6}+\frac{1}{3}\right)$$

$$=\frac{5\sqrt{3}\,\pi}{27}$$

よって，求める体積は

$$\frac{4\sqrt{3}\,\pi}{27}+\frac{5\sqrt{3}\,\pi}{27}=\frac{\sqrt{3}\,\pi}{3}$$

座標軸のとり方は一通りではないので，次に別解も載せておきます。

別解①

（AB，CG を AG のまわりに回転して得られる立体の体積を求めるまでは，〔解答〕と同じ）

BC を回転して得られる立体の体積を考える。

AG を z 軸上にとり，A$(0, 0, 0)$，G$(0, 0, \sqrt{3})$ とする。

まず B と z 軸との距離は BP であり，下図のように R をとると

$$\mathrm{BR} = \sqrt{\left(\frac{1}{3}\right)^2 + \left(\frac{2}{3}\right)^2} = \frac{\sqrt{5}}{3}$$

$$\mathrm{BP} = \sqrt{\left(\frac{1}{3}\right)^2 + \left(\frac{\sqrt{5}}{3}\right)^2} = \frac{\sqrt{6}}{3}$$

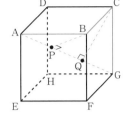

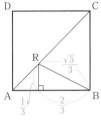

よって，B$\left(\frac{\sqrt{6}}{3}, 0, \frac{\sqrt{3}}{3}\right)$ とおけて，このとき，C の z 座標は $\frac{2\sqrt{3}}{3}$ であり，xy 平面に B，C，D，… を射影した点を B′，C′，D′，… として

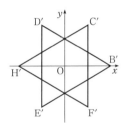

$$\overrightarrow{\mathrm{OC'}} = \frac{\sqrt{6}}{3}\left(\frac{1}{2}, \frac{\sqrt{3}}{2}\right) = \left(\frac{\sqrt{6}}{6}, \frac{\sqrt{2}}{2}\right)$$

$$\therefore \quad \mathrm{C}\left(\frac{\sqrt{6}}{6}, \frac{\sqrt{2}}{2}, \frac{2\sqrt{3}}{3}\right)$$

よって，BC 上の点は

$$(x, y, z) = \left(\frac{\sqrt{6}}{3}, 0, \frac{\sqrt{3}}{3}\right) + t\left(-\frac{\sqrt{6}}{6}, \frac{\sqrt{2}}{2}, \frac{\sqrt{3}}{3}\right)$$

$$= \left(\frac{\sqrt{6}}{3} - \frac{\sqrt{6}}{6}t, \frac{\sqrt{2}}{2}t, \frac{\sqrt{3}}{3} + \frac{\sqrt{3}}{3}t\right)$$

と表されるので，BC を回転して得られる立体を $z = \frac{\sqrt{3}}{3} + \frac{\sqrt{3}}{3}t$ で切った切り口の面積は

演習編

$$\pi\left\{\left(\frac{\sqrt{6}}{3}-\frac{\sqrt{6}}{6}t\right)^2+\left(\frac{\sqrt{2}}{2}t\right)^2\right\}=\pi\left\{\frac{(t-2)^2}{6}+\frac{t^2}{2}\right\}$$

よって，BC を回転して得られる立体の体積は

$$\int_{\frac{\sqrt{3}}{3}}^{\frac{2\sqrt{3}}{3}}\pi\left\{\frac{(t-2)^2}{6}+\frac{t^2}{2}\right\}dz=\pi\int_0^1\left\{\frac{(t-2)^2}{6}+\frac{t^2}{2}\right\}\frac{\sqrt{3}}{3}dt$$

$$\left(z=\frac{\sqrt{3}}{3}+\frac{\sqrt{3}}{3}t\right)$$

$$=\frac{\sqrt{3}}{3}\pi\left[\frac{(t-2)^3}{18}+\frac{t^3}{6}\right]_0^1$$

$$=\frac{\sqrt{3}}{3}\pi\left(-\frac{1}{18}+\frac{8}{18}+\frac{1}{6}\right)$$

$$=\frac{5\sqrt{3}\pi}{27}$$

よって，求める体積は

$$\frac{4\sqrt{3}\pi}{27}+\frac{5\sqrt{3}\pi}{27}=\frac{\sqrt{3}\,\pi}{3}$$

〔別解①〕をもう少し幾何的に処理することもできます。

別解②　△BDE，△CHF の重心を P，Q として，PQ のまわりに BC を回転して得られる立体を考える。

PQ を $t:1-t$ に内分する点を R，BC を同じ比に内分する点を S とすると，RS が回転体の半径を与える。

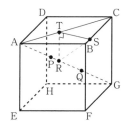

$$AR=\frac{\sqrt{3}}{3}+\frac{\sqrt{3}}{3}t=\sqrt{3}\cdot\frac{1+t}{3}$$

よって，R から AC に下ろした垂線の足を T として

$$RT=\frac{1+t}{3},\quad CT=\sqrt{2}\left(1-\frac{1+t}{3}\right)=\sqrt{2}\cdot\frac{2-t}{3}$$

よって

$$ST^2=CS^2+CT^2-2CS\cdot CT\cdot\cos45°$$
$$=(1-t)^2+\left\{\frac{\sqrt{2}\,(2-t)}{3}\right\}^2$$
$$\qquad-2(1-t)\cdot\frac{\sqrt{2}\,(2-t)}{3}\cos45°$$

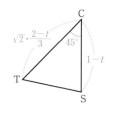

$$= \frac{5t^2-8t+5}{9}$$

よって

$$RS^2 = RT^2 + ST^2$$

$$= \left(\frac{1+t}{3}\right)^2 + \frac{5t^2-8t+5}{9}$$

$$= \frac{2(t^2-t+1)}{3}$$

したがって，PQ のまわりに BC を回転して得られる立体の体積は，P を原点として $\overrightarrow{PQ}$ 方向に x 軸をとると，$x=\dfrac{\sqrt{3}}{3}t$ と表されるので

$$\int_0^{\frac{\sqrt{3}}{3}} \pi RS^2 dx = \pi \int_0^1 \frac{2(t^2-t+1)}{3} \cdot \frac{\sqrt{3}}{3} dt$$

$$= \frac{2\sqrt{3}}{9}\pi \left[\frac{t^3}{3} - \frac{t^2}{2} + t\right]_0^1$$

$$= \frac{2\sqrt{3}}{9}\pi \left(\frac{1}{3} - \frac{1}{2} + 1\right)$$

$$= \frac{5\sqrt{3}}{27}\pi$$

よって，求める体積は

$$\frac{4\sqrt{3}}{27}\pi + \frac{5\sqrt{3}}{27}\pi = \frac{\sqrt{3}\pi}{3}$$

$a_n = \displaystyle\int_0^1 e^x \cdot \dfrac{(1-x)^n}{n!} dx$ とする。次の(1)~(3)を示せ。

(1)　$0 < a_n < \dfrac{e}{(n+1)!}$

(2)　$a_n = e - \displaystyle\sum_{k=0}^n \dfrac{1}{k!}$　　$(n \geqq 0)$

(3)　e は無理数である。

技術の精度を上げる

$a < b$ とするとき，$f(x) \leqq g(x)$ であれば

$$\int_a^b f(x)dx \leqq \int_a^b g(x)dx$$

が成り立ちます。これを示すには，$f(x) \geqq 0$，$g(x) \geqq 0$ とは限らないので，「面積を比べて…」のような説明ではダメで，次のように示します。

$f(x) \leqq g(x)$ のとき　　$g(x) - f(x) \geqq 0$

よって　　$\displaystyle\int_a^b \{g(x) - f(x)\}dx \geqq 0$　すなわち　$\displaystyle\int_a^b g(x)dx - \int_a^b f(x)dx \geqq 0$

$\therefore$　$\displaystyle\int_a^b f(x)dx \leqq \int_a^b g(x)dx$

等号は，$a \leqq x \leqq b$ で恒等的に $f(x) = g(x)$ となるときに限り成立します。

これを用いて，(1)では，$0 < a_n < \dfrac{e}{(n+1)!}$ すなわち $0 < \displaystyle\int_0^1 e^x \cdot \dfrac{(1-x)^n}{n!}dx < \dfrac{e}{(n+1)!}$ から逆算して，$0 \leqq x \leqq 1$ のとき

$$0 \leqq e^x \cdot \frac{(1-x)^n}{n!} \leqq e \cdot \frac{(1-x)^n}{n!} \quad \cdots\cdots ①$$

$\therefore$　$0 < \displaystyle\int_0^1 e^x \cdot \frac{(1-x)^n}{n!}dx < \int_0^1 e \cdot \frac{(1-x)^n}{n!}dx$

($\because$　①の等号が恒等的に成立するわけではないので，不等式の等号は成立しない)
としてできあがりです。

a_n は n 回部分積分すれば積分の計算ができる形ですから，(2)では部分積分を繰り返して規則性をつかむか，漸化式を作るかのいずれかになります。

(3)では，(1)，(2)をどのように使うかを考えます。

解答 (1) $0 \leqq x \leqq 1$ で $\quad 0 \leqq e^x \cdot \dfrac{(1-x)^n}{n!} \leqq \dfrac{e(1-x)^n}{n!}$ ……(＊)

$$\therefore \quad 0 < a_n < \int_0^1 \frac{e(1-x)^n}{n!}\,dx = \left[-\frac{e(1-x)^{n+1}}{(n+1)!} \right]_0^1 = \frac{e}{(n+1)!}$$

（∵ （＊）の等号が恒等的に成立するわけではないので，不等式の等号は成立しない）

よって，示された。 （証明終）

(2) $\quad a_{n+1} = \displaystyle\int_0^1 e^x \cdot \frac{(1-x)^{n+1}}{(n+1)!}\,dx$

$$= \left[e^x \cdot \frac{(1-x)^{n+1}}{(n+1)!} \right]_0^1 + \int_0^1 e^x \cdot \frac{(1-x)^n}{n!}\,dx$$

$$= -\frac{1}{(n+1)!} + a_n$$

$$\therefore \quad a_n = a_0 - \sum_{k=0}^{n-1} \frac{1}{(k+1)!} \quad (n \geqq 1)$$

$$= \int_0^1 e^x\,dx - \sum_{k=1}^{n} \frac{1}{k!} = [e^x]_0^1 - \sum_{k=1}^{n} \frac{1}{k!} = e - 1 - \sum_{k=1}^{n} \frac{1}{k!}$$

$$= e - \sum_{k=0}^{n} \frac{1}{k!}$$

これは $n=0$ のときも表す。

よって，示された。 （証明終）

(3) (1), (2)より

$$0 < e - \sum_{k=0}^{n} \frac{1}{k!} < \frac{e}{(n+1)!} \iff 0 < n!e - \sum_{k=0}^{n} \frac{n!}{k!} < \frac{e}{n+1}$$

ここで，e を有理数として，$e = \dfrac{q}{p}$（p, q は自然数で互いに素）とおくと，十分大きな n に対して，$n!e - \displaystyle\sum_{k=0}^{n} \frac{n!}{k!}$ は整数となるが，同時に $\dfrac{e}{n+1} < 1$ となるように n を選べるので

$$0 < n!e - \sum_{k=0}^{n} \frac{n!}{k!} < 1$$

これは矛盾するから，e は無理数である。 （証明終）

π が有理数 $\dfrac{q}{p}$ （p, q は自然数）に等しいと仮定して

$$f(x)=\frac{1}{n!}x^n(q-px)^n,\quad I_n=\int_0^\pi f(x)\sin x\,dx$$

とおく。

(1) n を十分大きくすると，$0<I_n<1$ となることを示せ。

(2) $I_n=\left[\displaystyle\sum_{k=0}^{n}(-1)^{k+1}f^{(2k)}(x)\cos x\right]_0^\pi$ となることを示せ。

  （$f^{(0)}(x)=f(x)$, $f^{(2)}(x)=f''(x)$, …とする）

(3) I_n が整数であることを示せ。

  （これは(1)の結論と矛盾するので，π は無理数である）

(1)では，**演習 2-49** と同様，次の事実を使います。

$a<b$ とするとき，$f(x)\leqq g(x)$ であれば $\displaystyle\int_a^b f(x)dx\leqq\int_a^b g(x)dx$

(2)では，$f(x)$ が $2n$ 次整式ですから，$2n$ 回部分積分をすれば I_n が計算できることに注目します。ただ実際に $2n$ 回部分積分することはできないので，2，3 回部分積分をしてみて，規則性をつかみます。つまり，いきなり一般化して考える必要はないということです。

(3)は難問ですが，$f(x)$ が $2n$ 次整式で n 次未満の項がないので，a_k を整数として

$$f(x)=\frac{1}{n!}(a_nx^n+a_{n+1}x^{n+1}+\cdots+a_{2n}x^{2n})$$

などとおいてみればよいと思います。そして $f'(x)$, $f^{(2)}(x)$, …を具体的に調べてみれば，何をすればよいかが見えてきます。

解答 (1) $0\leqq x\leqq\pi=\dfrac{q}{p}$ のとき $q-px\geqq0$ $\therefore$ $f(x)\geqq0$

  よって $I_n=\displaystyle\int_0^\pi f(x)\sin x\,dx>0$

  （$\because$ $0\leqq x\leqq\pi$ で恒等的に $f(x)\sin x=0$ となるわけではないので，不等式の等号は成立しない）

  また $I_n=\displaystyle\int_0^\pi\frac{1}{n!}x^n(q-px)^n\sin x\,dx<\int_0^\pi\frac{1}{n!}\pi^nq^n\,dx=\frac{1}{n!}(\pi q)^n\pi$

  であるが，$k\leqq\pi q<k+1$ となる自然数 k が存在し，$n>k+1$ である n

に対して

$$\frac{(\pi q)^n}{n!}\pi = \frac{\pi q}{n} \cdot \frac{\pi q}{n-1} \cdot \cdots \cdot \frac{\pi q}{k+1} \cdot \frac{(\pi q)^k}{k!} \cdot \pi < \frac{\pi q}{n} \cdot \frac{(\pi q)^k}{k!} \cdot \pi$$

であり，$\displaystyle\lim_{n\to\infty} \frac{\pi q}{n} \cdot \frac{(\pi q)^k}{k!} \cdot \pi = 0$ だから $\displaystyle\lim_{n\to\infty} I_n = 0$

よって，十分大きな n に対して $0 < I_n < 1$ となる。　　　　（証明終）

(2)　$\displaystyle I_n = \int_0^\pi f(x)\sin x\,dx = \Big[-f(x)\cos x\Big]_0^\pi + \int_0^\pi f'(x)\cos x\,dx$

$\displaystyle \qquad = \Big[-f(x)\cos x + f'(x)\sin x\Big]_0^\pi - \int_0^\pi f''(x)\sin x\,dx$

$\displaystyle \qquad = \Big[-f(x)\cos x + f''(x)\cos x\Big]_0^\pi - \int_0^\pi f'''(x)\cos x\,dx = \cdots$

$\displaystyle \qquad = \Big[\sum_{k=0}^{n}(-1)^{k+1}f^{(2k)}(x)\cos x\Big]_0^\pi + (-1)^n \int_0^\pi f^{(2n+1)}(x)\cos x\,dx$

ここで，$f(x)$ は x の $2n$ 次の整式だから　$f^{(2n+1)}(x) = 0$

$\displaystyle \therefore\ I_n = \Big[\sum_{k=0}^{n}(-1)^{k+1}f^{(2k)}(x)\cos x\Big]_0^\pi$

よって，示された。　　　　　　　　　　　　　　　　　（証明終）

(3)　$\displaystyle f(x) = \frac{1}{n!}x^n(q-px)^n$

$\displaystyle \qquad = \frac{1}{n!}x^n\{q^n + {}_n\mathrm{C}_1 q^{n-1}(-px) + {}_n\mathrm{C}_2 q^{n-2}(-px)^2$

$$\qquad\qquad\qquad\qquad + \cdots + {}_n\mathrm{C}_n(-px)^n\}$$

より，a_k を整数として

$$f(x) = \frac{1}{n!}(a_n x^n + a_{n+1} x^{n+1} + \cdots + a_{2n} x^{2n})$$

と表される。したがって，$2k < n$ では $f^{(2k)}(0) = 0$ であり

$$f^{(n)}(x) = \frac{1}{n!}\Big\{n!a_n + \frac{(n+1)!}{1!}a_{n+1}x + \cdots + \frac{(2n)!}{n!}a_{2n}x^n\Big\}$$

よって　　$f^{(n)}(0) = a_n$：整数

$$f^{(n+1)}(x) = \frac{1}{n!}\Big\{(n+1)!a_{n+1} + \cdots + \frac{(2n)!}{(n-1)!}a_{2n}x^{n-1}\Big\}$$

よって　　$f^{(n+1)}(0) = (n+1)a_{n+1}$：整数

　　　⋮

のようになるので，$n \le 2k \le 2n$ のとき，$f^{(2k)}(0)$ は整数である。

また，$\displaystyle f(x) = \frac{(-p)^n}{n!}x^n\Big(x-\frac{q}{p}\Big)^n$ において，$x-\dfrac{q}{p} = X$ とおくと

$$f(x) = \frac{(-p)^n}{n!}\left(X + \frac{q}{p}\right)^n X^n = \frac{1}{n!}(-pX - q)^n X^n$$

$$= \frac{1}{n!}(b_n X^n + b_{n+1}X^{n+1} + \cdots + b_{2n}X^{2n}) \quad (b_k \text{ は整数})$$

と表され $\quad f'(x) = \dfrac{d}{dx}f(x) = \dfrac{d}{dX}f(x) \cdot \dfrac{dX}{dx} = \dfrac{d}{dX}f(x)$

より，$f(x) = g(X)$ とおいて，$f^{(2k)}(x) = g^{(2k)}(X)$ であることがわかる。

よって，$f^{(2k)}(0)$ と同様，$2k < n$ では $f^{(2k)}(\pi) = f^{(2k)}\left(\dfrac{q}{p}\right) = g^{(2k)}(0)$
$= 0$ であり，$n \leqq 2k \leqq 2n$ のときは $f^{(2k)}(\pi) = g^{(2k)}(0)$：整数 となる。

よって，$I_n = -\displaystyle\sum_{k=0}^{n}(-1)^{k+1}f^{(2k)}(\pi) - \sum_{k=0}^{n}(-1)^{k+1}f^{(2k)}(0)$ は整数である。

（証明終）

(3)は $f^{(2k)}(\pi) = f^{(2k)}\left(\dfrac{q}{p}\right)$ の計算が難しいです。

$f(x) = \dfrac{1}{n!}x^n(q - px)^n = \dfrac{(-p)^n}{n!}x^n\left(x - \dfrac{q}{p}\right)^n$ と変形して，$x - \dfrac{q}{p} = X$ とおき，

$f\left(X + \dfrac{q}{p}\right)$ を考えるということは，$y = f(X)$ のグラフを x 軸方向に $-\dfrac{q}{p}$ だけ平行

移動したグラフで考えるということであり，$f\left(X + \dfrac{q}{p}\right) = g(X)$ とおいて，$f^{(2k)}(\pi)$
$= f^{(2k)}\left(\dfrac{q}{p}\right) = g^{(2k)}(0)$ となるのは当たり前です。そうすると，$f^{(2k)}(0)$ を考えたとき
と同様の議論ができるので解決します。また，次のようにすることもできます。

$$f(x) = \frac{(-p)^n}{n!}\left(x - \frac{q}{p} + \frac{q}{p}\right)^n\left(x - \frac{q}{p}\right)^n$$

$$= \frac{(-p)^n}{n!}\left\{\left(x - \frac{q}{p}\right)^n + {}_nC_1\left(x - \frac{q}{p}\right)^{n-1} \cdot \frac{q}{p} + \cdots + \left(\frac{q}{p}\right)^n\right\}\left(x - \frac{q}{p}\right)^n$$

より，c_k を整数として

$$f(x) = \frac{1}{n!}\left\{c_n\left(x - \frac{q}{p}\right)^n + c_{n+1}\left(x - \frac{q}{p}\right)^{n+1} + \cdots + c_{2n}\left(x - \frac{q}{p}\right)^{2n}\right\}$$

と表され，$2k < n$ では $f^{(2k)}(\pi) = f^{(2k)}\left(\dfrac{q}{p}\right) = 0$ であり

$$f^{(n)}(x) = \frac{1}{n!}\left\{n!c_n + \frac{(n+1)!}{1!}c_{n+1}\left(x - \frac{q}{p}\right) + \cdots + \frac{(2n)!}{n!}c_{2n}\left(x - \frac{q}{p}\right)^n\right\}$$

よって $\quad f^{(n)}(\pi) = f^{(n)}\left(\dfrac{q}{p}\right) = c_n$：整数 （以下，〔解答〕と同じ）

大学入試

"突破力を鍛える"

最難関の数学

📖別冊　問題編

矢印の方向に引くと
本体から取り外せます

ゆっくり丁寧に取り外しましょう

別冊 問題編

CONTENTS

技術編

演習編

・入試問題については，出典を表示しています。

・本書に掲載されている入試問題の解答・解説は，出題校が公表したものではありません。

例題 1

正の実数 x の小数部分（x から x を超えない最大の整数を引いたもの）を $\{x\}$ で表すとき，次の(1)，(2)を証明せよ。

(1) m が正の整数のとき，$\left\{\dfrac{1}{m}\right\}$，$\left\{\dfrac{2}{m}\right\}$，$\cdots$，$\left\{\dfrac{n}{m}\right\}$，$\cdots$ の中には，相異なる数は有限個しかない。

(2) a が無理数のとき，$\{a\}$，$\{2a\}$，$\cdots$，$\{na\}$，$\cdots$ はすべて異なる。

例題 2

m を 2015 以下の正の整数とする。${}_{2015}\mathrm{C}_m$ が偶数となる最小の m を求めよ。

(東京大)

例題 3

$f(x) = x^4 + (a-2)x^3 - (2a-b)x^2 - 2bx$ とする。

$x(x-2) > 0$ が $f(x) < 0$ の必要条件になるような a，b に関する条件を求めよ。

例題 4

a，b は $a > b$ を満たす自然数とし，p，d は素数で $p > 2$ とする。このとき，$a^p - b^p = d$ であるならば，d を $2p$ で割った余りが 1 であることを示せ。

(京都大)

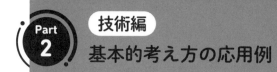
Part 2 技術編
基本的考え方の応用例

例題 5

n が相異なる素数 p, q の積 $n=pq$ であるとき,$(n-1)$ 個の数 $_nC_k$ $(1\leqq k\leqq n-1)$ の最大公約数は 1 であることを示せ。 (京都大)

例題 6

a_1, a_2, $\cdots$, a_n は $0<a_1<a_2<\cdots<a_n$ を満たす定数とする。

また,$e_i=\pm1$ $(i=1,\ 2,\ \cdots,\ n)$ とする。e_i のとりうる符号の組合せは全部で 2^n 通りであるが,e_i がこれらの符号をとって変化するとき,$\sum_{i=1}^{n}e_ia_i$ は少なくとも $_{n+1}C_2$ 個の異なる値をとることを示せ。

例題 7

α は $0<\alpha\leqq\dfrac{\pi}{2}$ を満たす定数とし,四角形 ABCD に関する次の 2 つの条件を考える。

(i) 四角形 ABCD は半径 1 の円に内接する。

(ii) $\angle ABC=\angle DAB=\alpha$

条件(i)と(ii)を満たす四角形のなかで,4 辺の長さの積

$k=AB\cdot BC\cdot CD\cdot DA$

が最大となるものについて,k の値を求めよ。 (京都大)

例題 8

正八面体 ABCDEF において,AB を 1:2 に内分する点を P,CD を 1:2 に内分する点を Q,DE の中点を R とし,P,Q,R を通る平面を α とする。

α と AC,AE,DF の交点を X,Y,Z とするとき,AX:XC,AY:YE,DZ:ZF を求めよ。

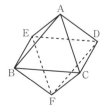

xyz 座標空間において，z 軸上の点 A(0，0，2) を通る平面 α が原点 O を中心とする半径 1 の球面に接しながら 1 周する。このとき，接点 P を中心とする平面 α 上の半径 1 の円盤が通過する部分を F とする。

(1) 平面 $z=t$ が F を切るための t の範囲を求めよ。

(2) (1)の範囲の t に対して，その切り口の図を描け。

(3) F の体積を求めよ。

例題 **10** 理

極限値 $\displaystyle \lim_{n\to\infty} \sum_{k=n}^{2n} \frac{1}{k}$ を求めよ。　　　　　　　　　　　　（東京工業大）

例題 **11**

$a_n>0$ なる数列 $\{a_n\}$ が，条件

(i) $\displaystyle a_n + \beta \sum_{k=1}^{n} a_k \leqq \beta + \sum_{k=1}^{n} a_k^2$

(ii) $a_{n+1} - a_n < 1 - \beta$

を満たすものとする。ただし，β は $0<\beta<1$ なる定数である。

このとき，$a_1 \leqq \beta$ ならば，すべての n に対して $a_n \leqq \beta$ が成り立つことを数学的帰納法により証明せよ。　　　　　　　　　　　　（早稲田大）

例題 **12**

次の条件で定まる数列 $\{a_n\}$ の一般項を求めよ。

$$a_1=1, \quad \frac{2^n}{n!} = \sum_{k=1}^{n+1} a_k a_{n+2-k} \quad (n=1,\ 2,\ 3,\ \cdots)$$　　　　（北海道大）

例題 13

　A，B の 2 人がいる。投げたとき表裏の出る確率がそれぞれ $\dfrac{1}{2}$ のコインが 1 枚あり，最初は A がそのコインを持っている。次の操作を繰り返す。

(ⅰ)　A がコインを持っているときは，コインを投げ，表が出れば A に 1 点を与え，コインは A がそのまま持つ。裏が出れば，両者に点を与えず，A はコインを B に渡す。

(ⅱ)　B がコインを持っているときは，コインを投げ，表が出れば B に 1 点を与え，コインは B がそのまま持つ。裏が出れば，両者に点を与えず，B はコインを A に渡す。

　そして A，B のいずれかが 2 点を獲得した時点で，2 点を獲得した方の勝利とする。たとえば，コインが表，裏，表，表と出た場合，この時点で A は 1 点，B は 2 点を獲得しているので B の勝利となる。

　A の勝つ確率を求めよ。　　　　　　　　　　　　　　　　　　　（東京大〈改〉）

例題 14

　三角形 ABC の垂心を H，外心を O として，$\overrightarrow{OH}=\overrightarrow{OA}+\overrightarrow{OB}+\overrightarrow{OC}$ と表されることを示せ。

例題 15

　三角形 ABC において次の不等式が成立することを示せ。

(1)　$a \geqq b\cos B + c\cos C$

(2)　$\sin A + \sin B + \sin C \geqq \sin 2A + \sin 2B + \sin 2C$

例題 16

数列 a_1, a_2, $\cdots$ を

$$a_n = \frac{{}_{2n+1}\mathrm{C}_n}{n!} \quad (n=1,\ 2,\ \cdots)$$

で定める。

(1) $n \geqq 2$ とする。$\dfrac{a_n}{a_{n-1}}$ を既約分数 $\dfrac{q_n}{p_n}$ として表したときの分母 $p_n \geqq 1$ と分子 q_n を求めよ。

(2) a_n が整数となる $n \geqq 1$ をすべて求めよ。

（東京大）

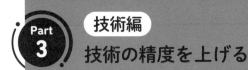

例題 17

△ABC の外心を O，外接円の半径を R とするとき，各辺の中点を通る円のベクトル方程式を求めよ。

例題 18

(1)　$\cos 5\theta = f(\cos\theta)$ を満たす多項式 $f(x)$ を求めよ。

(2)　$\cos\dfrac{\pi}{10}\cos\dfrac{3\pi}{10}\cos\dfrac{7\pi}{10}\cos\dfrac{9\pi}{10} = \dfrac{5}{16}$ を示せ。

（京都大）

例題 19

3 次関数 $h(x) = px^3 + qx^2 + rx + s$ は，次の条件(i)，(ii)を満たすものとする。

　(i)　$h(1)=1$，$h(-1)=-1$

　(ii)　区間 $-1 < x < 1$ で極大値 1，極小値 -1 をとる。

このとき，

(1)　$h(x)$ を求めよ。

(2)　3 次関数 $f(x) = ax^3 + bx^2 + cx + d$ が区間 $-1 < x < 1$ で $-1 < f(x) < 1$ を満たすとき，$|x| > 1$ なる任意の実数 x に対して不等式
$$|f(x)| < |h(x)|$$
が成立することを証明せよ。

（東京大）

例題 20

$f(x)=x^3+ax^2+bx+c$ とする。

「$|x|\leqq 1$ を満たすすべての実数 x に対して，$|f(x)|<\dfrac{1}{4}$ となる」は，どのような実数 a，b，c に対しても成立しないことを示せ。

例題 21

自然数 $n=1$，2，3，$\cdots$ に対して，$(2-\sqrt{3})^n$ という形の数を考える。これらの数はいずれも，それぞれ適当な自然数 m が存在して $\sqrt{m}-\sqrt{m-1}$ という表示を持つことを示せ。 (東京工業大)

例題 22

整数の数列 $\{a_n\}$，$\{b_n\}$ を次の式によって定義する。

$$(1+\sqrt{2})^n=a_n+b_n\sqrt{2} \quad (n=1,\ 2,\ 3,\ \cdots)$$

(1) $a_n+b_n\sqrt{2}>1000$ となる最小の n を求めよ。

(2) $b_n\sqrt{2}$ の小数部分が 0.001 以下となる最小の n とそのときの b_n の値を求めよ。 (静岡大〈改〉)

例題 23

n を奇数とし，$f(x)=\left|\sin\dfrac{2\pi x}{n}\right|$ とする。

(1) 集合 $\{f(k)\,|\,k$ は整数$\}$ は何個の要素を持つか。

(2) m と n を互いに素な整数とすると，集合

$$\left\{f(mk)\,\middle|\,k\text{ は }0\leqq k\leqq\frac{n-1}{2}\text{ なる整数}\right\}\text{ は }m\text{ によらず一定であることを示せ。}$$

(京都大)

演習 **1-1**

正の整数 k, l $(k \geqq l)$ に対して数列 $\{a_n\}$, $\{b_n\}$ を次のように定義する。

$$a_1 = k, \quad b_1 = l$$

$n \geqq 1$ について

$$a_{n+1} = \begin{cases} b_n & (b_n \neq 0 \text{ のとき}) \\ a_n & (b_n = 0 \text{ のとき}) \end{cases}$$

$$b_{n+1} = \begin{cases} a_n \text{ を } b_n \text{ で割った余り} & (b_n \neq 0 \text{ のとき}) \\ b_n & (b_n = 0 \text{ のとき}) \end{cases}$$

(1) $k = 1998$, $l = 185$ について，$\{a_n\}$, $\{b_n\}$ をそれぞれ第 5 項まで計算せよ。

(2) 任意の k, l, n について

$$b_n \geqq b_{n+1} \quad (\text{等号は } b_n = 0 \text{ のときに限る})$$

を示せ。

(3) 任意の k, l について $b_n = 0$ となる n が必ず存在することを示せ。

(4) $b_n = 0$ となる n について a_n が k と l の最大公約数になっていることを示せ。

(お茶の水女子大)

演習 1-2

円周を図のように5等分する。現在Aにいるものとし、さいころをふって出た目の数だけ
$$A \rightarrow B \rightarrow C \rightarrow D \rightarrow E \rightarrow A \rightarrow \cdots$$
の順に進むことにする。たとえば、3の目が出たらDに進む。n回さいころをふった後にA、B、C、D、Eにいる確率を、それぞれ $P_A(n)$, $P_B(n)$, $P_C(n)$, $P_D(n)$, $P_E(n)$ とする。

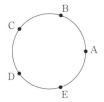

(1) $P_A(1)$, $P_B(1)$, $P_C(1)$, $P_D(1)$, $P_E(1)$ を求めよ。

(2) $P_B(n+1)-P_A(n+1)=\dfrac{1}{6}(P_A(n)-P_E(n))$ を示せ。ただし、$n \geq 1$ とする。

(3) $P_B(5m+1)+4P_A(5m+1)=1$ を示せ。m は負でない整数とする。

(4) $P_A(5m+1)$ を求めよ。m は負でない整数とする。

(金沢大)

演習 1-3

n は0または正の整数とする。a_n を
$$a_0=1, \ a_1=2, \ a_{n+2}=a_{n+1}+a_n$$
によって定める。a_n を3で割った余りを b_n とし
$$c_n=b_0+\cdots+b_n$$
とおく。

(1) b_0, $\cdots$, b_9 を求めよ。

(2) $c_{n+8}=c_n+c_7$ であることを示せ。

(3) $n+1 \leq c_n \leq \dfrac{3}{2}(n+1)$ が成り立つことを示せ。

(京都大)

演習 1-4

2 以上の整数 a_1, a_2, $\cdots$, a_n に対して, b_1, b_2, $\cdots$, b_n を,

$b_1 = a_1$, $b_2 = a_2 - \dfrac{1}{b_1}$, $\cdots$, $b_n = a_n - \dfrac{1}{b_{n-1}}$ によって定める。

(1) $b_k \geqq \dfrac{k+1}{k}$ $(k = 1, 2, \cdots, n)$ を示せ。

(2) 積 $b_1 \cdot b_2 \cdot \cdots \cdot b_k$ $(k = 1, 2, \cdots, n)$ は整数であることを示せ。

(3) $b_1 \cdot b_2 \cdot \cdots \cdot b_{n-1} = 25$, $b_1 \cdot b_2 \cdot \cdots \cdot b_n = 31$ となる n と a_1, a_2, $\cdots$, a_n を求めよ。

（金沢大）

演習 1-5

実数 x を超えない最大の整数を $[x]$ と表すとき, $\displaystyle\sum_{k=1}^{2n^2} [\sqrt{2k}]$ を計算せよ。

演習 1-6

次の 3 条件(イ), (ロ), (ハ)を満たすような数列 $\{a_n\}$ を考える。

(イ) $\displaystyle\sum_{k=1}^{2n} (-1)^{k-1} a_k = \sum_{l=1}^{n} \dfrac{1}{n+l}$ $(n = 1, 2, \cdots)$

(ロ) $a_{2n} = \dfrac{a_{2n-1}}{a_{2n-1}+1}$ $(n = 1, 2, \cdots)$

(ハ) $a_n > 0$ $(n = 1, 2, \cdots)$

この数列の第 n 項 a_n を求めよ。

（大阪大）

演習 1-7

a を 1 でない正の実数とする。不等式 $\log_{\sqrt{a}}(3-x) - \dfrac{1}{\log_2 a} > \log_a(x+2) + 1$ を満たす整数 x がただ 1 つ存在するための a の満たす条件を求めよ。

a を実数とする。x についての多項式 $f_n(x)$, $g_n(x)$ ($n=0,\ 1,\ 2,\ \cdots$) を

$$f_0(x)=1,\quad g_0(x)=1$$

$$f_n(x)=x(x-1)\cdots(x-n+1)\quad(n\geqq1)$$

$$g_n(x)=\sum_{k=0}^{n}{}_n\mathrm{C}_k\,f_k(a)f_{n-k}(x)\quad(n\geqq1)$$

により定義する。ただし，${}_n\mathrm{C}_k$ は二項係数である。

(1)　$n\geqq1$ に対して

$$f_n(x+1)-f_n(x)=nf_{n-1}(x)$$

　　を示せ。

(2)　$n\geqq1$ に対して

$$g_n(x+1)-g_n(x)=ng_{n-1}(x)$$

　　を示せ。

(3)　各 n について，$g_n(x)$ と $f_n(x+a)$ は x の多項式として等しいことを示せ。

（東京都立大）

自然数 n に対し，関数 $f(x)$ を

$$f(x)=|x-1|+\left|x-\frac{1}{4}\right|+\left|x-\frac{1}{9}\right|+\cdots+\left|x-\frac{1}{n^2}\right|$$

とする。$f(x)$ の最小値を与える x をすべて求めよ。
（大阪教育大）

関数 $g(x)$ を次のように定める。

$$g(x)=\begin{cases}x(x+2)&(x\leqq0)\\2x^2+1&(x>0)\end{cases}$$

このとき，次の条件（＊）を満たす実数の組 $(a,\ b)$ を座標とする点の全体を座標平面に図示せよ。

（＊）　すべての x について，$g(x)-g(a)\geqq b(x-a)$ である。
（埼玉大）

演習 1-11

関数 $f(\theta) = \sin\theta \sin 2\theta \sin 3\theta$ の周期を求めよ。 （自治医科大〈改〉）

演習 1-12

関数 $f(x)$ を

$$f(x) = \begin{cases} x^2 & (x \leq 0) \\ x^3 + x & (x > 0) \end{cases}$$

とする。定数 a に対して $ax - f(x)$ の最大値 $m(a)$ を求めよ。 （神戸大）

演習 1-13

2つの曲線 $y = x^3 - x$, $y = |x - a| + b$ の交点の個数がちょうど2になるための条件を求めよ。ここでは直線や折れ線も曲線の一種と考えている。また，交点とは両方の曲線に属している点のことである。 （小樽商科大）

演習 1-14

実数 a が $0 < a < 1$ の範囲を動くとき，曲線 $y = x^3 - 3a^2x + a^2$ の極大点と極小点の間にある部分（ただし，極大点，極小点は含まない）が通る範囲を図示せよ。

（一橋大）

演習 1-15

円 $x^2 + y^2 = 9$ と直線 $y = x + k$ が相異なる2点 P，Q で交わっている。直線 PQ 上に PR・QR＝7 となる点 R をとる。k の値を変化させたときの点 R の描く軌跡を求め，それを xy 座標平面上に図示せよ。

　四面体 OABC があり，∠AOB＝∠AOC＝90°，∠BOC＝60°，辺 OA，OB，OC の長さはそれぞれ a，a，2 である。このとき，点 O から三角形 ABC を含む平面に下ろした垂線とその平面の交点を P とするとき，P が三角形 ABC の内部（辺上を含む）にあるための a の条件を求めよ。　　　　　　　　　　　　　　（神戸大）

　$\alpha：x+y+z-1=0$，$\beta：y-2z+3=0$ とする。

　A(2, 4, 1) から出た光が α 上の点 B で反射し，さらに β 上の点 C で反射して A に戻ってきた。B，C の座標を求めよ。

　2 平面を $\alpha：x+y+z=4$，$\beta：z=0$ とする。

　α 上の点 A(1, 1, 2) から，β 上の点 B($6\sqrt{3}$, 4, 0) まで，α，β 上のみを通って最短距離で移動したい。

　α，β の交線上のどの点を通ればよいか。その点の座標を求めよ。

　原点を端点とする半直線上に点 P，Q があり，OP・OQ＝4 を満たしている。
　P が円 $(x-1)(x-5)+y^2=0$ 上を動くとき，Q が描く曲線の方程式を求めよ。

　A(1, 2) を端点とする半直線上に点 P，Q があり，AP・AQ＝25 を満たしている。
　P が円 $x^2+y^2-7x-9y+20=0$ 上を動くとき，Q の軌跡を求めよ。

演習 2-1

n を自然数とする。1 から $3n+1$ までの自然数を並べかえて，順に

$$a_1,\ a_2,\ \cdots,\ a_{n+1},\ b_1,\ b_2,\ \cdots,\ b_n,\ c_1,\ c_2,\ \cdots,\ c_n$$

とおく。また，次の条件 (C1)，(C2) が成立しているとする。

(C1) $3n$ 個の値

$$|a_1-a_2|,\ |a_2-a_3|,\ \cdots,\ |a_n-a_{n+1}|,$$
$$|a_1-b_1|,\ |a_2-b_2|,\ \cdots,\ |a_n-b_n|,$$
$$|a_1-c_1|,\ |a_2-c_2|,\ \cdots,\ |a_n-c_n|$$

　は，すべて互いに異なる。

(C2) 1 以上 n 以下のすべての自然数 k に対し

$$|a_k-b_k|>|a_k-c_k|>|a_k-a_{k+1}|$$

　が成り立つ。

このとき以下の各問いに答えよ。

(1) $n=1$ かつ $a_1=1$ のとき，a_2，b_1，c_1 を求めよ。

(2) $n=2$ かつ $a_1=7$ のとき，a_2，a_3，b_1，b_2，c_1，c_2 を求めよ。

(3) $n\geqq2$ かつ $a_1=1$ のとき，a_3 を求めよ。

(4) $n=2017$ かつ $a_1=1$ のとき，a_{29}，b_{29}，c_{29} を求めよ。

（東京医科歯科大）

演習 2-2

N を 2 以上の自然数とし，a_n ($n=1,\ 2,\ \cdots$) を次の性質(i)，(ii)を満たす数列とする。

(i) $a_1=2^N-3$，

(ii) $n=1,\ 2,\ \cdots$ に対して

　　a_n が偶数のとき $a_{n+1}=\dfrac{a_n}{2}$，a_n が奇数のとき $a_{n+1}=\dfrac{a_n-1}{2}$。

このときどのような自然数 M に対しても

$$\sum_{n=1}^{M}a_n\leqq2^{N+1}-N-5$$

が成り立つことを示せ。

（京都大）

自然数 N に対して，自然数からなる 2 つの数列 a_1, a_2, $\cdots$, a_N と b_1, b_2, $\cdots$, b_{N+1} があり，条件

$i=1$, 2, $\cdots$, N に対して $b_i < a_i$ かつ $b_{i+1} < a_i$

を満たすと仮定する。そして

$$F = \frac{\displaystyle\sum_{i=1}^{N} a_i - N}{\displaystyle\sum_{i=1}^{N+1} b_i}$$

とおく。N は固定して，以下の問いに答えよ。

⑴ 自然数からなる数列 x_1, x_2, $\cdots$, x_n の最小値を x とする。このとき

$$x = \frac{1}{n}\sum_{i=1}^{n} x_i \quad と \quad x_1 = x_2 = \cdots = x_n = x$$

は，同値であることを証明せよ。

⑵ F のとりえる最小値を求めよ。

⑶ F が最小値をとるための，数列に関する条件を求めよ。

（横浜市立大）

負でない整数 N が与えられたとき，$a_1 = N$, $a_{n+1} = \left[\dfrac{a_n}{2}\right]$ $(n=1, 2, 3, \cdots)$ として数列 $\{a_n\}$ を定める。ただし $[a]$ は，実数 a の整数部分（$k \leqq a < k+1$ となる整数 k）を表す。

⑴ $a_3 = 1$ となるような N をすべて求めよ。

⑵ $0 \leqq N < 2^{10}$ を満たす整数 N のうちで，N から定まる数列 $\{a_n\}$ のある項が 2 となるようなものはいくつあるか。

⑶ 0 から $2^{100}-1$ までの 2^{100} 個の整数から等しい確率で N を選び，数列 $\{a_n\}$ を定める。次の条件(*)を満たす最小の正の整数 m を求めよ。

（*）数列 $\{a_n\}$ のある項が m となる確率が $\dfrac{1}{100}$ 以下となる。

（名古屋大）

0 以上の整数 x, y に対して，$R(x, y)$ を次のように定義する。

$$\begin{cases} xy=0 \text{ のとき，} R(x, y)=0 \\ xy\neq0 \text{ のとき，} x \text{ を } y \text{ で割った余りを } R(x, y) \text{ とする。} \end{cases}$$

正の整数 a, b に対して，数列 $\{r_n\}$ を次のように定義する。

$$r_1=R(a, b), \quad r_2=R(b, r_1),$$
$$r_{n+1}=R(r_{n-1}, r_n) \quad (n=2, 3, 4, \cdots)$$

また，$r_n=0$ となる最小の n を N で表す。例えば $a=7$，$b=5$ のとき $N=3$ である。

次に，数列 $\{f_n\}$ を次のように定義する。

$$f_1=f_2=1, \quad f_{n+1}=f_n+f_{n-1} \quad (n=2, 3, 4, \cdots)$$

このとき以下の各問いに答えよ。

(1) $a=f_{102}$，$b=f_{100}$ のとき，N を求めよ。

(2) 正の整数 a, b について，a が b で割り切れないとき，$r_1\geqq f_N$ が成立することを示せ。

(3) 2 以上の整数 n について，$10f_n<f_{n+5}$ が成立することを示せ。

(4) 正の整数 a, b について，a が b で割り切れないとき，

$$\sum_{k=1}^{N-1} \frac{1}{r_k} < \frac{259}{108}$$

が成立することを示せ。

（東京医科歯科大）

n と k を正の整数とし，$P(x)$ を次数が n 以上の整式とする。

整式 $(1+x)^k P(x)$ の n 次以下の項の係数がすべて整数ならば，$P(x)$ の n 次以下の項の係数は，すべて整数であることを示せ。ただし，定数項については，項それ自身を係数とみなす。

（東京大）

自然数 n に対し，3 個の数字 1，2，3 から重複を許して n 個並べたもの $(x_1,$ $x_2, \cdots, x_n)$ の全体の集合を S_n とおく。S_n の要素 $(x_1, x_2, \cdots, x_n)$ に対し，次の 2 つの条件を考える。

　　条件 C_{12}：$1 \le i < j \le n$ である整数 i，j の組で，$x_i = 1$，$x_j = 2$ を満たすものが少なくとも 1 つ存在する。

　　条件 C_{123}：$1 \le i < j < k \le n$ である整数 i，j，k の組で，$x_i = 1$，$x_j = 2$，$x_k = 3$ を満たすものが少なくとも 1 つ存在する。

　例えば，S_4 の要素 $(3, 1, 2, 2)$ は条件 C_{12} を満たすが，条件 C_{123} は満たさない。

　S_n の要素 $(x_1, x_2, \cdots, x_n)$ のうち，条件 C_{12} を満たさないものの個数を $f(n)$，条件 C_{123} を満たさないものの個数を $g(n)$ とおく。このとき以下の各問いに答えよ。

⑴　$f(4)$ と $g(4)$ を求めよ。

⑵　$f(n)$ を n を用いて表せ。

⑶　$g(n+1)$ を $g(n)$ と $f(n)$ を用いて表せ。

⑷　$g(n)$ を n を用いて表せ。

（東京医科歯科大）

　$f_1(x) = x^2$ とし，$n = 1, 2, 3, \cdots$ に対して
$$f_{n+1}(x) = |f_n(x) - 1|$$
と定める。以下の問に答えよ。

⑴　$y = f_2(x)$，$y = f_3(x)$ のグラフの概形をかけ。

⑵　$0 \le x \le \sqrt{n-1}$ において
$$0 \le f_n(x) \le 1$$
であることと，$\sqrt{n-1} \le x$ において
$$f_n(x) = x^2 - (n-1)$$
であることを示せ。

⑶　$n \ge 2$ とする。$y = f_n(x)$ のグラフと x 軸で囲まれた図形の面積を S_n とする。$S_n + S_{n+1}$ を求めよ。

（神戸大）

演習 2-9

n 枚のカードを積んだ山があり，各カードには上から順番に 1 から n まで番号がつけられている。ただし $n \geqq 2$ とする。このカードの山に対して次の試行を繰り返す。1 回の試行では，一番上のカードを取り，山の一番上にもどすか，あるいはいずれかのカードの下に入れるという操作を行う。これら n 通りの操作はすべて同じ確率であるとする。n 回の試行を終えたとき，最初一番下にあったカード（番号 n）が山の一番上にきている確率を求めよ。 （京都大）

演習 2-10

A，B，C の 3 つのチームが参加する野球の大会を開催する。以下の方式で試合を行い，2 連勝したチームが出た時点で，そのチームを優勝チームとして大会は終了する。

(a) 1 試合目で A と B が対戦する。

(b) 2 試合目で，1 試合目の勝者と，1 試合目で待機していた C が対戦する。

(c) k 試合目で優勝チームが決まらない場合は，k 試合目の勝者と，k 試合目で待機していたチームが $k+1$ 試合目で対戦する。ここで k は 2 以上の整数とする。

なお，すべての対戦において，それぞれのチームが勝つ確率は $\dfrac{1}{2}$ で，引き分けはないものとする。

(1) n を 2 以上の整数とする。ちょうど n 試合目で A が優勝する確率を求めよ。

(2) m を正の整数とする。総試合数が $3m$ 回以下で A が優勝したとき，A の最後の対戦相手が B である条件付き確率を求めよ。

（東京大）

N を自然数とする。$N+1$ 個の箱があり，1 から $N+1$ までの番号が付いている。どの箱にも玉が 1 個入っている。番号 1 から N までの箱に入っている玉は白玉で，番号 $N+1$ の箱に入っている玉は赤玉である。次の操作（＊）を，おのおのの $k=1$, 2，…，$N+1$ に対して，k が小さい方から順番に 1 回ずつ行う。

（＊）　k 以外の番号の N 個の箱から 1 個の箱を選び，その箱の中身と番号 k の箱の中身を交換する。（ただし，N 個の箱から 1 個の箱を選ぶ事象は，どれも同様に確からしいとする。）

操作がすべて終了した後，赤玉が番号 $N+1$ の箱に入っている確率を求めよ。

（京都大）

N を 1 以上の整数とする。数字 1, 2, …, N が書かれたカードを 1 枚ずつ，計 N 枚用意し，甲，乙のふたりが次の手順でゲームを行う。

(i)　甲が 1 枚カードをひく。そのカードに書かれた数を a とする。ひいたカードはもとに戻す。

(ii)　甲はもう 1 回カードをひくかどうかを選択する。ひいた場合は，そのカードに書かれた数を b とする。ひいたカードはもとに戻す。ひかなかった場合は，$b=0$ とする。$a+b>N$ の場合は乙の勝ちとし，ゲームは終了する。

(iii)　$a+b \leqq N$ の場合は，乙が 1 枚カードをひく。そのカードに書かれた数を c とする。ひいたカードはもとに戻す。$a+b<c$ の場合は乙の勝ちとし，ゲームは終了する。

(iv)　$a+b \geqq c$ の場合は，乙はもう 1 回カードをひく。そのカードに書かれた数を d とする。$a+b<c+d \leqq N$ の場合は乙の勝ちとし，それ以外の場合は甲の勝ちとする。

(ii)の段階で，甲にとってどちらの選択が有利であるかを，a の値に応じて考える。以下の問いに答えよ。

(1)　甲が 2 回目にカードをひかないことにしたとき，甲の勝つ確率を a を用いて表せ。

(2)　甲が 2 回目にカードをひくことにしたとき，甲の勝つ確率を a を用いて表せ。ただし，各カードがひかれる確率は等しいものとする。

（東京大）

演習 2-13

　図のように，正三角形を9つの部屋に辺で区切り，部屋 P，Q を定める。1つの球が部屋 P を出発し，1秒ごとに，そのままその部屋にとどまることなく，辺を共有する隣の部屋に等確率で移動する。球が n 秒後に部屋 Q にある確率を求めよ。　　　　（東京大）

演習 2-14

　2つの関数を

$$f_0(x) = \frac{x}{2}, \quad f_1(x) = \frac{x+1}{2}$$

とおく。$x_0 = \dfrac{1}{2}$ から始め，各 $n = 1,\ 2,\ \cdots$ について，それぞれ確率 $\dfrac{1}{2}$ で

$x_n = f_0(x_{n-1})$ または $x_n = f_1(x_{n-1})$ と定める。このとき，$x_n < \dfrac{2}{3}$ となる確率 P_n を求めよ。　　　　（京都大）

演習 2-15

　どの目も出る確率が $\dfrac{1}{6}$ のさいころを1つ用意し，次のように左から順に文字を書く。

　さいころを投げ，出た目が1，2，3のときは文字列 AA を書き，4のときは文字 B を，5のときは文字 C を，6のときは文字 D を書く。さらに繰り返しさいころを投げ，同じ規則に従って，AA，B，C，D をすでにある文字列の右側につなげて書いていく。

　たとえば，さいころを5回投げ，その出た目が順に 2，5，6，3，4 であったとすると，得られる文字列は

　　　AACDAAB

となる。このとき，左から4番目の文字は D，5番目の文字は A である。

(1)　n を正の整数とする。n 回さいころを投げ，文字列を作るとき，文字列の左から n 番目の文字が A となる確率を求めよ。

(2)　n を2以上の整数とする。n 回さいころを投げ，文字列を作るとき，文字列の左から $n-1$ 番目の文字が A で，かつ n 番目の文字が B となる確率を求めよ。

（東京大）

n^3-7n+9 が素数となるような整数 n をすべて求めよ。　　　　　（京都大）

n を 1 以上の整数とする。

(1)　n^2+1 と $5n^2+9$ の最大公約数 d_n を求めよ。
(2)　$(n^2+1)(5n^2+9)$ は整数の 2 乗にならないことを示せ。

　　　　　（東京大）

素数 p, q を用いて
$$p^q+q^p$$
と表される素数をすべて求めよ。　　　　　（京都大）

実数 a に対して，a を超えない最大の整数を $[a]$ で表す。10000 以下の正の整数 n で $[\sqrt{n}]$ が n の約数となるものは何個あるか。　　　　　（東京工業大）

演習 2-20

正の整数 n に対して

$$S_n = \sum_{k=1}^{n} \frac{1}{k}$$

とおき，1 以上 n 以下のすべての奇数の積を A_n とする。

(1) $\log_2 n$ 以下の最大の整数を N とするとき，$2^N A_n S_n$ は奇数の整数であることを示せ。

(2) $S_n = 2 + \dfrac{m}{20}$ となる正の整数の組 (n, m) をすべて求めよ。

(3) 整数 a と $0 \leqq b < 1$ を満たす実数 b を用いて

$$A_{20} S_{20} = a + b$$

と表すとき，b の値を求めよ。

(大阪大)

演習 2-21

次の問に答えよ。

(1) n を正の整数，$a = 2^n$ とする。$3^a - 1$ は 2^{n+2} で割り切れるが 2^{n+3} では割り切れないことを示せ。

(2) m を正の偶数とする。$3^m - 1$ が 2^m で割り切れるならば $m = 2$ または $m = 4$ であることを示せ。

(京都大)

a, b を自然数とし，不等式

$$\left| \frac{a}{b} - \sqrt{7} \right| < \frac{2}{b^4} \quad \cdots\cdots(A)$$

を考える。次の問いに答えよ。ただし，$2.645 < \sqrt{7} < 2.646$ であること，$\sqrt{7}$ が無理数であることを用いてよい。

(1) 不等式(A)を満たし $b \geqq 2$ である自然数 a, b に対して

$$\left| \frac{a}{b} + \sqrt{7} \right| < 6$$

であることを示せ。

(2) 不等式(A)を満たす自然数 a, b の組のうち，$b \geqq 2$ であるものをすべて求めよ。

(大阪大)

k を正の実数とする。座標空間において，原点 O を中心とする半径 1 の球面上の 4 点 A，B，C，D が次の関係式を満たしている。

$$\overrightarrow{OA} \cdot \overrightarrow{OB} = \overrightarrow{OC} \cdot \overrightarrow{OD} = \frac{1}{2},$$

$$\overrightarrow{OA} \cdot \overrightarrow{OC} = \overrightarrow{OB} \cdot \overrightarrow{OC} = -\frac{\sqrt{6}}{4},$$

$$\overrightarrow{OA} \cdot \overrightarrow{OD} = \overrightarrow{OB} \cdot \overrightarrow{OD} = k$$

このとき，k の値を求めよ。ただし，座標空間の点 X，Y に対して，$\overrightarrow{OX} \cdot \overrightarrow{OY}$ は，$\overrightarrow{OX}$ と $\overrightarrow{OY}$ の内積を表す。

(京都大)

演習 2-24

平面上に原点 O を外心とする △ABC があり
$$7\overrightarrow{OA}+x\overrightarrow{OB}+y\overrightarrow{OC}=\vec{0}$$
が成り立っているとする。ただし $x>0$, $y>0$ とする。点 A を通り直線 OA に垂直な直線を l とする。直線 l は直線 BC と交わるとし，その交点を D とする。このとき点 C は線分 BD 上にあるとする。∠ADB の 2 等分線と辺 AB，辺 AC との交点をそれぞれ P, Q とする。

(1) AP＝AQ であることを証明せよ。

(2) △APQ が正三角形となる整数 x, y の組をすべて求めよ。

(3) △ABC と △APQ の面積をそれぞれ S_1, S_2 とする。(2)で求めた x, y のうち，$x+y$ が最大になるものについて，$\dfrac{S_2}{S_1}$ を求めよ。

(京都府立医科大)

演習 2-25

原点 O を中心とする 1 つの円周上に相異なる 4 点 A_0, B_0, C_0, D_0 をとる。A_0, B_0, C_0, D_0 の位置ベクトルをそれぞれ $\vec{a}$, $\vec{b}$, $\vec{c}$, $\vec{d}$ と書く。

(1) △$B_0C_0D_0$，△$C_0D_0A_0$，△$D_0A_0B_0$，△$A_0B_0C_0$ の重心をそれぞれ A_1, B_1, C_1, D_1 とする。このとき，この 4 点は同一円周上にあることを示し，その円の中心 P_1 の位置ベクトル $\overrightarrow{OP_1}$ を $\vec{a}$, $\vec{b}$, $\vec{c}$, $\vec{d}$ で表せ。

(2) 4 点 A_1, B_1, C_1, D_1 に対し上と同様に A_2, B_2, C_2, D_2 を定め，A_2, B_2, C_2, D_2 を通る円の中心を P_2 とする。以下，同様に P_3, P_4, $\cdots$ を定める。$\overrightarrow{P_nP_{n+1}}$ を $\vec{a}$, $\vec{b}$, $\vec{c}$, $\vec{d}$ で表せ。

(3) $\displaystyle\lim_{n\to\infty}|P_nQ|=0$ を満たす点 Q の位置ベクトルを $\vec{a}$, $\vec{b}$, $\vec{c}$, $\vec{d}$ で表せ。ただし，$|P_nQ|$ は線分 P_nQ の長さである。

(京都大)

xyz 空間内の原点 O$(0, 0, 0)$ を中心とし，点 A$(0, 0, -1)$ を通る球面を S とする。S の外側にある点 P(x, y, z) に対し，OP を直径とする球面と S との交わりとして得られる円を含む平面を L とする。点 P と点 A から平面 L へ下ろした垂線の足をそれぞれ Q，R とする。このとき，

PQ $\leqq$ AR

であるような点 P の動く範囲 V を求め，V の体積は 10 より小さいことを示せ。

（東京大）

xyz 空間において xy 平面上に円板 A があり xz 平面上に円板 B があって以下の 2 条件を満たしているものとする。

(a) A，B は原点からの距離が 1 以下の領域に含まれる。

(b) A，B は一点 P のみを共有し，P はそれぞれの円周上にある。

このような円板 A と B の半径の和の最大値を求めよ。ただし，円板とは円の内部と円周をあわせたものを意味する。

（東京大）

n は自然数とする。

(1) すべての実数 θ に対し

$$\cos n\theta = f_n(\cos\theta), \quad \sin n\theta = g_n(\cos\theta)\sin\theta$$

を満たし，係数がともにすべて整数である n 次式 $f_n(x)$ と $n-1$ 次式 $g_n(x)$ が存在することを示せ。

(2) $f_n'(x) = ng_n(x)$ であることを示せ。

(3) p を 3 以上の素数とするとき，$f_p(x)$ の $p-1$ 次以下の係数はすべて p で割り切れることを示せ。

（京都大）

演習 2-29

(1) 自然数 $n=1,\ 2,\ 3,\ \cdots$ に対して，ある多項式 $p_n(x)$，$q_n(x)$ が存在して

$$\sin n\theta = p_n(\tan\theta)\cos^n\theta$$
$$\cos n\theta = q_n(\tan\theta)\cos^n\theta$$

と書けることを示せ。

(2) このとき，$n>1$ ならば次の等式が成立することを証明せよ。

$$p_n{}'(x) = nq_{n-1}(x)$$
$$q_n{}'(x) = -np_{n-1}(x)$$

(東京大)

演習 2-30

次の問いに答えよ。

(1) $\sin 5\theta$ を $\sin\theta\cdot g(\cos\theta)$（$g(x)$ は x の多項式）の形で表せ。

(2) $16x^4 - 12x^2 + 1 = 0$ は $-1 < x < 1$ の範囲に 4 つの実数解をもつことを示せ。

(3) $16x^4 - 12x^2 + 1 = 0$ の解を $\cos\theta$ の形で表せ。

演習 2-31

n を 2 以上の整数とする。

(1) $n-1$ 次多項式 $P_n(x)$ と n 次多項式 $Q_n(x)$ ですべての実数 θ に対して

$$\sin 2n\theta = n\sin 2\theta P_n(\sin^2\theta)$$
$$\cos 2n\theta = Q_n(\sin^2\theta)$$

を満たすものが存在することを帰納法を用いて示せ。

(2) $k=1,\ 2,\ \cdots,\ n-1$ に対して $\alpha_k = \left(\sin\dfrac{\pi k}{2n}\right)^{-2}$ とおくと，

$P_n(x) = (1-\alpha_1 x)(1-\alpha_2 x)\cdots(1-\alpha_{n-1}x)$ となることを示せ。

(3) $\displaystyle\sum_{k=1}^{n-1}\alpha_k = \dfrac{2n^2-2}{3}$ を示せ。

(東京工業大)

演習 2-32

正の整数 n に対して，$(1+\sqrt{2}\,)^n = x_n + y_n\sqrt{2}$ が成り立つように整数 x_n，y_n を定める。

(1) x_{n+1}，y_{n+1} を x_n，y_n で表せ。

(2) n が偶数なら $x_n{}^2 - 2y_n{}^2 = 1$，n が奇数なら $x_n{}^2 - 2y_n{}^2 = -1$ であることを証明せよ。

(3) 任意の n に対して，$\dfrac{x_{n+1}}{y_{n+1}}$ は $\dfrac{x_n}{y_n}$ よりも $\sqrt{2}$ のよい近似値であることを証明せよ。

（一橋大）

演習 2-33

自然数 n に対して，a_n と b_n を
$$(3+2\sqrt{2}\,)^n = a_n + b_n\sqrt{2}$$
を満たす自然数とする。このとき，以下の問いに答えよ。

(1) $n \geqq 2$ のとき，a_n および b_n を a_{n-1} と b_{n-1} を用いて表せ。

(2) $a_n{}^2 - 2b_n{}^2$ を求めよ。

(3) (2)を用いて，$\sqrt{2}$ を誤差 $\dfrac{1}{10000}$ 未満で近似する有理数を 1 つ求めよ。

（名古屋大）

演習 2-34

次の問に答えよ。

(1) 等式 $(x^2 - ny^2)(z^2 - nt^2) = (xz + nyt)^2 - n(xt + yz)^2$ を示せ。

(2) $x^2 - 2y^2 = -1$ の自然数解 (x, y) が無限組あることを示し，$x > 100$ となる解を一組求めよ。

（お茶の水女子大）

演習 2-35

$(1+\sqrt{2}\,)^{500}$ の小数点以下 150 位の数を求めよ。

演習 2-36

正四面体を，底面に平行な $(n-1)$ 枚の平面で高さを n 等分するように切る。残りの面に関しても同様に切ると正四面体はいくつの部分に分かれるか，個数を求めよ。

(東京工業大)

演習 2-37

空間内に四面体 ABCD を考える。このとき，4 つの頂点 A，B，C，D を同時に通る球面が存在することを示せ。　　　　　　　　　　　　　　　　　　　　(京都大)

演習 2-38

四面体 OABC が次の条件を満たすならば，それは正四面体であることを示せ。

　　条件：頂点 A，B，C からそれぞれの対面を含む平面へ下ろした垂線は

　　　　　対面の外心を通る。

　ただし，四面体のある頂点の対面とは，その頂点を除く他の 3 つの頂点がなす三角形のことをいう。　　　　　　　　　　　　　　　　　　　　　　　　(京都大)

演習 2-39

四面体 ABCD は AC＝BD，AD＝BC を満たすとし，辺 AB の中点を P，辺 CD の中点を Q とする。

(1)　辺 AB と線分 PQ は垂直であることを示せ。

(2)　線分 PQ を含む平面 α で四面体 ABCD を切って 2 つの部分に分ける。このとき，2 つの部分の体積は等しいことを示せ。

(京都大)

半径 1 の球 4 つが，どの球も他の 3 つの球と外接している。

(1) これに外接する正四面体で，各面に上の 4 つの球のうちの 3 つが接するものを考える。正四面体の 1 辺の長さを求めよ。

(2) 4 つの球に外接する円錐で，4 つの球のうちの 3 つが底面に接し，側面には 4 つの球が接しているものを考える。円錐の底面の半径を求めよ。

演習 **2-41**

四面体 ABCD において，AB＝CD，AC＝BD，AD＝BC のとき，適当な P，Q，R，S をとって直方体 APBQ-RCSD を作ることができるか。

演習 **2-42**

四面体の 4 つの面のうち，どの 2 つの面のなす角も等しいとき，この四面体は正四面体といえるか。

演習 **2-43** 理

次の問いに答えよ。

(1) 複素数平面上で，原点 O を中心とする半径 1 の円周上に z_1，z_2，z_3，z_4 の順にある 4 つの複素数によってできる四角形の対角線が直交する条件は，$z_1 z_3 + z_2 z_4 = 0$ であることを証明せよ。

(2) n が奇数のとき，正 n 角形の 2 つの対角線が直交することはありえないことを証明せよ。

演習 **2-44** 理

半径 1 の円に内接する正 n 角形の 1 つの頂点と，他の $n-1$ 個の頂点を結んでできる $n-1$ 個の線分の長さの積は，n になることを示せ。

演習 2-45 理

a を $1<a<3$ を満たす実数とし，座標空間内の 4 点 $P_1(1, 0, 1)$，$P_2(1, 1, 1)$，$P_3(1, 0, 3)$，$Q(0, 0, a)$ を考える。直線 P_1Q，P_2Q，P_3Q と xy 平面の交点をそれぞれ R_1，R_2，R_3 として，三角形 $R_1R_2R_3$ の面積を $S(a)$ とする。$S(a)$ を最小にする a と，そのときの $S(a)$ の値を求めよ。　　　　　　　（東京大）

演習 2-46 理

座標空間において，xy 平面内で不等式 $|x|\leqq1$，$|y|\leqq1$ により定まる正方形 S の 4 つの頂点を $A(-1, 1, 0)$，$B(1, 1, 0)$，$C(1, -1, 0)$，$D(-1, -1, 0)$ とする。正方形 S を，直線 BD を軸として回転させてできる立体を V_1，直線 AC を軸として回転させてできる立体を V_2 とする。

(1) $0\leqq t<1$ を満たす実数 t に対し，平面 $x=t$ による V_1 の切り口の面積を求めよ。

(2) V_1 と V_2 の共通部分の体積を求めよ。

（東京大）

演習 2-47 理

a を正の実数とし，空間内の 2 つの円板
$$D_1=\{(x, y, z)|x^2+y^2\leqq1, z=a\},$$
$$D_2=\{(x, y, z)|x^2+y^2\leqq1, z=-a\}$$
を考える。D_1 を y 軸の回りに $180°$ 回転して D_2 に重ねる。ただし回転は z 軸の正の部分を x 軸の正の方向に傾ける向きとする。この回転の間に D_1 が通る部分を E とする。E の体積を $V(a)$ とし，E と $\{(x, y, z)|x\geqq0\}$ との共通部分の体積を $W(a)$ とする。

(1) $W(a)$ を求めよ。

(2) $\lim_{a\to\infty} V(a)$ を求めよ。

（東京大）

1辺の長さ1の立方体 ABCD-EFGH を対角線 AG のまわりに1回転して得られる立体の体積を求めよ。

$a_n = \displaystyle\int_0^1 e^x \cdot \frac{(1-x)^n}{n!} dx$ とする。次の(1)～(3)を示せ。

(1) $0 < a_n < \dfrac{e}{(n+1)!}$

(2) $a_n = e - \displaystyle\sum_{k=0}^{n} \frac{1}{k!}$ $(n \geq 0)$

(3) e は無理数である。

π が有理数 $\dfrac{q}{p}$ (p, q は自然数)に等しいと仮定して

$$f(x) = \frac{1}{n!} x^n (q - px)^n, \quad I_n = \int_0^\pi f(x) \sin x \, dx$$

とおく。

(1) n を十分大きくすると,$0 < I_n < 1$ となることを示せ。

(2) $I_n = \left[\displaystyle\sum_{k=0}^{n} (-1)^{k+1} f^{(2k)}(x) \cos x \right]_0^\pi$ となることを示せ。

  $(f^{(0)}(x) = f(x),\ f^{(2)}(x) = f''(x),\ \cdots$ とする$)$

(3) I_n が整数であることを示せ。

  (これは(1)の結論と矛盾するので,π は無理数である)

Kyogakusha